数控机床电气控制与 PLC

主　编　饶楚楚　郑国平
副主编　张晨恺　李东方

北京理工大学出版社
BEIJING INSTITUTE OF TECHNOLOGY PRESS

版权专有　侵权必究

图书在版编目（CIP）数据

数控机床电气控制与 PLC／饶楚楚，郑国平主编 . —北京：北京理工大学出版社，2023.7 重印

ISBN 978 - 7 - 5682 - 6605 - 5

Ⅰ . ①数…　Ⅱ . ①饶…　②郑…　Ⅲ . ①数控机床 - 电气控制 - 教材②PLC 技术 - 教材　Ⅳ . ①TG659②TM571.6

中国版本图书馆 CIP 数据核字（2019）第 003909 号

出版发行／北京理工大学出版社有限责任公司

社　　　址／北京市海淀区中关村南大街 5 号

邮　　　编／100081

电　　　话／（010）68914775（总编室）

　　　　　　（010）82562903（教材售后服务热线）

　　　　　　（010）68944723（其他图书服务热线）

网　　　址／http：//www.bitpress.com.cn

经　　　销／全国各地新华书店

印　　　刷／廊坊市印艺阁数字科技有限公司

开　　　本／787 毫米 ×1092 毫米　1/16

印　　　张／21.25

字　　　数／499 千字

版　　　次／2023 年 7 月第 1 版第 3 次印刷

定　　　价／59.00 元

责任编辑／张鑫星

文案编辑／张鑫星

责任校对／周瑞红

责任印制／李志强

图书出现印装质量问题，请拨打售后服务热线，本社负责调换

前 言

Qianyan

电气控制技术与 PLC 是通过不同的低压电器的共同作用实现机械运动，同时通过 PLC 硬件的连接与编程来进一步实现复杂运动的技术，本书从高等职业教育人才培养目标出发，贯彻理论与实践并重的高职教育教学理念，采取遵循认识规律、突出基本概念、引入工程案例、注重技能应用、提高职业素养的课程开发思路，以电气控制技术应用能力、PLC 编程能力培养为主线、以最新技术为课程视野，运用理实一体化的教学设计，采用讲练结合的方法，让学生在体验中学习，在实践中提高，突出学生职业素质培养。全书共分 9 章。第 1、2 章为电气控制，主要内容包括常用机床低压电器、电气基本控制电路的基本环节。第 3、4 章为数控机床驱动系统与数控系统的介绍。第 5 ~ 8 章为可编程控制器，主要内容包括可编程控制器的构成及工作原理，可编程控制器的指令系统、梯形图及编程方法，可编程控制器应用，可编程控制器通信及应用，可编程控制器的安装与接线及其他类型的可编程控制器简介。第 9 章为典型机床的实例应用。附录提供了一些可编程控制器的功能指令。本书适用于高职高专数控设备应用与维护、自动化、电气技术、应用电子、机电一体化及相近专业的教材，也可供电气工程技术人员参考。

编者根据自己几年的教学经验，结合高等职业教育的特点和普通高中学生及 "3 + 2" 学生的学习能力要求，对教学内容进行了精选和相应调整，是一本以学生为主体、以技能为核心、以职业素养为目标，基本能实现专业技能抽查与考核目标要求、理实一体、深浅合适、颇具高职特色的规划教材。

本书由衢州职业技术学院饶楚楚讲师任主编，负责全书统稿。第 1 章及第 2 章由衢州职业技术学院李东方编写；第 3 章与第 4 章由衢州职业技术学院张晨恺老师编写；第 5 章由衢州职业技术学院徐文俊编写；第 6 章由衢州职业技术学院兰叶深编写；第 7 章由衢州职业技术学院徐建亮编写；第 8 章由衢州翔宇中等专业学校郑国平编写，郑国平还参加了附录编写并协助统稿工作；第 9 章由衢州职业技术学院王宇星编写。

由于编者水平有限，书中不足和疏漏在所难免，敬请读者批评指正。

编 者

Contents

目　录

目 录

目录

目 录

Contents   目 录

目 录

Contents

目 录

目录

第 1 章　常用机床低压电器的认识与应用

🔧 本章主要内容

了解常用低压电器的定义、分类、作用、结构及特点；熟悉常用低压电器的工作原理、作用、符号（文字和图形）；熟悉低压电器在机床中的应用。

🔧 学习目标

（1）掌握常用低压电器的识别、选择、拆装、维修与调整及使用的基本技能。

（2）掌握电动机的结构、动作原理，掌握其检测和拆装技能。

（3）能按照现场管理要求（整理、整顿、清扫、清洁、素养、安全）安全文明生产。

1.1　低压电器综述

1.1.1　低压电器的定义

低压电器是一种能根据外界的信号和要求，手动或自动地接通、断开电路，以实现对电路或非电对象的切换、控制、保护、检测、变换和调节的元件或设备。控制电器按其工作电压的高低，以交流 1 200 V、直流 1 500 V 为界，可划分为高压控制电器和低压控制电器两大类。总的来说，低压电器可以分为配电电器和控制电器两大类，是成套电气设备的基本组成元件。在工业、农业、交通、国防以及人们用电部门中，大多数采用低压供电，因此电气元件的质量将直接影响到低压供电系统的可靠性。

1.1.2　低压电器的作用

低压电器能够依据操作信号或外界现场信号的要求，自动或手动地改变电路的状态、参数，实现对电路或被控对象的控制、保护、测量、指示和调节。

低压电器的作用有以下几点：

（1）控制作用。如电梯的上下移动、快慢速自动切换与自动停层等。

（2）调节作用。低压电器可对一些电量和非电量进行调整，以满足用户的要求，如柴油机油门的调整、房间温湿度的调节、照度的自动调节等。

（3）保护作用。能根据设备的特点，对设备、环境以及人身实行自动保护，如电机的过热保护、电网的短路保护、漏电保护等。

（4）指示作用。利用低压电器的控制、保护等功能，检测出设备运行状况与电气电路工作情况，如绝缘监测、保护掉牌指示等。

1.1.3　低压电器的分类

低压电器的种类繁多，分类方法有很多种。

1. 按动作方式划分

（1）手动电器：依靠外力直接操作来进行切换的电器，如刀开关、按钮开关等。

（2）自动电器：依靠指令或物理量变化而自动动作的电器，如接触器、继电器等。

2. 按用途划分

（1）低压控制电器：主要在低压配电系统及动力设备中起控制作用，如刀开关、低压断路器等。

（2）低压保护电器：主要在低压配电系统及动力设备中起保护作用，如熔断器、热继电器等。

3. 按种类划分

按种类不同，低压电器有刀开关、刀形转换开关、熔断器、低压断路器、接触器、继电器、主令电器和自动开关等。

1.1.4　低压电器的基本结构

低压电器一般都有两个基本部分：一个是感测部分，用来感测外界的信号，做出有规律的反应，在自控电器中，感测部分大多由电磁机构组成，在受控电器中，感测部分通常为操作手柄等；另一个是执行部分，如触点是根据指令进行电路的接通或切断的。

1. 电磁机构

电磁式电器分为直流和交流两类，都是利用电磁铁的原理制成的。电磁机构由线圈、铁芯和衔铁组成，主要作用是通过电磁感应原理将电能转化成机械能，带动触头动作，完成接通或分断电路的功能，按照衔铁运动方式可分为直动式和合拍式，如图 1-1 和图 1-2 所示。

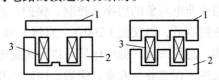

图 1-1　直动式电磁机构

1—铁芯；2—衔铁；3—线圈

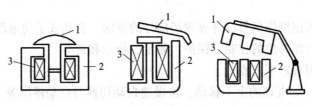

图 1-2　合拍式电磁机构

1—铁芯；2—衔铁；3—线圈

2. 触头系统

触头就是"开关"，是有触点电器的执行部分。吸引线圈得电后通过衔铁的动作使触头闭合或断开来控制电路的工作状态。触头是电磁式电器的执行部分，电器就是通过触头的动作来分合被控制的电路。触头在闭合状态下动、静触点完全接触，并有工作电流通过时称为电接触。电接触的情况将影响触头的工作可靠性和使用寿命。影响电接触工作情况的主要因素是触头的接触电阻，接触电阻大时易使触头发热而温度升高，从而易使触头产生熔焊现象，这样既影响工作可靠性又降低了触头的寿命。触头的接触电阻不仅与触头的接触形式有关，而且还与接触压力、触头材料及表面状况有关。触头主要有两种结构形式：桥式触头和指形触头，如图1-3所示。

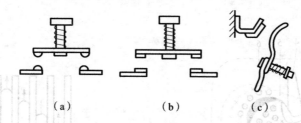

图1-3　触头的结构形式

(a)、(b) 桥式触头；(c) 指形触头

触点的接触形式有点接触、线接触和面接触三种，如图1-4所示。

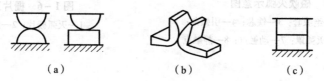

图1-4　触点的接触形式

(a) 点接触；(b) 线接触；(c) 面接触

当动、静触点闭合后，不可能是全部紧密地接触，从微观上来看，只是在一些突出的凸起点上存在着有效接触，从而造成了从一个导体到另外一个导体的过渡区域。在过渡区域里，电流只通过一些相接触的凸起点，因而使这个区域的电流密度大大增加。另外，由于只是一些凸起点相接触，使有效导电面积减小，因此该区域的电阻远远大于金属导体的电阻。这种由于动、静触点闭合时在过渡区域所形成的电阻，称为接触电阻。由于接触电阻的存在，不仅会造成一定的电压损失，还会使铜耗增加，造成触点温升超过允许值。这样，触点在较高的温度下很容易产生熔焊现象而使触点工作不可靠，因此在实际中应采取相应措施来减少接触电阻，限制触点的温升。

3. 电弧和灭弧方法

触点由闭合状态过渡到断开状态的过程中会产生电弧。电弧一经产生，就会产生大量的热能。电弧的存在既烧蚀触头金属表面，降低电器的使用寿命，又延长了电路的分断时间，所以在电器中应采取措施迅速熄灭电弧。灭弧方法主要有以下几种：

（1）机械灭弧。通过极限装置将电弧迅速拉长、变薄，增大对空气的散热面积而使其熄灭，这种方法多用于开关电器中。

（2）磁吹灭弧。在一个与触头串联的磁吹线圈产生的磁场作用下，电弧受电磁力的作用而拉长，被吹入有固体介质构成的灭弧罩内，与固体介质相接触，电弧被冷却而熄灭，如图 1 - 5 所示。

（3）纵缝灭弧。在电弧所形成的磁场电动力的作用下，可使电弧拉长并进入灭弧罩的纵缝中，几条纵缝可将电弧分割成数段并且与固体介质相接触，电弧便迅速熄灭。这种结构多用于交流接触器上。

（4）栅片灭弧。当触头分开时，产生的电弧在电动力的作用下被推入一组金属栅片中而被分割成数段，彼此绝缘的金属栅片的每一片都相当于一个电极，因此就有许多个阴阳极间降压，使电弧无法继续维持而熄灭，所以交流电器常常采用栅片灭弧，如图 1 - 6 所示。

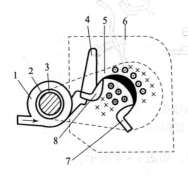

图 1 - 5 磁吹灭弧示意图

1—磁吹线圈；2—绝缘套；3—铁芯；4—引弧角；
5—导磁夹板；6—灭弧罩；7—动触点；8—静触点

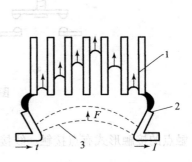

图 1 - 6 栅片灭弧示意图

1—灭弧栅片；2—触点；3—电弧

1.2 开 关 电 器

1.2.1 开关电器的定义

开关电器是指低压电器中作为不频繁地手动接通和分断电路的开关，或作为机床电路中电源的引入开关，又分为刀开关、组合开关等，在工矿企业的电气控制设备上均有应用。

1.2.2 开关电器的作用

刀开关用于设备配电中隔离电源，也用于不频繁地接通与分段额定电流以下负载，如图 1 - 7 所示。不能切断故障电流，只能承受故障电流引起的电功力。

转换开关是供两种以上电源或负载转换用的电器。可使控制回路或测量线路简化，并避免操作上的失误，如图 1 - 8 所示。

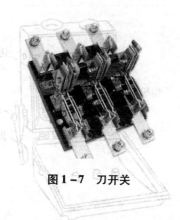

图 1 - 7　刀开关

图 1 - 8　转换开关

1.2.3　开关电器的分类

1. 刀开关

刀开关俗称闸刀开关，可分为不带熔断器式和带熔断器式两大类。它们用于隔离电源和无负载情况下的电路转换，其中后者还具有短路保护功能，常用的有以下两种：

1）开启式负荷开关

开启式负荷开关又称瓷底胶盖闸刀开关，简称刀开关，常用的有 HK1 和 HK2 系列。它由刀开关和熔断器组合而成。瓷底板上装有进线座、静触点、熔丝、出线座和带瓷质手柄的闸刀，其结构如图 1 - 9 所示。

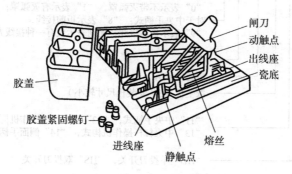

图 1 - 9　HK 系列刀开关的结构

HK 系列的刀开关因其内部设有熔丝，故可对电路进行短路保护，常用作照明电路的电源开关或用于 5.5 kW 以下三相异步电动机不频繁启动和停止的控制开关。

在选用时，额定电压应大于或等于负载额定电压，对于一般的电路，如照明电路，其额定电流应大于或等于最大工作电流；而对于电动机电路，其额定电流应大于或等于电动机额定电流的 3 倍。

开启式负荷开关在安装时应注意以下两点：

（1）闸刀在合闸状态时，手柄应朝上，不准倒装或平装，以防误操作。

（2）电源进线应接在静触点一边的进线端（进线座在上方），而用电设备应接在动触点一边的出线端（出线座在下方），"上进下出"，不准颠倒，即以方便更换熔丝及确保用电安全。

2）封闭式负荷开关

封闭式负荷开关又称铁壳开关，图 1 – 10 所示为常用的 HH 系列封闭式负荷开关的结构。这种负荷开关由闸刀、熔断器、灭弧装置、操作手柄、速动弹簧和外壳等构成。三把闸刀固定在一根绝缘方轴上，由操作手柄操纵；操作机构设有机械联锁，当盖子打开时，手柄不能合闸，手柄合闸时，盖子不能打开，保证了操作安全。在手柄转轴与底座间还装有速动弹簧，使刀开关的接通、断开速度与手柄动作速度无关，抑制了电弧。

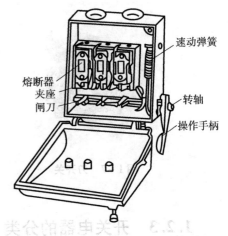

封闭式负荷开关用来控制照明电路时，其额定电流可按电路的额定电流来选择，而用来控制不频繁操作的小功率电动机时，其额定电流可按大于电动机额定电流的 1.5 倍来选择。但不宜用于电流为 60 A 以上

图 1 – 10　常用的 HH 系列封闭式负荷开关的结构

负载的控制，以保证可靠灭弧及用电安全。封闭式负荷开关在安装时，应保证外壳可靠接地，以防漏电而发生意外。接线时电源线接在接线端上，负载则接在熔断器一端，不得接反，以确保操作安全。

刀开关的型号及含义如图 1 – 11 所示。

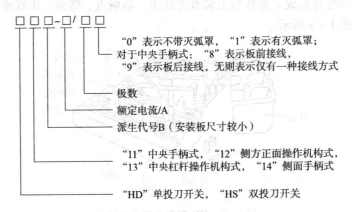

“0”表示不带灭弧罩，“1”表示有灭弧罩；
对于中央手柄式：“8”表示板前接线，
“9”表示板后接线，无则表示仅有一种接线方式

极数

额定电流/A

派生代号B（安装板尺寸较小）

“11”中央手柄式，“12”侧方正面操作机构式，
“13”中央杠杆操作机构式，“14”侧面手柄式

“HD”单投刀开关，“HS”双投刀开关

图 1 – 11　刀开关的型号及含义

3）刀开关的选用及图形、文字符号

刀开关的额定电压应等于或大于电路额定电压，其额定电流应等于（在开启和通风良好的场合）或稍大于（在封闭的开关柜内或散热条件较差的工作场合，一般选 1.15 倍）电路工作电流。在开关柜内使用还应考虑操作方式，如杠杆操作机构、旋转式操作机构等。当用刀开关控制电动机时，其额定电流要大于电动机额定电流的 3 倍。刀开关的图形符号及文字符号如图 1 – 12 所示。

2. 转换开关

转换开关又称组合开关，是一种变形刀开关，在结构上是用动触片代替了闸刀，以左右旋转代替了刀开关的上下分合动作，有单极、双极和多极之分，常用的有 HZ 系列等。图 1 – 13 所示为 HZ – 10/3 型转换开关的外形与结构。

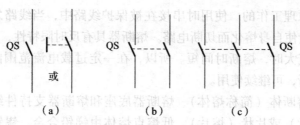

图1-12　刀开关的图形符号及文字符号

(a) 单极；(b) 双极；(c) 三极

转换开关共有3副静触片，每一副静触片的一边固定在绝缘垫板上，另一边伸出盒外并附有接线柱供电源和用电设备接线。3个动触片装在另外的绝缘垫板上，垫板套在附有手柄的绝缘杆上。手柄每次能沿任一方向旋转90°，并带动3个动触片分别与对应的3副静触片保持接通或断开。在开关转轴上也装有扭簧储能装置，使开关的分合速度与手柄动作速度无关，有效地抑制了电弧过大。转换开关多用于不频繁接通和断开的电路或无电切换电路，如用作机床照明电路的控制开关或5 kW以下小容量电动机的启动、停止和正反转控制。在选用时，可根据电压等级、额定电流大小和所需触点数选定。组合开关的图形和文字符号如图1-14所示。

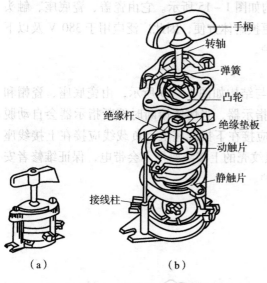

图1-13　HZ-10/3型转换开关的外形与结构

(a) 外形；(b) 结构

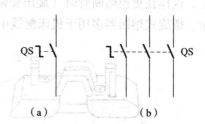

图1-14　组合开关的图形和文字符号

(a) 单极；(b) 三极

1.3　熔　断　器

1.3.1　熔断器的定义

熔断器是一种在电路中起短路保护（有时也做过载保护）的保护电器。低压熔断器是根据电流的热效应原理工作的。使用时串接在被保护线路中，当线路发生短路或严重过载时，熔体产生的热量使自身熔化而切断电路。熔断器具有反时限特性，即过载电流小时，熔断时间长；过载电流大时，熔断时间短。所以，在一定过载电流范围内，当电流恢复正常时，熔断器不会熔断，可继续使用。

低压熔断器由熔断体（简称熔体）、熔断器底座和熔断器支持件组成。熔体是核心部件，做成丝状（熔丝）或片状（熔片）。低熔点熔体由锑铅合金、锡铅合金、锌等材料制成，高熔点熔体由铜、银、铝制成。

常用的熔断器有瓷插式熔断器 RC1A 系列、无填料管式熔断器 RM10 系列、螺旋式熔断器 RL1 系列、有填料封闭式熔断器 RT0 系列及快速熔断器 RS0、RS3 系列等。

1.3.2　熔断器的分类

熔断器的类型很多，按结构形式可分为瓷插式熔断器、螺旋式熔断器、封闭管式熔断器、快速熔断器和自复式熔断器等。

1. 瓷插式熔断器

常用的瓷插式熔断器有 RC1A 系列，其结构如图 1-15 所示。它由瓷盖、瓷底座、触头和熔丝等组成。由于其结构简单、价格便宜、更换熔体方便，因此广泛应用于 380 V 及以下的配电线路末端作为电力、照明负荷的短路保护。

2. 螺旋式熔断器

常用的螺旋式熔断器是 RL1 系列，其外形与结构如图 1-16 所示，由瓷底座、瓷帽和熔断管组成，熔断管上有一个标有颜色的熔断指示器，当熔体熔断时熔断指示器会自动脱落，显示熔丝已熔断。在装接使用时，电源线应接在下接线座上，负载线应接在上接线座上，这样在更换熔断管时（旋出瓷帽），金属螺纹壳的上接线座便不会带电，保证维修者安全。螺旋式熔断器多用于机床配线中做短路保护。

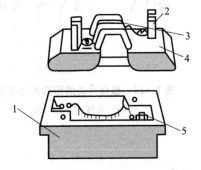

图 1-15　瓷插式熔断器的结构
1—瓷底座；2—动触头；3—熔丝；
4—瓷插件；5—静触头

图 1-16　螺旋式熔断器的外形与结构
1—瓷帽；2—熔断管；3—瓷底座

3. 封闭管式熔断器

封闭管式熔断器主要用于负载电流较大的电力网络或配电系统中，熔体采用封闭式结构，一是可防止电弧的飞出和熔化金属的滴出；二是在熔断过程中，封闭管内将产生大量的

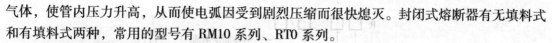

气体，使管内压力升高，从而使电弧因受到剧烈压缩而很快熄灭。封闭式熔断器有无填料式和有填料式两种，常用的型号有 RM10 系列、RT0 系列。

4. 快速熔断器

快速熔断器是在 RL1 系列螺旋式熔断器的基础上，为保护晶闸管元件而设计的，其结构与 RL1 完全相同。常用的型号有 RLS 系列、RS0 系列等，RLS 系列主要用于小容量晶闸管元件及其成套装置的短路保护，RS0 系列主要用于大容量晶闸管元件的短路保护。

5. 自复式熔断器

RZ1 型自复式熔断器是一种新型熔断器，其结构如图 1－17 所示，它采用金属钠作熔体。在常温下，钠的电阻很小，允许通过正常工作电流。当电路发生短路时，短路电流产生高温使钠迅速气化，气态钠电阻变得很高，从而限制了短路电流。当故障消除时，温度下降，气态钠又变为固态钠，恢复其良好的导电性。其优点是动作快，能重复使用，无须备用熔体。其缺点是不能真正分断电路，只能利用高阻闭塞电路，故常与自动开关串联使用，以提高组合分断性能。

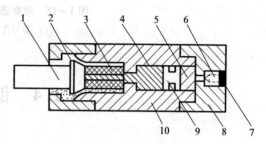

图 1－17　RZ1 自复式熔断器的结构
1—进线端子；2—特殊玻璃；3—瓷芯；4—溶体；
5—氩气；6—螺钉；7—软铅；8—出线端子；
9—活塞；10—套管

1.3.3　熔断器的选择

熔断器的选择主要是根据熔断器的种类、额定电压、额定电流、熔体额定电流以及电路负载性质而定。具体可按如下原则选择：

（1）熔断器的额定电压应大于或等于电路工作电压。

（2）电路上、下两级都设熔断器保护时，其上、下两级熔体电流大小的比值不小于 1.6：1。

（3）对于电阻性负载（如电炉、照明电路），熔断器可做过载和短路保护，熔体的额定电流应大于或等于负载的额定电流。

（4）对于电感性负载的电动机电路，只做短路保护而不宜做过载保护。

（5）对于单台电动机的保护，熔体的额定电流 I_{RN} 应不小于电动机额定电流的 1.5 倍，$I_{RN} \geqslant 1.5 I_N$。轻载启动或启动时间较短时，系数可取为 1.5 左右；带负载启动、启动时间较长或启动较频繁时，系数可取 2.5。

（6）对于多台电动机的保护，熔体的额定电流 I_{RN} 应不小于最大一台电动机额定电流 I_{Nmax} 的 1.5 倍，再加上其余同时使用电动机的额定电流之和（$\sum I_N$），即

$$I_{RN} \geqslant 1.5 I_{Nmax} + \sum I_N$$

熔断器型号的含义和电气符号如图 1－18 所示。

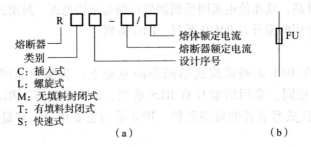

图 1 - 18　熔断器型号的含义和电气符号

（a）型号含义；（b）电气符号

1.4　低压断路器

1.4.1　低压断路器的定义

低压断路器又称自动空气断路器，主要用于低压动力线路中。它相当于刀开关、熔断器、热继电器和欠压继电器的组合，不仅可以接通和分断正常负荷电流和过负荷电流，还可以分断短路电流。低压断路器可以手动直接操作和电动操作，也可以远方遥控操作。

1.4.2　低压断路器的结构与工作原理

断路器主要由触头系统、灭弧系统、脱扣器和操作机构等部分组成。它的操作机构比较复杂，主触头的通断可以手动控制，也可以电动控制。低压断路器的结构原理如图 1 - 19 所示。

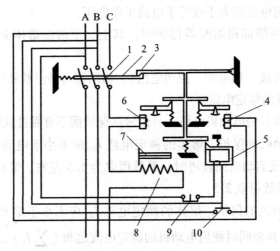

图 1 - 19　低压断路器的结构原理

1—触头；2—跳钩；3—锁扣；4—分励脱扣器；5—欠电压脱扣器；
6—过电流脱扣器；7—双金属片；8—热元件；9—常闭按钮；10—常开按钮

当手动合闸后，跳钩 2 和锁扣 3 扣住，开关的触头闭合。当电路出现短路故障时，过电流脱扣器 6 中线圈的电流会增加许多倍，突增的电磁吸力使得其上部的衔铁逆时针方向转动，推动锁扣 3 向上，使跳钩 2 脱钩，在弹簧弹力的作用下，开关自动打开，断开线路；当线路过负荷时，热元件 8 的发热量会增加，使双金属片 7 向上弯曲程度加大，托起锁扣 3，最终使开关跳闸；当线路电压不足时，欠电压脱扣器 5 中线圈的电流会下降，铁芯的电磁力下降，不能克服衔铁上弹簧的拉力，使衔铁上跳，锁扣 3 上跳，与跳钩 2 脱离，致使开关打开。按钮 9 和 10 起分励脱扣作用，当按下按钮时，开关的动作过程与线路失压时是相同的；按下常开按钮 10 时，使分励脱扣器线圈通电，最终使开关打开。

1.4.3　低压断路器的分类

低压断路器可分为塑壳式低压断路器和万能式空气断路器两种。

1. 塑壳式低压断路器

塑壳式低压断路器又称装置式低压断路器。目前常用的型号有 DZ5、DZ10、DZ20、DZ47 等。塑壳式断路器具有过载长延时、短路瞬动的二段保护功能，还可以与漏电保护、测量、电动操作等模块单元配合使用。在低压配电系统中，常用它作终端开关或支路开关，取代了过去常用的熔断器和闸刀开关。

2. 万能式空气断路器

万能式空气断路器又称框架式自动空气开关，它可以带多种脱扣器和辅助触头，操作方式多样，装设地点灵活。目前常用的型号有 AE（日本三菱）、DW12、DW15、DW16、ME（德国 AEG）等系列。万能式空气断路器一般安于配电网络中，用来分配电能，对线路和电源设备的过载、欠电压、短路进行保护。

低压断路器的图形符号与文字符号如图 1 - 20 所示。

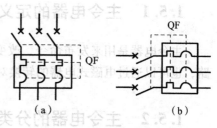

图 1 - 20　低压断路器的图形符号与文字符号
（a）垂直画法；（b）水平画法

1.4.4　低压断路器的类型及其主要参数

从 20 世纪 50 年代以来，经过全面仿苏、自行设计、更新换代和技术引进以及合资生产等几个阶段，国产低压断路器的额定电流可以生产到 4 000 A，引进产品额定电流可到 6 300 A，极限分断能力为 120 ~ 150 kA。国内已形成生产低压断路器的行业。低压断路器的品种繁多，生产厂家较多，有国产的，有进口的，也有合资生产的。典型产品有 DZ15 系列、DZ20 系列、3VE 系列、3VT 系列、S060 系列、DZ47 - 63 系列等。在中国市场销售的进口产品有三菱（MITSUBISHI）AE 系列框架式低压断路器，NF 系列塑壳式低压断路器；西门子的 3WN1（630 ~ 6 300 A）、3WN6 系列框架式低压断路器，3VF3 ~ 3VF8 系列限流塑壳式低压断路器等。选用时一定要参照生产厂家产品样本介绍的技术参数进行。

低压断路器的型号含义如图 1 - 21 所示。

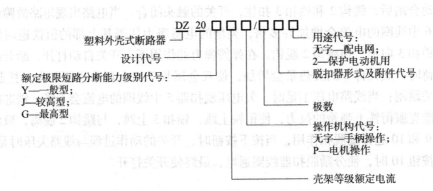

图 1-21　低压断路器的型号含义

低压断路器的主要参数有额定电压、额定电流、极数、脱扣类型及其额定电流、整定范围、电磁脱扣器整定范围、主触点的分断能力等。

1.5　主　令　电　器

1.5.1　主令电器的定义

主令电器是用来发布命令、改变控制系统工作状态的电器，它可以直接作用于控制电路，也可以通过电磁式电器的转换对电路实现控制。

1.5.2　主令电器的分类

主令电器可分为控制按钮、行程开关和万能转换开关三种。

1. 控制按钮

控制按钮是通过按钮操作使触点通断的一种特殊开关形式的低压主令电器，是一种结构简单、使用广泛的手动主令电器，它可以与接触器或继电器配合，对电动机实现远距离自动控制，用于实现控制线路的电气联锁。

控制按钮是一种典型的主令电器，其作用通常是用来短时间地接通或断开小电流的控制电路，从而控制电动机或其他电气设备的运行。

1）控制按钮的结构

控制按钮的典型结构如图 1-22 所示。它既有常开触点，也有常闭触点。常态时在复位弹簧的作用下，由桥式动触点将静触点 1、2 闭合，静触点 3、4 断开；当按下按钮时，桥式动触点将 1、2 分断，3、4 闭合。1、2 触点被称为常闭触点或动断触点，3、4 触

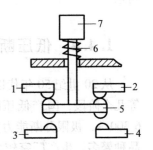

图 1-22　控制按钮的
典型结构

1，2—常闭触点；3，4—常
开触点；5—桥式动触点；
6—复位弹簧；7—按钮帽

点被称为常开触点或动合触点。

2）控制按钮的型号及含义

常用的控制按钮型号有 LA2、LA18、LA19、LA20 及新型号 LA25 等系列，引进生产的有瑞士 EAO 系列、德国 LAZ 系列等。其中 LA2 系列有一对常开触点和一对常闭触点，具有结构简单、动作可靠、坚固耐用的优点。LA18 系列控制按钮采用积木式结构，触点数量可按需要进行拼装。LA19 系列为控制按钮开关与信号灯的组合，控制按钮兼作信号灯灯罩，由透明塑料制成。

LA25 系列控制按钮的型号及含义如图 1 - 23 所示。

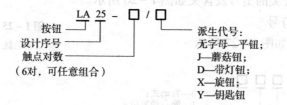

图 1 - 23　LA25 系列控制按钮的型号及含义

3）控制按钮的选择

为适应不同场合下使用，按钮具有不同结构形式。例如，一般情况可选用普通操作的按钮，其结构最简单、操作最方便；在控制盘中可选紧急式或旋钮式按钮；对一些容易出现误动作而可能造成事故的场合，宜用钥匙式按钮，还有用多只按钮元件拼装成的多联式按钮等。

为了正确无误地操作，按钮还采用不同颜色用以识别不同用途。按钮选择的主要依据是使用场所、所需要的触点数量、种类及颜色。

国标 GB 5226—2016 对控制按钮颜色做了如下规定：

（1）"停止"和"急停"按钮必须是红色。当按下红色按钮时，必须使设备断电和停止工作。

（2）"启动"按钮的颜色是绿色。

（3）"启动"与"停止"交替动作的按钮必须是黑色、白色或灰色，不得用红色和绿色。

（4）"点动"按钮必须是黑色。

（5）"复位"按钮（如保护继电器的复位按钮）必须是蓝色。当复位按钮还有停止的作用时，则必须是红色。

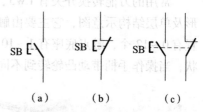

图 1 - 24　控制按钮的图形符号和文字符号

（a）常开触点；（b）常闭触点；
（c）复式触点

4）控制按钮的符号

控制按钮的图形符号和文字符号如图 1 - 24 所示。

2. 行程开关

1）行程开关的结构

行程开关又称位置开关或限位开关。它的作用与按钮相同，只是其触点的动作不是靠手动操作，而是利用生产机械某些运动部件上的挡铁碰撞其滚轮使触头动作来实现接通或分断电路的。行程开关用于控制机械设备的行程及限位保护。在实际生产中,将行程开关安装在预先安排的位置上,当装于生产机械运动部件上的模块撞击行程开关时,行程开关的触点动作,实现电路的切换。

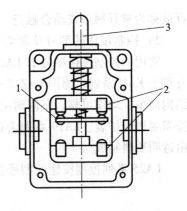

行程开关按其结构可分为直动式、滚轮式、微动式和组合式,主要区别在传动系统。其结构原理如图 1 - 25 所示。

2)行程开关的型号及含义

LX19 系列行程开关的型号及含义如图 1 - 26 所示。

3)行程开关的符号

行程开关的符号如图 1 - 27 所示。

图 1 - 25 行程开关的结构原理

1—动触点;2—静触点;3—推杆

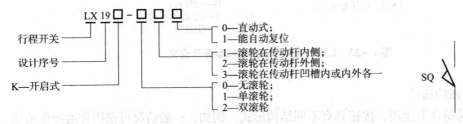

图 1 - 26 LX19 系列行程开关的型号及含义

图 1 - 27 行程开关的符号

3. 万能转换开关

万能转换开关是一种多挡位、多段式、控制多回路的主令电器,当操作手柄转动时,带动开关内部的凸轮转动,从而使触点按规定顺序闭合或断开。万能转换开关一般用于交流 500 V、直流 440 V、约定发热电流 20 A 以下的电路中,作为电气控制电路的转换和配电设备的远距离控制、电气测量仪表转换,也可用于小容量异步电动机、伺服电动机、微电动机的直接控制。

常用的万能转换开关有 LW5、LW6 系列。图 1 - 28 所示为 LW6 系列万能转换开关的外形及单层结构示意图,它主要由触点座、操作定位机构、凸轮、手柄等部分组成,其操作位置有 0 ~ 12 个,触点底座有 1 ~ 10 层,每层底座均可装 3 对触点。每层凸轮均可做成不同形状,当操作手柄带动凸轮转到不同位置时,可使各对触点按设置的规律接通和分断,因而这

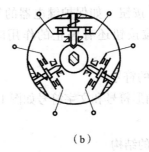

(a)   (b)

图 1 - 28 LW6 系列万能转换开关的外形及单层结构示意图

(a)外形;(b)单层结构示意图

种开关可以组成数百种电路方案，以适应各种复杂要求，故被称为万能转换开关。

1.6　接　触　器

1.6.1　接触器的定义

接触器是一种用来自动接通或断开大电流电路的电器。它可以频繁地接通或分断交直流电路，并可实现远距离控制。其主要控制对象是电动机，也可用于电热设备、电焊机、电容器组等其他负载。它还具有低电压释放保护功能，接触器具有控制容量大、过载能力强、寿命长、设备简单经济等特点，是电力拖动自动控制线路中使用最广泛的电气元件。

1.6.2　接触器的分类

按照所控制电路的种类，接触器可分为交流接触器和直流接触器两大类。

1. 交流接触器

交流接触器是一种适用于远距离接通和分断电路及交流电动机的电器。主要用作控制交流电动机的启动、停止、反转、调速，并可与热继电器或其他适当的保护装置组合，保护电动机可能发生的过载或断相，也可用于控制其他电力负载，如电热器、照明、电焊机、电容器组等。

1）交流接触器的结构

交流接触器主要由电磁机构、触点系统、灭弧罩及其他部分组成，如图 1－29 所示。

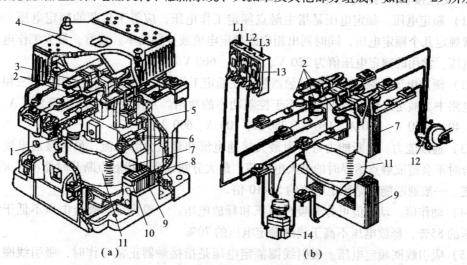

图 1－29　交流接触器的结构和工作原理
（a）结构；（b）工作原理

1—反力弹簧；2—主触点；3—触点压力弹簧；4—灭弧罩；5—辅助动断触点；6—辅助动合触点；
7—动铁芯；8—缓冲弹簧；9—静铁芯；10—短路环；11—线圈；12—电动机；13—熔断器；14—按钮

（1）电磁机构。电磁机构由线圈、衔铁和铁芯等组成。它能产生电磁吸力，驱使触点动作。在铁芯头部平面上都装有短路环，如图 1-29 所示。安装短路环的目的是消除交流电磁铁在吸合时可能产生的衔铁振动和噪声。当交变电流过零时，电磁铁的吸力为零，衔铁被释放，当交变电流过了零值后，衔铁又被吸合，这样一放一吸，使衔铁发生振动。当装上短路环后，在其中产生感应电流，能阻止交变电流过零时磁场的消失，使衔铁与铁芯之间始终保持一定的吸力，因此消除了振动现象。

（2）触点系统。触点系统包括主触点和辅助触点。主触点用于接通和分断主电路，通常为 3 对常开触点。辅助触点用于控制电路，起电气联锁作用，故又称联锁触点，一般有常开、常闭触点各两对。在线圈未通电时（平常状态下），处于相互断开状态的触点叫常开触点，又叫动合触点；处于相互接触状态的触点叫常闭触点，又叫动断触点。接触器中的常开和常闭触点是联动的，当线圈通电时，所有的常闭触点先行分断，然后所有的常开触点跟着闭合；当线圈断电时，在反力弹簧的作用下，所有触点都恢复原来的平常状态。

（3）灭弧罩。额定电流在 20 A 以上的交流接触器，通常都设有陶瓷灭弧罩。它的作用是能迅速切断触点在分断时所产生的电弧，以避免发生触点烧毛或熔焊。

（4）其他部分。其他部分包括反力弹簧、触点压力簧片、缓冲弹簧、短路环、底座和接线柱等。反力弹簧的作用是当线圈断电时使衔铁和触点复位。触点压力簧片的作用是增大触点闭合时的压力，从而增大触点接触面积，避免因接触电阻增大而产生触点烧毛现象。缓冲弹簧可以吸收衔铁被吸合时产生的冲击力，起保护底座的作用。

交流接触器的工作原理：当线圈通电后，线圈中电流产生的磁场，使铁芯产生电磁将衔铁吸合。衔铁带动触点动作，使常闭触点断开，常开触点闭合。当线圈断电时，电磁吸力消失，衔铁在反力弹簧的作用下释放，各触点随之复位。

2）交流接触器的基本参数

（1）额定电压。额定电压是指主触点额定工作电压，应等于负载的额定电压。一只接触器常规定几个额定电压，同时列出相应的额定电流或控制功率。通常，最大工作电压即为额定电压。常用的额定电压值为 220 V、380 V、660 V 等。

（2）额定电流。额定电流即接触器触点在额定工作条件下的电流值。380 V 三相电动机控制电路中，额定工作电流可近似等于控制功率的两倍。常用额定电流等级为 5 A、10 A、20 A、40 A、60 A、100 A、150 A、250 A、400 A、600 A。

（3）通断能力。通断能力可分为最大接通电流和最大分断电流。最大接通电流是指触点闭合时不会造成触点熔焊时的最大电流值；最大分断电流是指触点断开时能可靠灭弧的最大电流。一般通断能力是额定电流的 5~10 倍。

（4）动作值。动作值可分为吸合电压和释放电压。一般规定，吸合电压不低于线圈额定电压的 85%，释放电压不高于线圈额定电压的 70%。

（5）吸引线圈额定电压。吸引线圈额定电压是指接触器正常工作时，吸引线圈上所加的电压值。一般该电压值以及线圈的匝数、线径等数据均标于线包上，而不是标于接触器外壳铭牌上。

（6）操作频率。接触器在吸合瞬间，吸引线圈需消耗比额定电流大 5~7 倍的电流，如果操作频率过高，则会使线圈严重发热，直接影响接触器的正常使用。为此，规定了接触器的允许操作频率，一般为每小时允许操作次数的最大值。

（7）寿命。寿命包括电气寿命和机械寿命。目前接触器的机械寿命已达 1 000 万次以上，电气寿命是机械寿命的 5% ~ 20%。

3）交流接触器的含义及型号

交流接触器的含义及型号如图 1 – 30 所示。

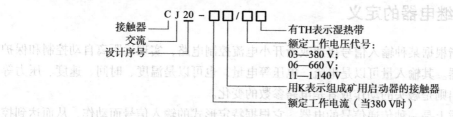

图 1 – 30　交流接触器的含义及型号

4）交流接触器的符号

交流接触器的符号如图 1 – 31 所示。

5）交流接触器的选用

（1）根据接触器极数和电流种类来确定。

（2）根据接触器所控制负载的工作任务来选择相应使用类别的接触器。

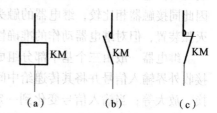

图 1 – 31　交流接触器的符号

（3）根据负载功率和操作情况来确定接触器主触头的电流等级。

（4）根据接触器主触头接通与分断主电路电压等级来决定接触器的额定电压。

（5）根据接触器吸引线圈的额定电压应由所接控制电路电压确定。

（6）接触器触头数和种类应满足主电路与控制电路的要求。

2. 直流接触器

直流接触器主要用于远距离接通和分断直流电路，还用于直流电动机的频繁启动、停止、反转和反接制动。直流接触器的结构和工作原理基本上与交流接触器相同。在结构上也是由电磁机构、触点系统和灭弧罩等部分组成的。由于直流电弧比交流电弧难以熄灭，因此直流接触器常采用磁吹式灭弧装置灭弧。

直流接触器主要用于额定电压至 440 V、额定电流至 1 600 A 的直流电力电路中，作为远距离接通和分断电路，控制直流电动机的频繁启动、停止和反向。直流电磁机构通以直流电，铁芯中无磁滞和涡流损耗，因而铁芯不发热。而吸引线圈的匝数多、电阻大、铜耗大、线圈本身发热，因此吸引线圈做成长而薄的圆筒状，且不设线圈骨架，使线圈与铁芯直接接触，以便散热。

触点系统也有主触点与辅助触点。主触点一般做成单极或双极，单极直流接触器用于一般的直流回路中，双极直流接触器用于分断后电路完全隔断的电路以及控制电动机正反转电路中。由于通断电流大、通电次数多，因此采用滚滑接触的指形触点。辅助触点由于通断电流小，常采用点接触的桥式触点。

1.7 继 电 器

1.7.1 继电器的定义

继电器是指根据某种输入信号接通或断开小电流控制电路，实现远距离自动控制和保护的自动控制电器。其输入量可以是电流、电压等电量，也可以是温度、时间、速度、压力等非电量，而输出则是触头的动作或者是电路参数的变化。

继电器实质上是一种传递信号的电器，它根据特定形式的输入信号而动作，从而达到控制目的。它一般不用来直接控制主电路，而是通过接触器或其他电器来对主电路进行控制，因此同接触器相比较，继电器的触头通常接在控制电路中，触头断流容量较小，一般不需要灭弧装置，但对继电器动作的准确性则要求较高。

继电器一般由三个基本部分组成：检测机构、中间机构和执行机构。检测机构的作用是接收外界输入信号并将其传递给中间机构；中间机构对输入信号的变化进行判断，物理量转换、放大等；当输入信号变化到一定值时，执行机构（一般是触头）动作，从而使其所控制的电路状态发生变化，接通或断开某部分电路，达到控制或保护的目的。

1.7.2 继电器的分类

继电器种类繁多，按输入信号的性质可分为中间继电器、时间继电器、压力继电器、速度继电器、电压继电器、电流继电器和温度继电器等；按工作原理可分为电磁式继电器、感应式继电器、电动式继电器、电子式继电器、热继电器等；按用途可分为控制用继电器和保护用继电器等；按输出形式可分为有触头继电器和无触头继电器两类。其中时间继电器具有延时功能，电压继电器具有欠压和失压保护，电流继电器和热继电器均具有过载保护功能。

电磁式继电器是依据电压、电流等电量，利用电磁原理使衔铁闭合动作，进而带动触头动作，使控制电路接通或断开，实现动作状态的改变。继电器和接触器的结构与工作原理大致相同。主要区别在于：接触器的主触点可用于大电流；而继电器的体积和触点容量小，触点数目多，且只能通过小电流。所以，继电器一般用于控制电路中。

1. 电磁式继电器

电磁式继电器是应用得最早、最多的一种继电器。它根据信号变化，接通或断开电路，其结构及工作原理与接触器大体相同，由电磁系统、触点系统和释放弹簧等组成，如图 1 - 32 所示。由于继电器用于控制电路，流过触点的电流比较小（一般 5 A 以下），故不需要灭弧装置。

1）电磁式电流继电器

电流继电器用于电力拖动系统的电流保护和控制。这种继电器的线圈串联接入主电路中，其线圈导线粗、匝数少、线圈阻抗小，用来感测主电路的线路电流。触点接于控制电路，根据线圈电流的大小而动作，为执行元件。电流继电器反映的是电流信号，常用的电流

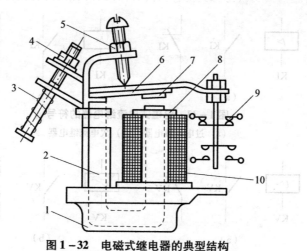

图 1 - 32　电磁式继电器的典型结构

1—底座；2—铁芯；3—释放弹簧；4，5—调节螺母；6—衔铁；

7—非磁性垫片；8—极靴；9—触头系统；10—线圈

继电器有欠电流继电器和过电流继电器两种。

欠电流继电器用于电路中起欠电流保护作用，吸引电流为线圈额定电流的 30% ~ 65%，释放电流为额定电流的 10% ~ 20%。因此，在电路正常工作时，衔铁是吸合的，只有当电流降低到某一整定值时，继电器释放，控制电路失电，从而控制接触器及时分断电路。

过电流继电器在电路正常工作时不动作，整定范围通常为额定电流的 1.1 ~ 4 倍，当被保护线路的电流高于额定值，达到过电流继电器的整定值时，衔铁吸合，使触点机构动作。

2）电磁式电压继电器

电压继电器用于电力拖动系统的电压保护和控制。电压继电器线圈匝数多、导线细，工作时并联在回路中，感测主电路的线路电压，根据线圈两端电压的大小接通或断开电路。其触点接于控制电路，为执行元件。按吸合电压的大小，电压继电器可分为过电压继电器、欠电压继电器和零电压继电器。

过电压继电器用于线路的过电压保护，其吸合整定值为被保护线路额定电压的 1.05 ~ 1.2 倍。当被保护的线路电压正常时，衔铁不动作；当被保护线路的电压高于额定值，达到过电压继电器的整定值时，衔铁吸合，使触点机构动作，控制接触器及时分断被保护电路。

欠电压继电器用于线路的欠电压保护，其释放整定值为线路额定电压的 0.1 ~ 0.6 倍。当被保护线路电压正常时，衔铁可靠吸合；当被保护线路电压降至欠电压继电器的释放整定值时，衔铁释放，触点机构复位，控制接触器及时分断被保护电路。

零电压继电器是当电路电压降低到 5% ~ 25% 时释放，对电路实现零电压保护，用于线路的失压保护。

3）电磁式继电器的符号

电磁式电流继电器和电压继电器的符号分别如图 1 - 33 和图 1 - 34 所示。

2. 中间继电器

中间继电器的作用是将一个输入信号变成多个输出信号或将信号放大（增大触点容量）的继电器。其实质为电压继电器，但它的触点数量较多（可达 8 对），触点容量较大（5 ~ 10 A），动作灵敏。

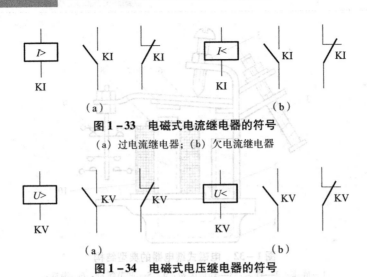

图 1-33　电磁式电流继电器的符号

（a）过电流继电器；（b）欠电流继电器

图 1-34　电磁式电压继电器的符号

（a）过电压继电器；（b）欠电压继电器

中间继电器按电压分为两类：一类是用于交直流电路中的 JZ 系列，另一类是只用于直流操作的各种继电保护电路中的 DZ 系列。

常用的中间继电器有 JZ7 系列，以 JZ7-62 为例，JZ 为中间继电器的代号，7 为设计序号，6 对常开触点，2 对常闭触点。表 1-1 所示为 JZ7 系列中间继电器的技术数据，其结构如图 1-35 所示。

表 1-1　JZ7 系列中间继电器的技术数据

型号	触点额定电压 /V	触点额定电流 /A	触点对数		吸引线圈电压 /V	额定操作频率 /(次·h^{-1})
			常开	常闭		
JZ7-44			4	4	交流 50 Hz 时，12、36、127、220、380	1 200
JZ7-62	500	5	6	2		
JZ7-80			8	0		

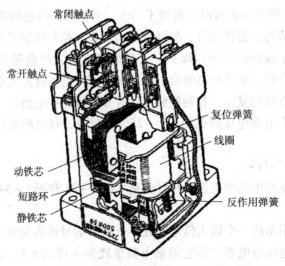

图 1-35　JZ7 系列电磁式中间继电器的结构

新型中间继电器触点闭合过程中动、静触点间有一段滑擦、滚压过程，可以有效地清除触点表面的各种生成膜及尘埃，减小了接触电阻，提高了接触可靠性，有的还安装了防尘罩或采用了密封结构，这也是提高可靠性的措施。有些中间继电器安装在插座上，插座有多种形式可供选择，有些中间继电器可直接安装在导轨上，安装和拆卸均很方便。常用的有JZ18、MA、K、HH5、RT11等系列。中间继电器的图形符号和文字符号如图1-36所示。

图1-36　中间继电器的图形符号和文字符号

（a）线圈；（b）常开触点；
（c）常闭触点

3. 时间继电器

时间继电器用来按照所需时间间隔，接通或断开被控制的电路，以协调和控制生产机械的各种动作，因此是按整定时间长短进行动作的控制电器。通常用在自动或半自动控制系统中，在预定的时间使被控制元件动作。

时间继电器种类很多，按构成原理有电磁式、电动式、空气阻尼式、晶体管式和数字式等，按延时方式可分为通电延时型和断电延时型。

1）直流电磁式时间继电器

直流电磁式时间继电器用阻尼的方法来延缓磁通变化的速度，以达到延时的目的。其结构简单，运行可靠，寿命长，允许通电次数多，但仅适用于直流电路，延时时间较短。一般通电延时仅为$0.1 \sim 0.5 \, s$，而断电延时可达$0.2 \sim 10 \, s$。因此，直流电磁式时间继电器主要用于断电延时。

2）空气阻尼式时间继电器

空气阻尼式时间继电器由电磁机构、工作触点及气室三部分组成，它的延时是靠空气的阻尼作用来实现的。图1-37所示为JS7-A系列时间继电器的工作原理图。

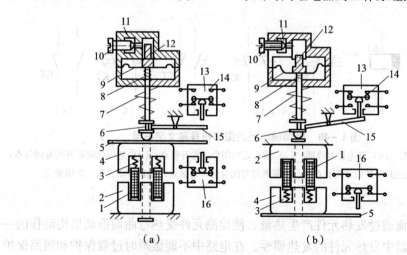

图1-37　JS7-A系列时间继电器的工作原理图

（a）通电延时型；（b）断电延时型

1—线圈；2—静铁芯；3，7，8—弹簧；4—衔铁；5—推板；6—顶杆；9—橡皮膜；
10—螺钉；11—进气孔；12—活塞；13，16—微动开关；14—延时触点；15—杠杆

国内生产的新产品JS23系列，可取代JS7-A、JS7-B和JS16等老产品。JS23系列时

间继电器的型号含义如图 1−38 所示。

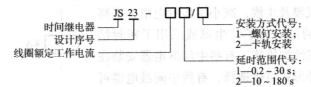

图 1−38　JS23 系列时间继电器的型号含义

3）电子式时间继电器

电子式时间继电器已成为主流产品，它是由晶体管或集成电路等构成的，目前已有采用单片机控制的时间继电器。电子式时间继电器具有延时范围广、精度高、体积小、耐冲击和耐振动、调节方便及寿命长等优点，所以发展很快，应用广泛。半导体时间继电器的输出形式有两种：有触点式和无触点式，前者是用晶体管驱动小型磁式继电器，后者是采用晶体管或晶闸管输出。

JSS1 时间继电器的型号含义如图 1−39 所示，时间继电器的图形符号和文字符号如图 1−40 所示。

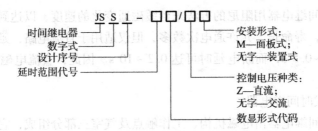

图 1−39　JSS1 时间继电器的型号含义

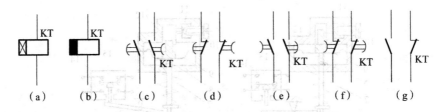

图 1−40　时间继电器的图形符号和文字符号

（a）通电延时线圈；（b）断电延时线圈；（c）通电延时闭合的常开触点；（d）通电延时断开的常闭触点；
（e）断电延时断开的常开触点；（f）断电延时闭合的常闭触点；（g）瞬动常开、常闭触点

4. 热继电器

热继电器是电流通过发热元件产生热量，使检测元件受热弯曲而推动机构动作的一种继电器。由于热继电器中发热元件的发热惯性，在电路中不能做瞬时过载保护和短路保护。它主要用于电动机的过载保护、断相保护和三相电流不平衡运行的保护。

1）热继电器的结构和工作原理

热继电器的形式有多种，其中以双金属片最多。双金属片式热继电器主要由热元件、双金属片和触头三部分组成，如图 1−41 所示。双金属片是热继电器的感测元件，由两种膨胀系数不同的金属片碾压而成。当串联在电动机定子绕组中的热元件有电流流过时，热元件产

生的热量使双金属片伸长，由于膨胀系数不同，致使双金属片发生弯曲。电动机正常运行时，双金属片的弯曲程度不足以使热继电器动作。当电动机过载时，流过热元件的电流增大，加上时间效应，从而使双金属片的弯曲程度加大，最终使双金属片推动导板使热继电器的触头动作，切断电动机的控制电路。

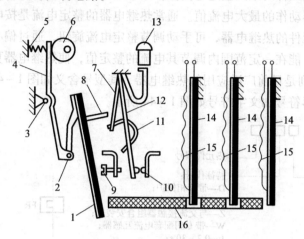

图 1 - 41　热继电器的结构

1—金属片；2—销子；3—支撑；4—杠杆；5—弹簧；6—凸轮；7，12—片簧；8—推杆；9—调节螺钉；
10—触点；11—弓簧；13—复位按钮；14—主金属片；15—发热元件；16—导板

热继电器由于热惯性，当电路短路时不能立即动作使电路断开，因此不能用作短路保护。同理，在电动机启动或短时过载时，热继电器也不会马上动作，从而避免电动机不必要的停车。

2）热继电器的分类及常见规格

热继电器按热元件数分为两相和三相结构。三相结构中又分为带断相保护和不带断相保护装置两种。

目前国内生产的热继电器品种很多，常用的有 JR20、JRS1、JRS2、JRS5、JR16B 和 T 系列等。其中 JRS1 为引进法国 TE 公司的 LR1 - D 系列，JRS2 为引进德国西门子公司的 3UA 系列，JRS5 为引进日本三菱公司的 TH - K 系列，T 系列为引进瑞士 ABB 公司的产品。JR20 系列热继电器采用立体布置式结构，系列动作机构通用。除具有过载保护、断相保护、温度补偿以及手动和自动复位功能外，还具有动作脱扣灵活、动作脱扣指示以及断开检验按钮等功能装置。

热继电器的型号含义及电气符号如图 1 - 42 所示。

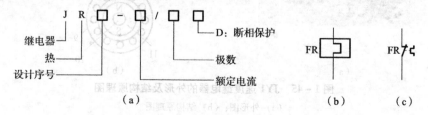

图 1 - 42　热继电器的型号含义及电气符号

（a）型号意义；（b）热元件；（c）动断触点

3）热继电器主要参数及常用型号

热继电器主要参数有：热继电器额定电流、相数、整定电流及调节范围，热元件额定电流，等等。热继电器的额定电流是指热继电器中可以安装的热元件的最大整定电流值。热元件的额定电流是指热元件的最大整定电流值。热继电器的整定电流是指能够长期通过热元件而不致引起热继电器动作的最大电流值。通常热继电器的整定电流是按电动机的额定电流整定的。对于某一热元件的热继电器，可手动调节整定电流旋钮，通过偏心轮机构，调整双金属片与导板的距离，能在一定范围内调节其电流的整定值，使热继电器更好地保护电动机。

JR16、JR20 系列是目前广泛应用的热继电器，其型号含义如图 1－43 所示。

热继电器的图形符号和文字符号如图 1－44 所示。

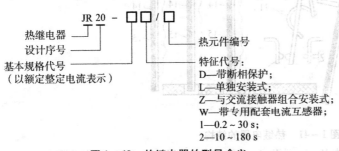

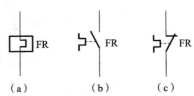

图 1－43　热继电器的型号含义

图 1－44　热继电器的图形符号和文字符号

（a）热元件；（b）常开触点；
（c）常闭触点

5. 速度继电器

速度继电器又称反接制动继电器，主要用于三相笼形异步电动机反接制动的控制电路中。它的主要结构是由转子、定子及触点三部分组成的，是靠电磁感应原理实现触点动作的，其外形、结构原理图如图 1－45 所示。速度继电器的转子是一个圆柱形永久磁铁，与电

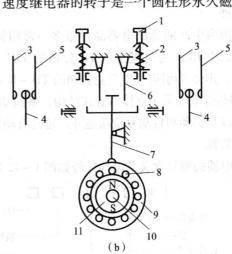

（a）

（b）

图 1－45　JY1 速度继电器的外形及结构原理图

（a）外形图；（b）结构原理图

1—调节螺钉；2—反力弹簧；3—常闭触头；4—动触头；5—常开触头；6—返回杠杆；
7—杠杆；8—定子导条；9—定子；10—转轴；11—转子

动机或机械轴通过联轴器相连，当电动机转动时，速度继电器的转子随之转动。定子与鼠笼转子相似，内有短路条，它也能围绕着转轴转动。当转子随电动机转动时，它的磁场与定子短路条相切割，产生感应电势及感应电流，此电流与转子磁场作用产生转矩，使定子随转子方向开始转动。

速度继电器有两对常开、常闭触点，分别对应于被控电动机的正、反转运行。由于继电器工作时是与电动机同轴的，不论电动机正转或反转，继电器的两个常开触点，就有一个闭合，准备实行电动机的制动。一旦开始制动，由控制系统的联锁触点和速度继电器的备用闭合触点，形成一个电动机相序反接电路，使电动机在反接制动下停车。而当电动机的转速接近零时，速度继电器的制动常开触点分断，从而切断电源，使电动机制动状态结束。

速度继电器的图形符号及文字符号如图1-46所示。

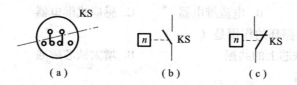

图1-46　速度继电器的图形符号及文字符号

习　题

一、填空题

1. 电磁式继电器按照励磁线圈电流的种类可分为_____和_____。

2. 电磁铁种类按电流性质分_____和_____。

3. 选择接触器时应从工作条件出发，控制电流负载应选用_____，控制直流负载则选用_____。

4. 中间继电器的作用是将一个输入信号_____输出信号或将信号_____。

5. 电器按电气原理分为_____和_____。

6. 熔断器用于各种电器电路中_____和_____保护。

7. 时间继电器按延时分可分为_____延时型和_____延时型。

8. 试举出两种不频繁地手动接通和分断电路的开关电器_____、_____。

9. 数控机床低压电器包括_____、_____、执行电器。

10. 小型断路器主要用于_____和_____。

11. 接触器上的短路环是放置在_____部件上的，起到防止_____作用。

二、判断题

1. （　　）接触器按照控制电路中电流种类分为交流接触器和直流接触器。

2. （　　）接触器的线圈可以并联于电路中，也可以串联于电路中。

3. （　　）接触器用来通断大电流电路的同时还具有欠电压或过电压保护。

4. （　　）空气阻力式继电器其线圈只能用交流电。

5. （　　）热继电器的热原件应串接于主电路中，可以实现过载或短路保护。

6.（　　）热继电器的热原件应整定电流值应与电动机的启动电流相等。

7.（　　）熔断器应串联于电路中作为短路和严重过载保护。

8.（　　）熔体的额定电流是长期通过熔体不熔断的最大工作电流。

9.（　　）行程开关可以作为控制电器，也可以作保护电器。

10.（　　）中间继电器其触电数多，需要装有灭弧装置。

三、选择题

1. 断路器是一种（　　）电器。

A. 保护　　　　　　　B. 控制　　　　　　　C. 保护开关

2. 对于电动机启动的场合，在选用刀开关是可选用额定电流等于或大雨电动机额定电流的（　　）。

A. 1 倍　　　　　　　B. 2 倍　　　　　　　C. 3 倍

3. 继电器按照输入信号可分为电压继电器、（　　）、速度继电器、时间继电器等。

A. 热继电器　　　　　B. 电流继电器　　　　C. 感应式继电器

4. 交流接触器短路环的作用是（　　）。

A. 消除磁铁在铁芯上的共振　　　　　B. 增大铁芯磁通

C. 减缓铁芯冲击

5. 接触器励磁线圈（　　）接于电路中。

A. 串联　　　　　　　B. 并联　　　　　　　C. 串并联

6. 空气阻力式时间继电器（　　）延时。

A. 只能做成通电　　　B. 只能断电　　　　　C. 可以制成通或断电

7. 熔断器串接在电路中实现（　　）保护。

A. 长期过载　　　　　B. 欠电流　　　　　　C. 短路

8. 熔断器是一种（　　）电器。

A. 控制　　　　　　　B. 保护　　　　　　　C. 手动

9. 下列元器件在电气控制中，进行正确连接后，能起到欠压保护的是（　　）。

A. 接触器　　　　　　B. 熔断器　　　　　　C. 热继电器

10. 行程开关是用来反应工作机械的行程位置而发出命令以控制其运动方向和行程大小的（　　）。

A. 主令开关　　　　　B. 操作电器　　　　　C. 控制按钮

11. 行程开关是主令电器的一种，它是（　　）电器。

A. 手动　　　　　　　B. 保护　　　　　　　C. 控制和保护

12. 直流接触器磁路中常垫以非磁性片的目的是（　　）。

A. 减小吸合时的电流　　　　　　　　B. 减小剩磁的影响

C. 减小铁芯涡流影响

13. 中小容量异步电动机的过载保护一般采用（　　）。

A. 熔断器　　　　　　B. 磁力启动器　　　　C. 热继电器

14. 下列低压电器中可以实现过载保护的有（　　）。

A. 热继电器　　　　　B. 速度继电器　　　　C. 接触器

15. 下列属于低压配电电器的是（　　）。

A. 接触器　　　　B. 继电器　　　　C. 刀开关　　　　D. 时间继电器

四、简答题

1. 低压断路器有哪些保护作用？

2. 简述交流接触器在动作时动合和动断触点的动作顺序。

3. 交流接触器在使用中应注意哪些问题？

4. 简述主令电器的作用及主要类型。

5. 两个同型号的交流接触器，线圈额定电压为 110 V，试问能不能串联后接于 220 V 交流电源？

习 题 答 案

一、填空题

1. 直流继电器，交流继电器

2. 直流，交流

3. 交流接触器，直流接触器

4. 转换，放大

5. 手动电器，自动电器

6. 短路，严重过载

7. 通电，断电

8. 断路器，转换开关

9. 控制电器，保护电器

10. 照明配电系统，控制回路

11. 铁芯，防止铁芯振动和噪声

二、判断题

1. √　2. √　3. √　4. √　5. ×　6. ×　7. √　8. √　9. √　10. ×

三、选择题

1. C　2. B　3. B　4. A　5. C　6. B　7. C　8. B　9. A　10. A　11. C　12. B　13. C

14. C　15. C

四、简答题

1. 答案：低压断路器是将控制电器和保护电器的功能合为一体的电器。它常作为频不繁接通和断开的电路的总电源开关或部分电路的电源开关，当电路发生过载、短路或欠压故障时能自动切断电路，有效地保护串接在它后面的电气设备。

2. 答案：交流接触器在动作时动合和动断触点的动作顺序是：

当接触器线圈通电后，动断触点先断开，动合触点后闭合；

当接触器线圈断电后，动合触点先断开，动断触点再闭合。

3. 答案：励磁线圈电压为 85% ~ 105% U_N；

铁芯衔铁短路环完好；

活动部件应动作灵活；

端面接触良好；

触点表面接触良好，并有一定的超程和耐压力；

操作频率应在允许范围内。

4. 答案：主令电器的作用：隔离电源或在规定条件下接通、分断电路，主令电器的类型：控制按钮、行程开关、万能转换开关、主令控制器。

5. 答案：不能串联。否则，将因衔铁气隙的不同，线圈交流阻抗不同，电压不会平均分配，导致电器不能可靠工作。

第 2 章 电气基本控制电路

🔆 本章主要内容

了解电动机各种控制电路的分析。由于涉及电气系统图，所以首先介绍电气图的类型、画法及国家标准。

🔆 学习目标

（1）掌握绘制电气图的基本原则。

（2）掌握电动机的启动、停止、正反转及制动控制原理，并能设计简单的单元电路。

（3）掌握电动机控制电路常用的保护环节。

（4）能根据提供的线路图，按照安全规范要求，正确利用工具和仪表，熟练完成电气元器件安装；元件在配电板上布置要合理，安装要准确。

（5）能按照现场管理要求（整理、整顿、清扫、清洁、素养、安全）安全文明生产。

2.1 电气控制系统图

电气控制电路是由许多电气元器件按具体要求而组成的一个系统。为了表达生产机械电气控制系统的原理、结构等设计意图，同时也为了方便电气元器件的安装、调整、使用和维修，必须将电气控制系统中各电气元器件的连接用一定的图形表示出来，这种图形就是电气控制系统图。为了便于设计、阅读分析、安装和使用控制电路，电气控制系统图必须采用统一规定的符号、文字和标准的画法。

2.1.1 电气控制系统图

电气控制系统图主要包括电气原理图、电器布置图、电气安装接线图、功能图和电气元件明细表等。各种图的图纸尺寸一般选用 297 mm × 210 mm、297 mm × 420 mm、297 mm × 630 mm、297 mm × 840 mm 四种幅面，特殊需要可按《机械制图》国家标准选用其他尺寸。本书将主要介绍电气原理图、电器布置图和电气安装接线图。

1. 电气系统图和框图

电气系统图和框图是采用符号（以方框符号为主）或带有注释的框绘制。用于概略表示系统、分系统、成套装配或设备等的基本组成部分的主要特征及其功能关系的一种电气图，其用途是为进一步编制详细的技术文件提供依据，供操作和维修时参考。

2. 电气原理图

电气原理图是为了便于阅读和分析控制线路，根据简单、清晰的原则，利用电气元件展开的形式绘制成的表示电气控制线路工作原理的图形。在电气原理图中只包括所有的电气元件的导电部件和接线端点之间的相互关系，但并不按照各电气元件的实际布置位置和实际接线情况来绘制，也不反映电气元件的大小。其作用是便于详细了解工作原理，指导系统或设备的安装、测试与维修。电气原理图是电气控制系统图中最重要的种类之一，也是识图的难点和重点，本模块主要介绍电气原理图。

3. 电器布置图

电器布置图主要用来表明各种电气设备在机械设备上和电气控制柜中的实际安装位置，为机械电气控制设备的制造、安装、维修提供必要的资料。通常电器布置图与电气安装接线图组合在一起，既起到电器安装接线图的作用，又能清晰表示出电器的布置情况，如图 2 - 1 所示。

4. 电气安装接线图

电气安装接线图是为了安装电气设备和电气元件进行配线或检修电气控制线路故障服务的。它是用规定的图形符号，按各电气元件相对位置绘制的实际接线图，它清楚地表示了各电气元件的相对位置和它们之间的电路连接，所以安装接线图不仅要把同一电器的各个部件画在一起，而且各个部件的布置要尽可能符合这个电器的实际情况，但对比例和尺寸没有严格要求。不但要画出控制柜内部电器之间的连接，还要画出控制柜外电器的连接。电气安装接线图中的回路标号是电气设备之间、电气元件之间、导线与导线之间的连接标记，图中各电气元件的文字符号、元件连接顺序和数字符号、线路号码编制都必须与电气原理图中的标号一致，如图 2 - 2 所示。

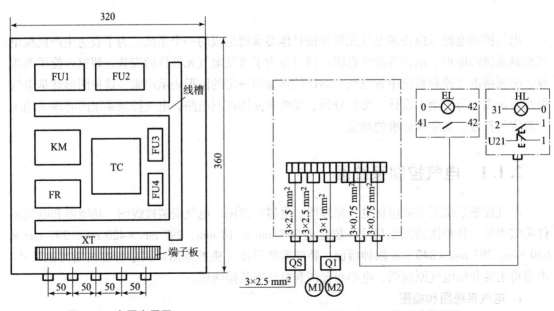

图 2 - 1　电器布置图　　　　　　　　图 2 - 2　电气安装接线图

5. 功能图

功能图是一种用来全面描述控制系统的控制过程、功能和特性的图,它不仅适用于电气控制系统,也可用于气动、液压和机械等非电控制系统或系统的某些部分。在功能图中,把一个过程循环分解成若干个清晰的连续的阶段,称为"步"。

6. 电气元件明细表

电气元件明细表是把成套装置、设备中各组成元件(包括电动机)的名称、型号、规格、数量列成表格,供准备材料及维修使用。

2.1.2 电气图的一般特点

1. 电气图的主要表达方式——简图

电气图是一种简图,它并不是严格按几何尺寸和绝对位置测绘的,而是用规定的标准符号和文字表示系统或设备的各组成部分之间的关系。这一点是与机械图、建筑图等有所区别的。

2. 电气图的主要表达内容——元件和连接线

电气图的主要描述对象是电气元件和连接线。连接线可用单线法和多线法表示,两种表示方法在同一张图上可以混用。电气元件在图中可以采用集中表示法、半集中表示法、分开表示法来表示。集中表示法是把一个元件的各组成部分的图形符号绘在一起的方法;分开表示法是将同一元件的各组成部分分开布置,有些可以画在主电路上,有些可以画在控制电路上;半集中表示法介于上述两种方法之间,在图中将一个元件的某些部分的图形符号分开绘制,并用虚线表示其相互关系。

绘制电气图时一般采用机械制图规定的 8 种基本线条中的 4 种(表 2-1)线来绘制。线条的粗细应一致,有时为了区别某些电路或功能,予以突出,可以采用不同的粗细线,如主电路用粗实线表示,而辅助电路用细实线表示。

表 2-1　图线及其应用

序号	图线名称	一　般　应　用
1	实线	基本线、简图主要内容用线、可见轮廓线、可见导线
2	虚线	辅助线、屏蔽线、机械连接线、不可见轮廓线、不可见导线、计划扩展内容用线
3	点画线	分界线、结构围框线、分组围框线
4	双点画线	辅助围框线

3. 电气图的主要组成部分——图形符号和文字符号

一个电气系统或一种电气装置总是由各种元器件组成的,在主要以简图形式表达的电气图中,无论是表示构成、功能或电气接线等,没有必要也不能一一画出各种元器件的外形结构,通常是用一种简单的图形符号表示。但是在大多数情况下,在同一系统中,或者说在同一个图上有两个以上作用不同的同一类型电器(如在某一系统中使用了两个接触器),显然此时在一个图中用一个符号来表示是不严格的,还必须在符号旁标注不同的文字符号以区别其名称、功能、状态、特征及安装位置等。这样图形符号和文字符号的结合，就能使人们一看就知道它是不同用途的电器。

2.1.3 电气图的图形符号和文字符号

电气系统图中，电气元件的图形符号和文字符号必须有统一的标准。电气工程技术要与国际接轨，要与 WTO（世界贸易组织）中的各国交流电气工程技术，必须具备通用的电气工程语言，因此，国家标准局参照国际电工委员会（IEC）颁布的有关文件，制定了我国电气设备的有关国家标准，如《电气简图用图形符号》。

1. 图形符号

图形符号通常用于图样或其他文件，以表示一个设备或概念，它包括符号要素、一般符号和限定符号。

1）符号要素

符号要素是一种具有确定意义的简单图形，必须同其他图形组合才能构成一个设备或概念的完整符号，如接触器常开主触点的符号就由接触器触点功能符号和常开触点符号组合而成。

2）一般符号

一般符号是用以表示一类产品或此类产品特征的一种简单的符号。如电机的一般符号为"＊"，"＊"号用 M 代替可以表示电动机，用 G 代替可以表示发电机。

3）限定符号

限定符号是用于提供附加信息的一种加在其他符号上的符号。限定符号一般不能单独使用，但它可以使图形符号更具多样性。例如，在电阻一般符号的基础上分别加上不同的限定符号，就可以得到可变电阻、压敏电阻、热敏电阻等。

2. 文字符号

文字符号适用于电气技术领域中技术文件的编制，用以标明电气设备、装置和元器件的名称及电路的功能、状态和特征。文字符号分为基本文字符号和辅助文字符号。

1）基本文字符号

基本文字符号有单字母符号和双字母符号两种。单字母符号是按拉丁字母顺序将各种电气设备、装置和元器件划分为 23 个大类，每一类用一个专用单字母符号表示，如"C"表示电容类，"R"表示电阻类。

双字母符号是由一个表示种类的单字母符号与另一字母组成，组合形式是以单字母符号在前，另一个字母在后的次序列出。如"F"，"FU"则表示熔断器，是保护器件类。

2）辅助文字符号

辅助文字符号是用以表示电气设备、装置和元器件以及电路的功能、状态和特征的，如"L"表示限制，"RD"表示红色等。辅助文字符号也可以放在表示种类的单字母符号后边组成表示限制的双字母符号，如"SP"表示压力传感器，"YB"表示电磁制动器等。为简化文字符号，若辅助文字符号由两个以上字母组成时，允许只采用其第一位字母进行组合，如"MS"表示同步电动机。辅助文字符号还可以单独使用，如"ON"表示接通，"M"表示中间线等。

3）补充文字符号的原则

当基本文字符号和辅助文字符号不能满足使用要求时，可按国家标准中文字符号组成原则予以补充。

（1）在不违背国家标准文字符号编制原则的条件下，可采用国际标准中规定的电气技术文字符号。

（2）在优先采用基本文字符号和辅助文字符号的前提下，可补充国家标准中未列出的双字母符号和辅助文字符号。

（3）使用文字符号时，应按有关电气名词术语国家标准或专业技术标准中规定的英文术语缩写而成。基本文字符号不得超过两个字母，辅助文字符号一般不能超过三个字母。

3. 接线端子标记

三相交流电源引入线采用 L1、L2、L3 标记，中性线为 N。

电源开关之后的三相交流电源主电路分别按 U、V、W 顺序进行标记，接地端为 PE。

电动机分支电路各接点标记采用三相文字代号后面加数字来表示，数字中的个位数表示电动机代号，十位数表示该支路接点的代号，从上到下按数值的大小顺序标记。如 U11 表示 M1 电动机的第一相的第一个接点代号，U21 为第一相的第二个接点代号，以此类推。

电动机绕组首端分别用 U1、V1、W1 标记，尾端分别用 U2、V2、W2 标记，双绕组的中点则用 U3、V3、W3 标记。也可以用 U、V、W 标记电动机绕组首端，用 U′、V′、W′标记绕组尾端，用 U″、V″、W″标记双绕组的中点。

分级三相交流电源主电路采用三相文字 U、V、W 的前面加上阿拉伯数字 1、2、3 等来标记，如 1U、1V、1W 及 2U、2V、2W 等。

控制电路采用阿拉伯数字编号，一般由三位或三位以下的数字组成。标注方法按等电位原则进行，在垂直绘制的电路中，标号顺序一般由上而下编号，凡是线圈、绕组、触点或电阻、电容等元件所间隔的线段，都应标以不同的电路标号。

4. 项目代号

在电路图上，通常用一个图形符号表示的基本件、部件、组件、功能单元、设备、系统等，被称为项目。项目代号是用以识别图、图表、表格中和设备上的项目种类，并提供项目的层次关系、种类、实际位置等信息的一种特定的代码。通过项目代号可以将图、图表、表格、技术文件中的项目与实际设备中的该项目一一对应和联系起来，如表 2 - 2 所示。

表 2 - 2   电气符号大全

名称	新符号		旧符号	
	图形符号	文字符号	图形符号	文字符号
直流电	—— 或 ┈┈	DC	——	DC
交流电	∿	AC	∿	AC
交直流	≈		≈	

名称	新符号		旧符号	
	图形符号	文字符号	图形符号	文字符号
导线的连接	⊤ 或 ↑		⊤	
导线的多线连接	或		或	
导线不连接				
接地一般符号		E		E
单相自耦变压器		T		B
星形连接的三相自耦变压器		T		ZOB
电流互感器		TA		LH
三相笼型异步电动机	M 3~	M 3 ~	D	JD
三相绕线型异步电动机	M 3~	M 3 ~	D	JD
他励式直流电动机	M	M	M	ZD
并励式直流电动机	M	M	M	ZD
永磁式直流测速发电机	TG	TG	SF	SF
熔断器		FU		RD

续表

名称	新符号		旧符号	
	图形符号	文字符号	图形符号	文字符号
插头		XP		CT
插座		XS		CZ
单极刀开关	或	Q		K
三极刀开关 组合开关		Q		K
三相断路器		QF		ZK
手动三极开关 一般符号		Q		
动合（常开） 触点	或		或	
动断（常闭） 触点				
先断后合的 转换触点				
按钮				
按钮开关动合触点 （启动按钮）		SB		QA
按钮开关动断触点 （停止按钮）		SB		TA

名称	新符号		旧符号	
	图形符号	文字符号	图形符号	文字符号
限位开关				
动合触点		SQ		XK
动断触点		SQ		XK
接触器				
线圈		KM		C
动合（常开）触点		KM		C
动断（常闭）触点		KM		C
继电器				
动合（常开）触点		符号同操作元件		符号同操作元件
动断（常闭）触点				
延时闭合的动合（常开）触点	或			
延时断开的动合（常开）触点	或	KT		SJ
延时闭合的动断（常闭）触点	或			
延时断开的动断（常闭）触点	或			

名称	新符号		旧符号	
	图形符号	文字符号	图形符号	文字符号
延时闭合和延时断开的动合（常开）触点				
延时闭合和延时断开的动断（常闭）触点				
时间继电器线圈（一般符号）		KT		SJ
中间继电器线圈	或	K		ZJ
断电延时型时间继电器线圈		KT		SJ
通电延时型时间继电器线圈		KT		SJ
欠电压继电器线圈	$U<$	KV	$U<$	QYJ
过电流继电器线圈	$I>$	KA	$I>$	GlJ
热继电器热元件		FR		RJ
热继电器的动断触点		FR		RJ
主令控制器的触点		SA		LK
电磁铁		YA		DCT
电磁吸盘		YH		DX

名称	新符号		旧符号	
	图形符号	文字符号	图形符号	文字符号
电磁制动器		YB		ZC
电铃		HA		DL
扬声器（电喇叭）		HA		LB
照明灯		EL		ZD
信号灯		HL		XD

2.1.4 电气原理图

用图形符号和项目代号表示电路各个电气元件连接关系与电气工作原理的图形称为电气原理图。由于电气原理图结构简单，层次分明，适于分析、研究电路工作原理等特点，因而广泛应用于设计和生产实际中，图 2 - 3 所示为 CW6132 型普通车床电气原理图。

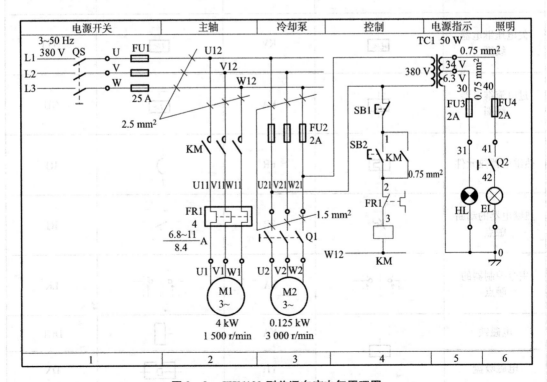

图 2 - 3   CW6132 型普通车床电气原理图

在绘制电气原理图时，一般应遵循以下原则：

（1）电气原理图应采用规定的标准图形符号，主电路与辅助电路分开，并依据各电气元件的动作顺序等绘制。其中主电路就是从电源到电动机大电流通过的路径。辅助电路包括控制电路、照明电路、信号电路及保护电路等，由继电器和接触器的线圈、继电器的触点、接触器的辅助触点、按钮、照明灯、信号灯、控制变压器等电气元件组成。

（2）电器的触点位置应按电器未受外力或其线圈未通电时的状态画出。

（3）控制系统内的全部电动机、电器和其他器械的带电部件，都应在原理图中表示出来。

（4）在原理图上方将图分成若干图区，并标明该区电路的用途与作用；在继电器、接触器线圈下方列有触点表，以说明线圈和触点的从属关系。

（5）原理图上应标出各个电源电路的电压值、极性、频率及相数，某些元器件的特性（如电阻、电容、变压器的数值等），不常用电器（如位置传感器、手动触点等）的操作方式、状态和功能。

（6）动力电路的电源电路绘成水平线，受电部分的主电路和控制保护支路，分别垂直绘制在动力电路下面的左侧和右侧。

（7）原理图中，各个电气元件在控制电路中的位置，不按实际位置画出，应根据便于阅读的原则安排，但为了表示是同一元件，电器的不同部件要用同一文字符号来表示。

（8）电气元件应按功能布置，并尽可能按工作顺序排列，其布局顺序应该是从上到下，从左到右。

（9）电气原理图中，有直接联系的交叉导线连接点，要用黑圆点表示；无直接联系的交叉导线连接点不用画黑圆点。

2.2　三相异步电动机

在机床行业中应用最普遍的电气设备是电动机，而老式机床应用最广的是普通的三相异步电动机，另外少数机床用到直流电动机，它们的自动控制电路大多由各类电动机和继电器、接触器、按钮、保护元件等器件组成。这些控制电路无论是简单还是复杂，一般都是由一些基本控制环节组成的，在分析电路原理和判断其故障时，一般都是从这些基本控制环节入手的。新型机床应用的是变频电动机。因此本章重点介绍三相异步电动机的控制原理、结构，以及三相异步电动机的控制和保护电路，另外还有变频电动机和变频器的有关知识。

2.2.1　三相异步电动机的结构

图 2-4 所示为三相异步电动机的结构图，三相异步电动机主要分为两个基本部分：定子（静止部分）和转子（旋转部分），定子、转子中间是空气隙。

1. 定子（静止部分）

三相异步电动机定子主要由定子铁芯、定子绕组、机座等组成。

（1）定子铁芯。定子铁芯作为电动机磁路的一部分，并在其上放置定子绕组。

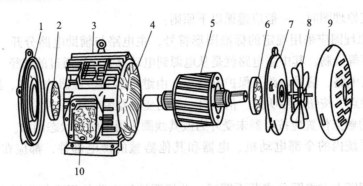

图 2 – 4   三相异步电动机的结构图

1，7—端盖；2，6—轴承；3—机座；4—定子绕组；5—转子；
8—风扇；9—风罩；10—接线盒

（2）定子绕组。定子绕组是电动机的电路部分，通入三相交流电，产生旋转磁场。

小型异步电动机定子绕组通常用高强度漆包线（铜线或铝线）绕制成各种线圈后，再嵌放在定子铁芯槽内。大中型异步电动机则用各种规格的铜条经绝缘处理后，再嵌放在定子铁芯槽内。为了保证绕组的各导电部分与铁芯间的可靠绝缘以及绕组本身间的可靠绝缘，在定子绕制制造过程中采取了许多绝缘措施。定子绕组的主要绝缘项目有以下三种：

①对地绝缘：定子绕组整体与定子铁芯间的绝缘。

②相间绝缘：各相定子绕组间的绝缘。

③匝间绝缘：每相定子绕组各线匝间的绝缘。

定子三相绕组嵌放到铁芯槽后，共有六个出线端引到电动机机座的接线盒内，并且六根线头排成上下两排，并规定上排三个接线桩自左至右排列的编号为 1（U1）、2（V1）、3（W1），下排三个接线桩自左至右排列的编号为 6（W2）、4（U2）、5（V2），可按需要将三相绕组接成星形接法（Y形接法）或三角形接法（△形接法）。

（3）机座。机座的作用是固定定子铁芯和定子绕组，并以两个端盖支撑转子，同时起保护整台电动机电磁部分的作用，并散发电动机运行中产生的热量。

机座通常为铸铁件，大型异步电动机机座一般用钢板焊成，而微型电动机的机座采用铸铝件。封闭式电动机的机座外面有散热筋以增加散热面积，防护式电动机的机座两端端盖开有通风孔，使电动机内外的空气可直接对流，以利于散热。

2. 转子（旋转部分）

转子是电动机的旋转部分，包括转子铁芯、转子绕组和转轴等部件。

（1）转子铁芯。转子铁芯作为电动机磁路的一部分，并在铁芯槽内放置转子绕组。转子铁芯所用材料与定子一样，一般由 0.5 mm 厚的硅钢片冲制、叠压而成，硅钢片外圆冲有均匀分布的孔，用来安置转子绕组。通常用定子铁芯冲落后的硅钢片内圆再冲制转子铁芯。一般小型异步电动机的转子铁芯直接压装在转轴上，大、中型异步电动机（转子直径在 300 ~ 400 mm 以上）的转子铁芯则借助于转子支架压在转轴上。

（2）转子绕组。转子绕组的作用是切割定子旋转磁场产生感应电动势及电流，并形成电磁转矩而使电动机旋转。根据构造的不同转子绕组分为鼠笼型转子和绕线型转子。

2.2.2　三相异步电动机的工作原理

对称三相定子绕组中通入对称三相正弦交流电，便产生旋转磁场。旋转磁场切割转子导体，便产生感应电动势和感应电流。感应电流一旦产生，便受到旋转磁场的作用，形成电磁转矩，转子便沿着旋转磁场的转向转动起来。

旋转磁场的转速为

$$n_1 = 60\,f/P$$

式中，f 为电源频率；P 是磁场的磁极对数；n_1 的单位是 $\mathrm{r/min}$。旋转磁场的旋转方向与绕组中电流的相序有关。若把三根电源线中的任意两根对调，则磁场必然反方向旋转，利用这一特性就可以改变三相电动机的旋转方向。

2.2.3　三相异步电动机的分类

按转子结构的不同，三相异步电动机可分为笼式和绕线式两种，如图 2－5 所示。笼式异步电动机结构简单、运行可靠、质量轻、价格便宜，得到了广泛的应用，其主要缺点是调速困难。绕线式三相异步电动机的转子和定子一样，也设置了三相绕组并通过滑环、电刷与外部变阻器连接，调节变阻器电阻可以改善电动机的启动性能和调节电动机的转速。

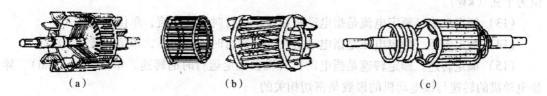

图 2－5　三相异步电动机的分类

（a）鼠笼式转子；（b）笼式转子绕组；（c）绕线式转子

2.2.4　三相异步电动机的铭牌数据

每台电动机的机壳上都有一块铭牌，上面标明该电动机的规格、性能及使用条件，它是正确使用电动机的依据。这里对铭牌上主要的技术参数介绍如下：

（1）电动机的名称（三相异步电动机）。

（2）制造厂名。

（3）标准编号。标准编号是指电动机制造、检验所依据的技术标准编号。

（4）电动机型号。为了适应不同用途和工作环境需要，三相异步电动机制成了不同的系列和型号，不同型号的电动机的机座长度、中心高度、转速等技术参数都不相同。

（5）制造厂产品编号。

（6）接线方法。接线方法指定了三相绕组的头尾连接方式是星形（Y形）连接，还是三角形（△形）连接。电动机的接线盒有六个接线端子，标有 U1 和 U2、V1 和 V2、W1 和 W2，分别是定子内三相绕组的首末端。如果铭牌上标明是"Y"接法，接线端子应按图 2-6 所示的接法连接；如果铭牌上标明是"△"接法，接线端子应按图 2-7 所示的接法连接。

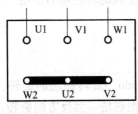

图 2-6　"Y"接法

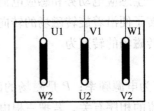

图 2-7　"△"接法

（7）绝缘等级。绝缘等级是指电动机所采用的绝缘材料的耐热等级。绝缘等级与电动机允许温升密切相关。

（8）工作制。工作制是指电动机在额定状态下是短时工作制，还是连续工作制。

（9）出厂日期。

（10）质量。

（11）额定频率。额定频率是指电动机额定运行时使用电源的频率，单位为赫兹（Hz）。国内使用的普通电动机都按标准工频 50 Hz 设计和生产。

（12）额定功率。额定功率又称额定容量，指额定运行状态下转轴输出的机械功率，单位为千瓦（kW）。

（13）额定电流。额定电流是指电动机在额定运行时的线电流，单位为安（A）。

（14）额定电压。额定电压是指电动机在额定运行时的线电压，单位为伏（V）。

（15）额定转速。额定转速是指电动机转轴在额定运行时的转速，单位为（r/min）。异步电动机的转速与该电动机的极数是密切相关的。

其中型号 Y132M-4 的具体含义如下：

Y 指异步电动机；

132 指机座中心高（单位：mm）；

M 指机座长度代号（S 为短机座，M 为中机座，L 为长机座）；

4 指磁极数。

2.2.5　三相异步电动机的使用

电动机在使用时有两种接线方式，即星形连接与三角形连接。

将电动机三相绕组的六个线头按照图 2-8 所示的方式连接，称为星形连接。此时电动机上每相绕组所承受的电压是电源线电压的 1/3。如果将电动机三相绕组的六个线头按照图 2-9 所示的方式连接，称为三角形连接。此时电动机上每相绕组所承受的电压等于电源线电压。

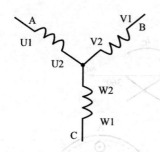

图 2-8　电动机三角形连接

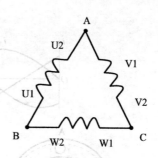

图 2-9　电动机星形连接

实际每台电动机的铭牌上都已经注明了该电动机所应该采用的接线方式。如果将额定为星形连接的电动机接为三角形，那么电动机的功率将会增大，电流会上升，电动机很快就会发热、烧坏。如果将额定为三角形连接的电动机接为星形，那么电动机的功率将会减小，因为带不动负载，也很快会发热、烧坏。检修或重绕三相异步电动机三相绕组的六条引出线，头、尾必须分清，否则在接线盒内无法正确接线。按规定六条引出线的头、尾分别用 U1、V1、W1 和 U2、V2、W2 标注标号。不同字母表示不同相别，相同数字表示同为头或尾。检修电动机时，如果六条引线上标号完整，只有接线盒内接线板损坏，可按电动机铭牌上规定的接法更换接线板，正确接线即可。如果六条引线上的标号已被破坏或重绕电动机绕组后，就必须先确定六条引线的头、尾端，进行标号，然后再按规定接到接线板上。

三相异步电动机的工作原理用一个简单的实验观察，如图 2-10 所示。在蹄形磁铁中放置一个笼型转子，当摇动磁铁时，笼型转子跟随转动；若摇把摇动方向发生改变，笼型转子转动方向也会发生变化。故可得出如下结论：旋转磁场可拖动笼型转子转动。

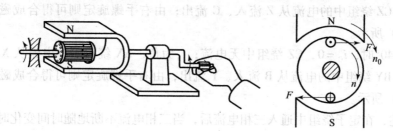

图 2-10　转子旋转原理图

1. 旋转磁场的产生

图 2-11 所示为三相异步电动机定子接线，三相定子绕组 AX、BY、CZ 在空间按互差 120° 的规律对称排列，并接成星形与三相电源 A、B、C 相连。则三相定子绕组便通过三相对称电流 i_A、i_B、i_C，它们的关系式如式（2-1）~式（2-3）所示，由于定子绕组电流的流过，故在三相定子绕组中就会产生如图 2-12 所示的旋转磁场。电流流入端用 "$\otimes$" 表示，流出端用 "$\odot$" 表示。

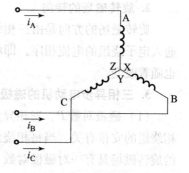

图 2-11　三相异步电动机定子接线

$$i_A = I_m \sin \omega t \tag{2-1}$$
$$i_B = I_m \sin(\omega t - 120°) \tag{2-2}$$

$$i_C = I_m \sin(\omega t + 120°) \qquad\qquad (2-3)$$

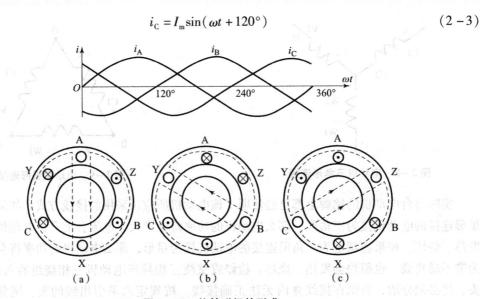

图 2-12　旋转磁场的形成

(a) $\omega t = 0°$；(b) $\omega t = 120°$；(c) $\omega t = 240°$

下面分析旋转磁场产生的原理：

当 $\omega t = 0°$ 时，$i_A = 0$，AX 绕组中无电流；i_B 为负，BY 绕组中的电流从 Y 流入、B 流出；i_C 为正，CZ 绕组中的电流从 C 流入、Z 流出；由右手螺旋定则可得合成磁场的方向如图 2-12 （a） 所示。

当 $\omega t = 120°$ 时，$i_B = 0$，BY 绕组中无电流；i_A 为正，AX 绕组中的电流从 A 流入、X 流出；i_C 为负，CZ 绕组中的电流从 Z 流入、C 流出；由右手螺旋定则可得合成磁场的方向如图 2-12 （b） 所示。

当 $\omega t = 240°$ 时，$i_C = 0$，CZ 绕组中无电流；i_A 为负，AX 绕组中的电流从 X 流入、A 流出；i_B 为正，BY 绕组中的电流从 B 流入、Y 流出；由右手螺旋定则可得合成磁场的方向如图 2-12 （c） 所示。

综上所述，在定子绕组中通入三相电流后，当三相电流不断地随时间变化时，它们共同产生的合成磁场也随着电流的变化而在空间不断地旋转，故称旋转磁场。

2. 旋转磁场的转向

旋转磁场的方向是由三相绕组中电流相序决定的，若想改变旋转磁场的方向，只要改变通入定子绕组的电流相序，即将三根电源线中的任意两根对调即可。这时，转子的旋转方向也随着改变。

3. 三相异步电动机的磁极对数与转速

（1）磁极对数 P。三相异步电动机的磁极对数就是旋转磁场的。旋转磁场磁极对数和三相绕组的安排有关。当每相绕组只有一个线圈，绕组的始端之间相差 120° 空间角时，产生的旋转磁场具有一对磁极对数，即 $P = 1$；当每相绕组为两个线圈串联，绕组的始端之间相差 60° 空间角时，产生的旋转磁场具有两对磁极对数，即 $P = 2$；同理，如果要产生三对磁极对数，即 $P = 3$ 的旋转磁场，则每相绕组必须有均匀安排在空间的串联的三个线圈，绕组的始端之间相差 40°（120°/P）空间角。磁极对数 P 与绕组的始端之间的空间角 θ 的关系为

$$\theta = 120°/P \tag{2-4}$$

（2）转速 n_0。三相异步电动机旋转磁场的转速 n_0 与电动机磁极对数 P 有关，它们的关系是

$$n_0 = 60 f_1/P \tag{2-5}$$

由式（2-5）可知，旋转磁场的转速 n_0 决定于电流频率 f_1 和磁场的磁极极对数 P。对某一异步电动机而言，f_1 和 P 通常是一定的，所以磁场转速 n_0 为一常数。

在我国，工频 $f_1 = 50$ Hz，因此不同的磁极对数 P 对应于不同的旋转磁场转速 n_0，其对应数据如表 2-3 所示。

表 2-3　磁极对数 P 与旋转磁场转速 n_0 的对应数据

P（磁极对数）	1	2	3	4	5	6
n_0（转速）/(r·min^{-1})	3 000	1 500	1 000	750	600	500

2.3　三相异步电动机基本控制线路

由于各种生产机械的工作性质和加工工艺不同，使得它们对电动机的控制要求也不同。要使电动机按照生产机械的要求正常安全地运转，必须配备一定的电器，组成一定的控制电路，才能达到目的。电动机的基本控制电路有以下几种：点动控制电路、正转控制电路、正反转控制电路、位置控制电路、顺序控制电路、多地控制电路、降压启动控制电路、调速控制电路和制动控制电路等。三相感应电动机有全压直接启动和减压启动两种方式。较大容量（大于 10 kW）的电动机，因启动电流较大（可达额定电流的 4～7 倍），一般采用减压启动方式来降低启动电流。

2.3.1　三相异步电动机的单向直接启动控制电路

1. 点动控制电路

在三相交流电源和电动机之间只用闸刀开关（图 2-13）或用断路器（图 2-14）。

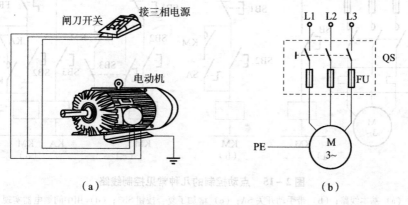

图 2-13　点动控制连接图

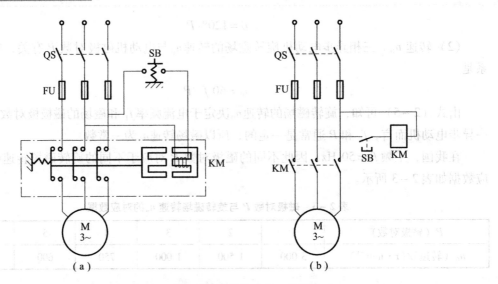

图 2 – 14　点动单向控制电路的工作原理

2. 三相异步电动机的点动单向控制电路的工作原理

点动单向控制电路的工作原理（图 2 – 14）是：当电动机需要点动时，先合上空气隔离开关 QS，此时电动机 M 尚未接通电源。按下启动按钮 SB，交流接触器 KM 线圈得电，进而接触器 KM 的三对主触点闭合，电动机 M 则接通电源启动运转。当电动机需要停转时，只要松开启动按钮 SB，使接触器 KM 线圈失电，进而接触器 KM 的三对主触点恢复断开，电动机 M 失电停转。

所谓点动，即按下按钮时电动机转动工作，手松开按钮时电动机停止工作。点动控制多用于机床刀架、横梁、立柱等快速移动和机床对刀等场合。图 2 – 15 所示为点动控制的几种常见控制线路。图 2 – 15（a）所示为基本的点动控制线路。图 2 – 15（b）所示为带手动开关 SA 的点动控制线路，打开 SA 将自锁触点断开，可实现点动控制。合上 SA 可实现连续控制。图 2 – 15（c）所示为增加了一个点动用的复合按钮 SB3，点动时用其动断触点断开接触器 KM 的自锁触点，实现点动控制。当连续控制时，可按启动按钮 SB2。图 2 – 15（d）

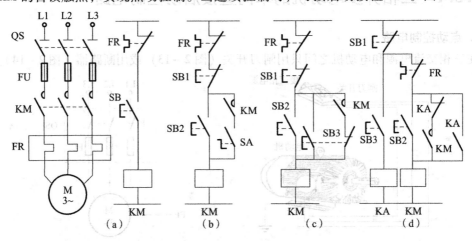

图 2 – 15　点动控制的几种常见控制线路

（a）基本线路；（b）带手动开关 SA；（c）增加了复合按钮 SB3；（d）用中间继电器实现

所示为用中间继电器实现点动的控制线路，点动时按复合按钮 SB3，中间继电器 KA 的动断触点断开接触器 KM 的自锁触点，KA 的动合触点使 KM 通电，电动机点动。当连续控制时，按启动按钮 SB2 即可。

3. 长动控制

图 2-16 所示为三相笼形异步电动机启、停控制线路。主电路刀开关 QS 起隔离作用，熔断器 FU1 对主电路进行短路保护，接触器 KM 的主触点控制电动机启动、运行和停车，热继电器 FR 用作过载保护。

控制电路中的 FU2 做短路保护，SB2 为启动按钮，SB1 为停止按钮。图 2-16 所示三相笼形异步电动机启、停控制线路的工作情况如下：启动时，合上刀并关 QS 引入三相电源。按下启动按钮 SB2，KM 的吸引线圈通电动作，KM 的衔铁吸合，其中 KM 的主触点闭合使电动机接通电源启动运转；与 SB2 并联的 KM 动合辅助触点闭合，使接触器的吸引线圈经两条线路供电。一条线路是经 SB1 和 SB2，另一条线路是经 SB1 和接触器 KM 已经闭合的动合辅助触点。这样，当手松开，SB2

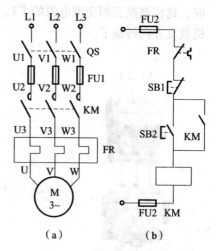

图 2-16　三相笼型异步电动机
启、停控制线路

自动复位时，接触器 KM 的吸引线圈仍可通过其动合辅助触点继续供电，从而保证电动机的连续运行。这种依靠接触器自身辅助触点而使其线圈保持通电的现象，称为自锁或自保持。这个起自锁作用的辅助触点，称为自锁触点。停车时，按下停止按钮 SB1，这时接触器 KM 线圈断电，主触点和自锁触点均恢复到断开状态，电动机脱离电源停止运转。当手松开停止按钮 SB1 后，SB1 在复位弹簧的作用下恢复闭合状态，但此时控制电路已经断开，只有再按下启动按钮 SB2，电动机才能重新启动运转。

在电动机运行过程中，当电动机出现长期过载而使热继电器 FR 动作时，其动断触点断开，KM 线圈断电，电动机停止运转，实现电动机的过载保护。实际上，上述所说的自锁控制并不局限在接触器上，在控制线路中电磁式中间继电器也常用自锁控制。自锁控制的另一个作用是实现欠压和失压保护。在图 2-16 中，当电网电压消失（如停电）后又重新恢复供电时，电动机及其拖动的机构不能自行启动，因为不重新按启动按钮，电动机就不能启动，这就构成了失压保护。它可防止在电源电压恢复时，电动机突然启动而造成设备和人身事故。另外，当电网电压较低时，达到释放电压，接触器的衔铁释放，主触点和辅助触点均断开，电动机停止运行，它可以防止电动机在低压时运行，实现欠压保护。

2.3.2　三相异步电动机的正反转控制

从三相异步电动机的工作原理可知，三相异步电动机的旋转方向取决于定子旋转磁场的旋转方向，并且两者的转向相同，因此只要改变旋转磁场的旋转方向，就能使三相异步电动机反转，而磁场的旋转方向又取决于电源的相序，所以电源的相序决定了电动机的旋转方向。任意改变电源的相序时，电动机的旋转方向就会随之改变，即要改变三相异步电动机转动方向，只要把电动机的三根引出线中任意两根调换一下，再接上电源电动机就能反转了。

如图 2-17（a）所示，电动机的 U、V、W 分别与三相电源出来的 U1、V1、W1 相对应，U1 相和 U 相、V1 相和 V 相、W1 相和 W 相对应地连接起来时，为电动机正转。如图 2-17（b）所示，U1 相和 V1 相调换一下，U1 相和 V 相对应，V1 相和 U 相对应，W1 相仍与 W 相对应，这样调换三相交流电源的 U1、V1、W1 相中的任意两相，接上电动机的引出线，电动机就反方向转动了。

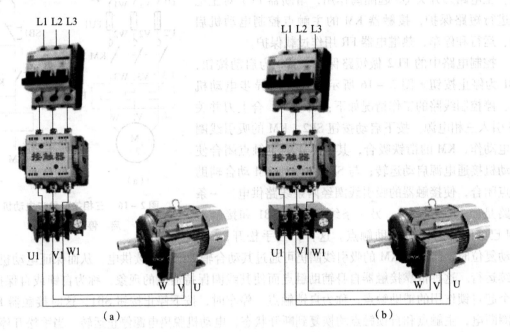

图 2-17 电动机正反转连接图

（a）电动机正转；（b）电动机反转

  对于三相交流电动机可借助正、反向接触器改变定子绕组相序来实现。图 2-18 所示为三相笼形异步电动机正反转控制线路，图中 KM1、KM2 分别为正、反转接触器，它们的主触点接线的相序不同，KM1 按 U-V-W 相序接线，KM2 按 V-U-W 相序接线，即将 U、V 两相对调，所以两个接触器分别工作时，电动机的旋转方向不一样，实现电动机的可逆运转。图 2-18 所示控制线路虽然可以完成正反转的控制任务，但这个线路是有缺点的，在按下正转按钮 SB2 时，KM1 线圈通电并且自锁，接通正序电源，电动机正转。若发生错误操作，在按下正转按钮 SB2 的同时又按下反转按钮 SB3，KM2 线圈通电并自锁，此时在主电路中将发生 U、V 两相电源短路事故。

  为了避免上述事故的发生，就要求保证两个接触器不能同时工作。这种在同一时间里两个接触器只允许一个工作的控制作用称为互锁或联锁。图 2-19 所示为带接触器联锁保护的正反转控制线路。在正、反两个接触器中互串一个对方的动断触点，这对动断触点称为互锁触点或联锁触点。这样当按下正转启动按钮 SB2 时，正转接触器 KM1 线圈通电，主触点闭合，电动机正转；与此同时，由于 KM1 的动断辅助触点断开而切断了反转接触器 KM2 的线圈电路。因此，即使再按反转启动按钮 SB3，也不会使反转接触器的线圈通电工作。

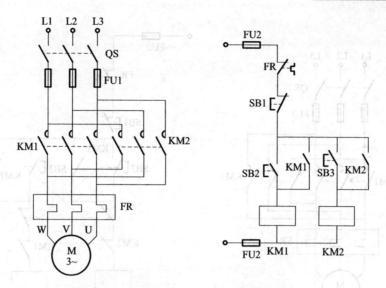

图 2-18　三相笼形异步电动机正反转控制线路

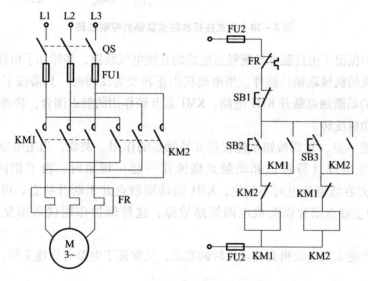

图 2-19　带接触器联锁保护的正反转控制线路

同理，在反转接触器 KM2 动作后，也保证了正转接触器 KM1 的线圈电路不能工作。由以上的分析可以得出如下规律：

（1）当要求甲接触器工作时，乙接触器就不能工作，此时应在乙接触器的线圈电路中串入甲接触器的动断触点。

（2）当要求甲接触器工作时乙接触器不能工作，而乙接触器工作时甲接触器也不能工作，此时要在两个接触器线圈电路中互串对方的动断触点。

但是，图 2-19 所示的接触器联锁正反转控制线路也有个缺点，即在正转过程中要求反转时必须先按下停止按钮 SB1，让 KM1 线圈断电，联锁触点 KM1 闭合，这样才能按反转按钮使电动机反转，这给操作带来了不便。为了解决这个问题，在生产上常采用复式按钮和触点联锁的控制线路，如图 2-20 所示。

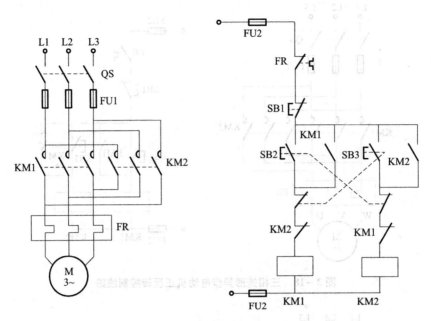

图 2 − 20　复式按钮和触点联锁的控制线路

图 2 − 20 中保留了由接触器动断触点组成的互锁电气联锁，并添加了由按钮 SB2 和 SB3 的动断触点组成的机械联锁。这样，当电动机由正转变为反转时，只需按下反转按钮 SB3，便会通过 SB3 的动断触点断开 KM1 电路，KM1 起互锁作用的触点闭合，接通 KM2 线圈控制电路，实现电动机反转。

这里需注意一点，复式按钮不能代替互锁触点的作用。例如，当主电路中正转接触器 KM1 的触点发生熔焊（静触点和动触点烧蚀在一起）现象时，由于相同的机械连接，KM1 的动断触点在线圈断电时不复位，KM1 的动断触点处于断开状态，可防止反转接触器 KM2 通电使主触点闭合而造成电源短路故障，这种保护作用仅采用复式按钮是做不到的。

这种线路既能实现电动机直接正反转的要求，又保证了电路可靠地工作，常用在电力拖动控制系统中。

2.3.3　顺序控制

在工程实践中，常常有许多控制设备需要多台电动机拖动，有时还需要一定的顺序控制电动机的启动和停止，如机床设备中，冷却泵电动机启动后，主轴电动机才能启动，这样可防止金属工件和刀具在高速运转切削运动时，由于产生大量的热量而毁坏工件或刀具；铣床的运行要求是主轴旋转后，工作台才可移动；还有传送带的串行运转；等等。像这种要求一台电动机启动后，另一台电动机才能启动的控制方式，称为电动机的顺序控制，如图 2 − 21 所示。

主轴电动机的启动：KM1 自锁辅助点闭合，即 M1 电动机启动→按下启动按钮 SB4→KM2 线圈得电→KM2 主触点和 KM2 自锁辅助触点闭合→M2 电动机启动并连续运行，即主

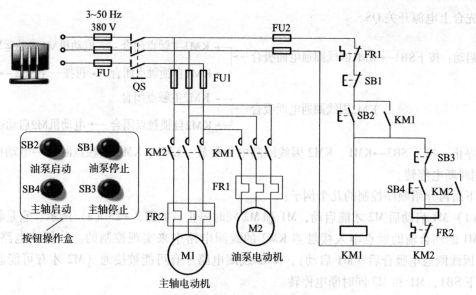

图 2-21 两台电动机顺序启动控制电路图 (优化)

轴电动机工作。

主轴电动机的停止：按下停止按钮 SB3→KM2 线圈失电→KM2 主触点和 KM2 自锁辅助触点断开→M2 电动机停转，即主轴停止工作。

如果要实现冷却泵停转，则只需按下停止按钮 SB1。如果要实现整个系统停止，可切断电源，即关闭电源开关 QS。

图 2-22 所示为两台电动机的顺序控制线路。该线路的特点是，电动机 M2 的控制电路是接在接触器 KM1 的常开辅助触点之后，这就保证了只有当 KM1 接通，M1 启动后，M2 才能启动。而且，如果由于某种原因 (如过载或失压等) 使 KM1 失电，M1 停转，那么 M2 也立即停止，即 M1 和 M2 同时停止。线路的工作原理如下：

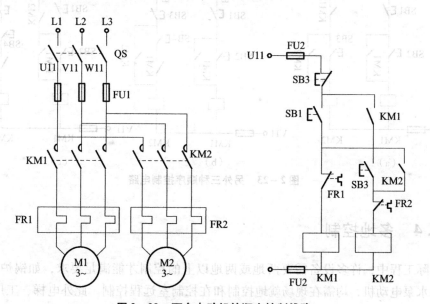

图 2-22 两台电动机的顺序控制线路

先合上电源开关 QS。

启动：按下SB1→KM1因线圈通电而吸合→┌→KM1主触点闭合 → 电动机M1启动运转
　　　　　　　　　　　　　　　　　└→KM1自锁触点闭合 → 再按一下SB2→

KM2因线圈通电而吸合→┌→KM2主触点闭合
　　　　　　　　　　　└→KM2自锁触点闭合 → 电动机M2启动运转

停止：按下 SB3→KM1、KM2 因线圈断电而释放→KM1、KM2 主触点断开→电动机 M1、M2 同时断电停转。

下面再介绍顺序控制的几个例子：

（1）M1 启动后 M2 才能启动，M1 和 M2 同时停止，如图 2 - 23（a）所示。它是将接触器 KM1 的动合辅助触点串入接触器 KM2 的线圈电路中来实现控制的。分析该电路可知，KM1 因线圈通电吸合后（M1 启动），KM2 线圈电路才有可能被接通（M2 才有可能启动）；按一下 SB1，M1 和 M2 同时断电停转。

（2）M1 启动后 M2 才能启动，M1 和 M2 可以单独停止，这种控制电路如图 2 - 23（b）所示。与图 2 - 23（a）相比，主要区别在于 KM2 的自锁触点包括 KM1 联锁触点，当 KM2 因线圈通电吸合，自锁触点闭合自锁后，KM1 对 KM2 失去了作用，SB1 和 SB3 可以单独使 KM1 或 KM2 线圈断电。

（3）M1 启动后 M2 才能启动，M2 停止后 M1 才能停止。这种控制电路如图 2 - 23（c）所示。与图 2 - 23（b）相比，主要区别是在 SB1 两端并联了 KM2 的动合辅助触点，所以只有先使接触器 KM2 线圈断电，即电动机 M2 停止，然后才能按动 SB1，断开接触器 KM1 线圈电路，使电动机 M1 停止。

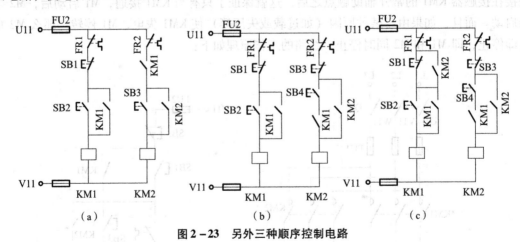

图 2 - 23　另外三种顺序控制电路

2.3.4　多地控制

在实际工程中，许多设备需要两地或两地以上的控制才能满足要求，如锅炉房鼓引风机、循环水泵电动机，均需在现场就地控制和在控制室远程控制，此外电梯、工厂的行车、房间灯、机床等电气设备也有多地控制要求。能在两地或多地控制同一台电动机的控制方式称为多地控制。

1. 两地控制

为了达到从两地同时控制一台电动机的目的，必须在另一地点再装一组启动和停止按钮。这两组启停按钮接线的方法必须是：启动按钮要相互并联，停止按钮要相互串联。

图 2-24 所示为两地控制线路，它可以分别在甲、乙两地控制接触器 KM 的通断，其中甲地的启停按钮为 SB11 和 SB12，乙地的启停按钮为 SB21 和 SB22，因而实现了两地控制同一台电动机的目的。

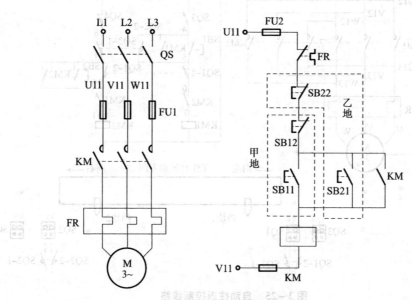

图 2-24 两地控制线路

2. 多点控制

对三地或多地控制，只要把各地的启动按钮并联、停止按钮串联就可以实现。推广之，多地控制的原则是凡动合触点应并联，动断触点要串联。

2.3.5 自动往返控制

在生产过程中，一些生产机械运动部件的行程或位置要受到限制，或者需要其运动部件在一定范围内自动往返循环等。如在摇臂钻床、镗床、桥式起重机及各种自动或半自动控制机床设备中就经常遇到这种控制要求，而实现这种控制要求所依靠的主要电器是位置开关。

如果运动部件需要两个方向的往返运动，拖动它的电动机应能正、反转，而自动往返的实现应采用行程开关或接近开关等限位开关作为检测元件以实现控制。

自动往返控制线路如图 2-25 所示，为了使电动机的正反转控制与工作台的左右运动相配合，在控制电路中设置了四个限位开关 SQ1、SQ2、SQ3 和 SQ4，并把它们安装在需要限位的地方。其中 SQ1、SQ2 被用来自动换接电动机正反转控制电路，实现工作台的自动往返控制；SQ3、SQ4 被用来作终端保护，以防止 SQ1、SQ2 失灵，工作台越过限定位置而造成事故。限位开关 SQ1 的动断触点串接在正转电路中，限位开关 SQ2 的动断触点串接在反转电路中。当工作台运动到所限位置时，其挡块碰撞限位开关，使其触点动作，自动换接电动机正反转控制电路。控制电路中的 SB1 和 SB2 分别作正转启动按钮和反转启动按钮。

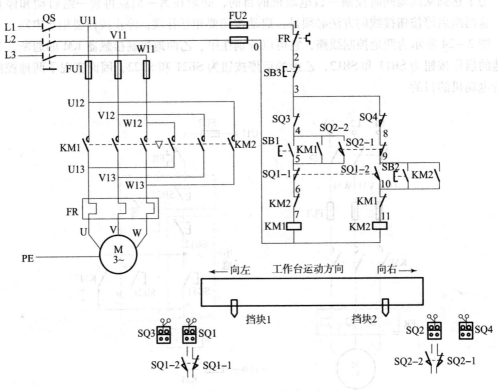

图 2 – 25　自动往返控制线路

自动往返控制步骤如下：

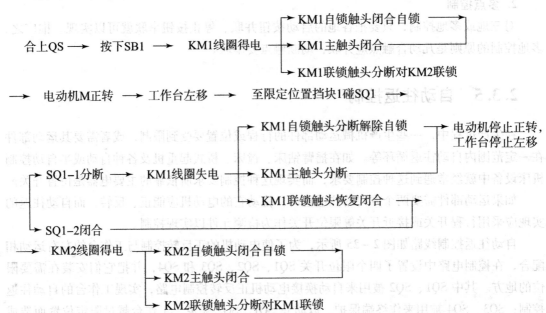

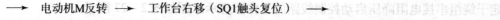

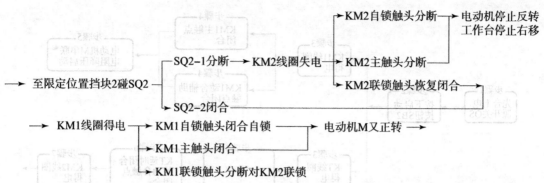

→ 电动机M反转 → 工作台右移（SQ1触头复位）→

KM2自锁触头分断 → 电动机停止反转
工作台停止右移

→ 至限定位置挡块2碰SQ2 —— SQ2-1分断 → KM2线圈失电 → KM2主触头分断

KM2联锁触头恢复闭合

—— SQ2-2闭合

→ KM1线圈得电 —— KM1自锁触头闭合自锁 —— 电动机M又正转 →

KM1主触头闭合

KM1联锁触头分断对KM2联锁

→ 工作台又左移（SQ2触头复位）→ …，以后复重上述过程，工作台就在限定的行程内自动往返运动。

停止步骤如下：

按下停止按钮SB3 → 整个控制电路失电 → KM1（或KM2）主触点分断 → 电动机M失电停转 → 工作台停止运动。

2.3.6 电动机降压启动控制

鼠笼式异步电动机直接启动控制电路简单、经济、操作方便。但对于容量大的电动机来说，由于启动电流大，电网电压波动大，必须采用降压启动的方法限制启动电流。降压启动是指启动时降低加在电动机定子绕组上的电压，待电动机转速接近额定转速后再将电压恢复到额定电压下运行。由于定子绕组电流与定子绕组电压成正比，因此降压启动可以减小启动电流，从而减小电路电压降，也就减小了对电网的影响。但由于电动机的电磁转矩与电动机定子电压的平方成正比，将使电动机的启动转矩相应减小，因此降压启动仅适用于空载或轻载下启动。常用的降压启动方法有定子绕组串接电阻降压启动控制、自耦变压器（补偿器）降压启动控制、星-三角形（Y-△）降压启动控制和延边三角形降压启动控制等。对降压启动控制的要求：不能长时间降压运行，不能出现全压启动，在正常运行时应尽量减少工作电器的数量。

1. 定子绕组串接电阻降压启动控制

定子绕组串接电阻降压启动是指在电动机启动时，把电阻串接在电动机定子绕组与电源之间，通过电阻的分压作用，来降低定子绕组上的启动电压；待启动后，再将电阻短接，使电动机在额定电压下正常运行。由于电阻上有热能损耗，如用电抗器则体积、成本又较大，因此该方法很少采用。这种降压启动控制电路有手动控制、接触器控制和时间继电器控制等。定子绕组串接电阻降压启动控制线路如图 2-26 所示，电动机启动电阻的短接时间由时间继电器自动控制。

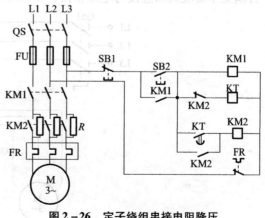

图 2-26 定子绕组串接电阻降压
启动控制线路

定子绕组串接电阻降压启动控制线路的工作原理示意图如图 2－27 所示。

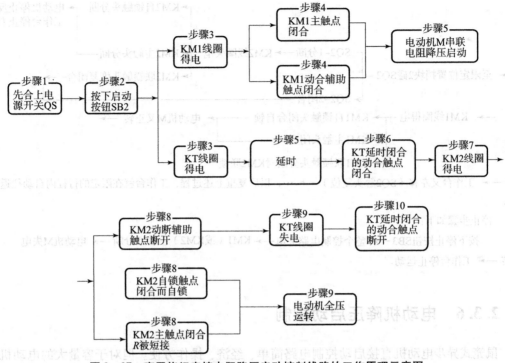

图 2－27　定子绕组串接电阻降压启动控制线路的工作原理示意图

停止时，按下按钮 SB1，控制电路失电，电动机 M 失电停转。

2. 自耦变压器（补偿器）降压启动控制

自耦变压器降压启动是指电动机启动时利用自耦变压器来降低加在电动机定子绕组上的启动电压。待电动机启动后，再使电动机与自耦变压器脱离，从而在全压下正常运行。这种降压启动原理如图 2－28 所示。启动时，先合上电源开关 QS1，再将开关 QS2 扳向"启动"位置，此时电动机的定子绕组与变压器的二次侧相接，电动机进行降压启动。待电动机转速上升到一定位置时，迅速将开关 QS2 从"启动"位置扳到"运行"位置，这时，电动机与自耦变压器脱离而直接与电源相接，在额定电压下正常运行。

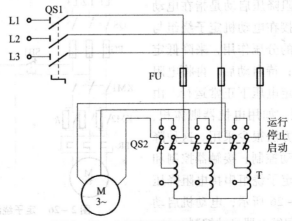

图 2－28　自耦变压器降压启动原理

以按钮、接触器、中间继电器控制补偿器降压启动控制电路为例，如图 2 - 29 所示。

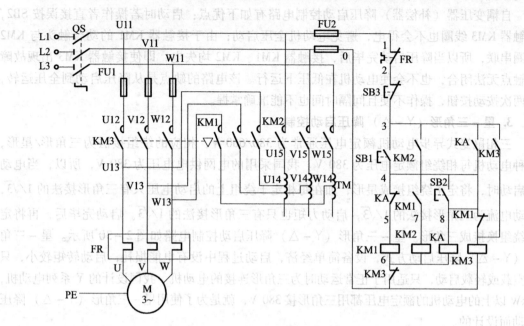

图 2 - 29　控制补偿器降压启动电路

电路的工作原理如下：合上电源开关 QS。

（1）降压启动。

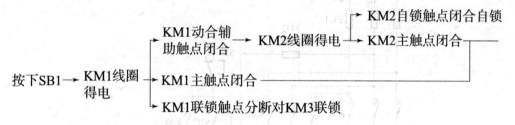

（2）全压运转。

（3）停止时，按下 SB3 即可。

自耦变压器（补偿器）降压启动控制电路有如下优点：启动时若操作者直接误按 SB2，接触器 KM3 线圈也不会得电，避免电动机全压启动；由于接触器 KM1 的动合触头与 KM2 线圈串联，所以当降压启动完毕后，接触器 KM1、KM2 均失电，即使接触器 KM3 出现故障使触点无法闭合，也不会使电动机在低压下运行。该电路的缺点是从降压启动到全压运转，需两次按动按钮，操作不便且间隔时间也不能准确掌握。

3. 星 - 三角形（Y - △）降压启动控制

三相鼠笼式异步电动机额定电压通常为 380/660 V，相应的绕组接法为三角形/星形，这种电动机每相绕组额定电压为 380 V。我国采用的电网供电电压为 380 V，所以，当电动机启动时，将定子绕组接成星形，加在每相定子绕组上的启动电压只有三角形接法的 $1/\sqrt{3}$，启动电流为三角形接法的 $1/\sqrt{3}$，启动力矩也只有三角形接法的 $1/\sqrt{3}$。启动完毕后，再将定子绕组换接成三角形。星 - 三角形（Y - △）降压启动控制电路如图 2 - 30 所示。星 - 三角形（Y - △）降压启动方式，设备简单经济，启动过程中没有电能损耗，启动转矩较小，只能空载或轻载启动，只适用于正常运动时为三角形连接的电动机。我国设计的 Y 系列电动机，4 kW 以上的电动机的额定电压都用三角形接 380 V，就是为了使用星 - 三角形（Y - △）降压启动而设计的。

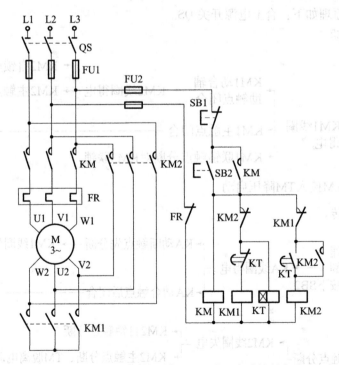

图 2 - 30 星 - 三角形（Y - △）降压启动控制电路

星 - 三角形（Y - △）降压启动控路的工作过程：

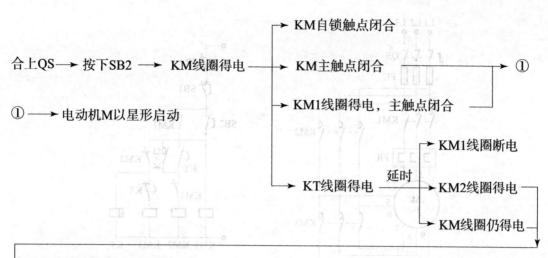

4. 延边三角形降压启动控制

延边三角形降压启动是一种既不用增加启动设备，又能得到较高启动转矩的启动方法，它适用于定子绕组特别设计的异步电动机，这种电动机共有 9 个出线端，图 2-31 所示为延边三角形启动电动机定子绕组抽头连接方式，图 2-32 所示为延边三角形降压启动控制电路。改变延边三角形连接时定子绕组的抽头比（N_1 与 N_2 之比），就能够改变相电压的大小，从而改变启动转矩的大小。但一般来说，电动机的抽头比已经固定，所以仅在这些抽头比的范围内做有限的变动。

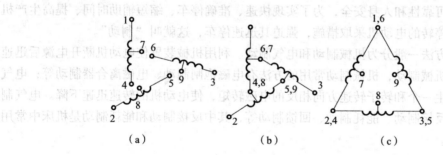

图 2-31　延边三角形启动电动机定子绕组抽头连接方式
（a）原始状态；（b）启动状态；（c）运行状态

由图 2-32 可知，接触器 KM1、KM3 通电时，电动机接成延边三角形，待启动电流到达一定的数值时，KM3 释放，KM2 通电，电动机接成三角形正常运转。接触器的换接是由时间继电器 KT 来自动控制的。

由以上分析可知，笼形电动机采用延边三角形降压启动时，其启动转矩比 Y-△ 降压启动时大，并且可以在一定范围内进行选择。但是它的启动装置与电动机之间有 9 条连接导线，所以在生产现场为了节省导线，往往将其启动装置和电动机安装在同一工作室内，这在一定程度上限制了启动装置的使用范围。另外，延边三角形降压启动转矩比 Y-△ 降压启动的启动转矩大，但与自耦变压器启动的最高转矩相比仍有一定差距，而且延边三角形接线的电动机的制造工艺复杂，故这种启动方法目前尚未得到广泛的应用。

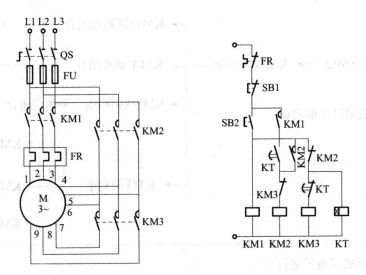

图 2-32　延边三角形降压启动控制电路

2.3.7　三相异步电动机的制动控制

许多机床，如万能铣床、卧式镗床、组合机床等，都要求能迅速停车和准确定位。三相异步电动机从切断电源到安全停止旋转，由于惯性的关系总要经过一段时间，这样就使非生产时间拖长，影响了劳动生产率，不能适应某些生产机械的工艺要求。在实际生产中，为了保证工作设备的可靠性和人身安全，为了实现快速、准确停车、缩短辅助时间、提高生产机械效率，对要求停转的电动机采取措施，强迫其迅速停车，这就叫"制动"。

制动停车的方法一般分为机械制动和电气制动。利用机械装置使电动机断开电源后迅速停转的方法称为机械制动，机械制动常用的方法有电磁抱闸制动、电磁离合器制动等；电气制动是电动机产生一个和转子转速方向相反的电磁转矩，使电动机的转速迅速下降。电气制动常用的方法有反接制动、能耗制动、回馈制动等，其中反接制动和能耗制动是机床中常用的电气制动方法。

1. 反接制动

依靠改变电动机定子绕组的电源相序来产生制动力矩，迫使电动机迅速停转的方法叫反接制动。这里介绍单向启动反接制动控制线路，如图 2-33 所示。

该线路的主电路和正反转控制线路的主电路相同，只是在反接制动时增加了三个限流电阻 R。线路中 KM1 为正转运行接触器，KM2 为反接制动接触器，KS 为速度继电器，其转子与电动机轴相连（图 2-33 中用点画线表示）。

电路的工作原理如下：先合上电源开关 QF。

单向启动：按下 SB2→接触器 KM1 线圈通电→KM1 互锁触头分断对 KM2 互锁、KM1 自锁触头闭合自锁、KM1 主触头闭合→电动机 M 启动运转→至电动机转速上升到一定值（100 r/min 左右）时→KS 动合触头闭合为制动做准备。

反接制动：按下复合按钮 SB1→SB1 动断触头先分断：KM1 线圈断电、SB1 动合触头后闭合→KM1 自锁触头分断、KM1 主触头分断，M 暂时断电、KM1 互锁触头闭合→KM2 线圈

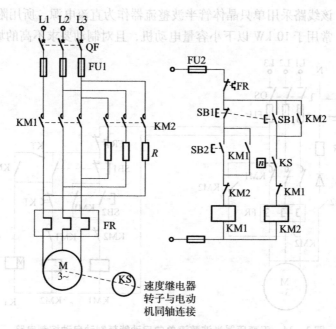

图 2－33　单向启动反接制动控制线路

通电→KM2 互锁触头分断、KM2 自锁触头闭合、KM2 主触头闭合→电动机 M 串接 R 反接制动→至电动机转速下降到一定值（100 r/min 左右）时→KS 常开触头分断→KM2 线圈断电→KM2 互锁触头闭合解除互锁、KM2 自锁触头分断、KM2 主触头分断→电动机 M 脱离电源停止转动，制动结束。

　　反接制动时，由于旋转磁场与转子的相对转速（$n_1 + n$）很高，故转子绕组中感生电流很大，致使定子绕组中的电流也很大，一般约为电动机额定电流的 10 倍。因此反接制动适用于 10 kW 以下小容量电动机的制动，并且对 4.5 kW 以上的电动机进行反接制动时，需在定子回路中串入一个限流电阻 R，以限制反接制动电流。

2. 能耗制动

　　能耗制动是当电动机切断交流电源后，立即在定子绕组的任意两相中通入直流电，迫使电动机迅速停转。

1）能耗制动方法

　　先断开电源开关，切断电动机的交流电源，这时转子仍沿原方向惯性运转；随后向电动机两相定子绕组通入直流电，使定子中产生一个恒定的静止磁场，这样做惯性运转的转子因切割磁力线而在转子绕组中产生感应电流，又因受到静止磁场的作用，产生电磁转矩，正好与电动机的转向相反，使电动机受制动迅速停转。由于这种制动方法是在定子绕组中通入直流电以消耗转子惯性运转的动能来进行制动的，所以称为能耗制动。

　　能耗制动的优点是制动准确、平稳，且能量消耗较小。其缺点是需附加直流电源装置，设备费用较高，制动力较弱，在低速时制动力矩小。所以，能耗制动一般用于要求制动准确、平稳的场合。

2）能耗控制电路

（1）无变压器半波整流能耗制动。无变压器半波整流单向启动能耗制动自动控制电路如图 2-34 所示。该线路采用单只晶体管半波整流器作为直流电源，所用附加设备较少，线路简单，成本低，常用于 10 kW 以下小容量电动机，且对制动要求不高的场合。

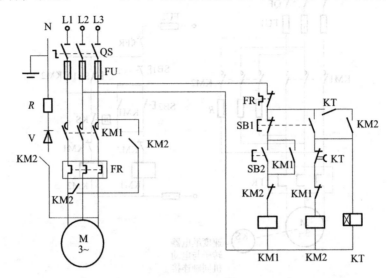

图 2-34　无变压器半波整流单向启动能耗制动自动控制电路

线路工作原理如下：先合上电源开关 QS。

单向启动运转：按下 SB2→接触器 KM1 线圈通电→KM1 互锁触头分断对 KM2 互锁、KM1 自锁触头闭合自锁、KM1 主触头闭合→电动机 M 启动运转。

能耗制动停转：按下 SB1→SB1 动合触头后闭合、SB1 动断触头先分断→接触器 KM1 线圈断电→KM1 自锁触头分断接触自锁、KM1 主触头分断：电动机 M 暂断电、KM1 互锁触头闭合→KM2 线圈通电→KM2 自锁触头闭合自锁、KM2 互锁触头分断对 KM1 互锁、KM2 主触头闭合→电动机 M 接入直流电能耗制动→时间继电器 KT 线圈通电→KT 动合触头瞬时闭合自锁、KT 动断触头延时后分断→KM2 线圈断电→KM2 互锁触头恢复闭合、KM2 主触头分断：电动机 M 切断直流电源停转，能耗制动结束、KM2 自锁触头分断→KT 线圈断电→KT 触头瞬时复位。

图 2-34 中时间继电器 KT 瞬时闭合，动合触头的作用是当 KT 出现线圈断线或机械卡住等故障时，按下 SB2 后能使电动机制动后脱离直流电源。

（2）有变压器全波整流能耗制动。对于 10 kW 以上容量较大的电动机，多采用有变压器全波整流能耗制动自动控制线路。图 2-35 所示为有变压器全波整流单向驱动能耗制动自动控制线路，其中直流电源由单相桥式整流器 VC 供给，TC 是整流变压器，电阻 R 是用来调节直流电流的，从而调节制动强度，整流变压器原边与整流器的直流侧同时进行切换，有利于提高触头的使用寿命。

线路工作原理如下：先合上电源开关 QS。

单向启动运转：按下 SB2→接触器 KM1 线圈通电→KM1 自锁触头闭合自锁、KM1 主触头闭合、KM1 互锁触头分断对 KM2 互锁→电动机 M 启动运转。

能耗制动停转：按下 SB1→SB1 动合触头后闭合、SB1 动断触头先分断→接触器 KM1 线圈断电→KM1 自锁触头分断接触自锁、KM1 主触头分断：电动机 M 暂断电、KM1 互锁触头

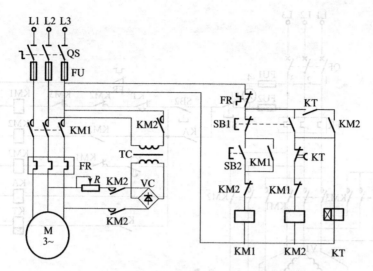

图 2 – 35 有变压器全波整流单向驱动能耗制动自动控制线路

闭合→KM2 线圈通电→KM2 自锁触头闭合自锁、KM2 互锁触头分断对 KM1 互锁、KM2 主触头闭合→电动机 M 接入直流电能耗制动→时间继电器 KT 线圈通电→KT 动合触头瞬时闭合自锁、KT 动断触头延时后分断→KM2 线圈断电→KM2 互锁触头恢复闭合、KM2 主触头分断：电动机 M 切断直流电源停转，能耗制动结束、KM2 自锁触头分断→KT 线圈断电→KT 触头瞬时复位。

2.3.8 三相异步电动机的调速控制电路

调速是指用人为的方法来改变异步电动机的转速。由转差率的计算公式可得

$$n = n_0(1-s) = \frac{60f}{P}(1-s) \tag{2-6}$$

式中，n 为电动机的转速，r/min；P 为电动机磁极对数；f 为供电电源频率，Hz；s 为异步电动机的转差率。

由式（2-6）可知，通过改变定子电压频率 f、磁极对数 P 以及转差率 s 都可以实现交流异步电动机的速度调节。目前广泛使用的调试方法是变更定子绕组的磁极对数，因为磁极对数的改变必须在定子和转子上同时进行，因此对于绕线式转子异步电动机不太适用，由于鼠笼转子异步电动机的转子磁极对数是随定子磁极对数的改变而自动改变的。变极时只需要考虑定子绕组的磁极对数即可。因此，这种调速方法一般仅适用于鼠笼转子异步电动机。常用的多速电动机有双速、三速、四速电动机，下面以双速电动机为例来分析这类电动机的变速控制。

双速电动机控制原理如图 2-36 所示。通过上述定子绕组的连接方法可知，电动机启动时必须低速，因此采用三角形接法，即 KM1 线圈得电，KM2 和 KM3 线圈失电，延长一定时间后，电动机高速运行，自动由三角形接法更换为星形接法，即此时 KM2 和 KM3 线圈得电，而 KM1 线圈失电。

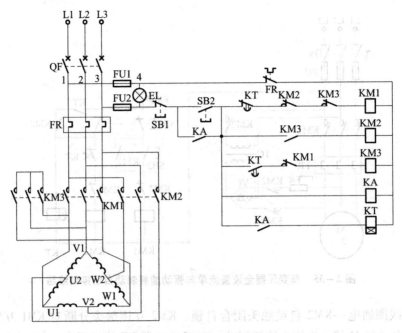

图 2-36　双速电动机控制原理

双速电动机控制电路工作步骤如图 2-37 所示。

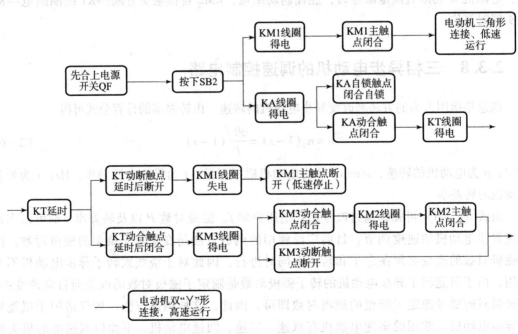

图 2-37　双速电动机控制电路工作步骤

习　题

一、填空题

1. 在电路结点标记中，三相交流电源引入线采用_____、_____、L3 标记。

2. 电动机点动和连续控制的区别主要是控制线路中是否有_____功能。

3. 电气控制系统图包括_____、_____、电气布局图等。

4. 机床电气控制的基本逻辑运算有_____运算、_____运算、非运算。

5. 将额定电压直接加到电动机的定子绕组上，使电动机启动运转，称为_____启动或_____启动。

二、判断题

1. （　　）异步电动机Y－△降压启动过程中，定子绕组的自动切换由时间继电器延时动作来控制。这种控制方式被称为按时间原则的控制。

2. （　　）电源变压器容量越大，电动机容量也越大时，应采用降压启动控制。

3. （　　）三相交流电源线各接点标记统一用 U、V、W 来表示。

4. （　　）图形垂直处置时，在垂直左侧的触点为常开触点，图形水平处置时，在水平线下方的触点为常闭触点。

5. （　　）电动机连续运转控制与点动控制电路的区别在于自锁环节。

三、选择题

1. 电动机无负载或轻载的情况下，若采用全压启动，其容量一般不超过电源变压器容量的（　　）。

　　A. 5%～10%　　　　B. 10%～15%　　　　C. 15%～20%　　　　D. 20%～30%

2. 电气图形符号含有（　　）、一般符号和限定符号。

　　A. 符号要素　　　　B. 辅助符号　　　　C. 文字符号

3. 动力电路的电源电路一般绘成（　　）。

　　A. 水平线　　　　B. 竖直线　　　　C. 倾斜线

4. 将额定电压直接加到电动机的定子绕组上，使电动机启动旋转，称为直接启动或（　　）。

　　A. 间接启动　　　　B. 全压启动　　　　C. 零压启动

5. 在控制电路实现自锁时，将接触器的（　　）。

　　A. 动合辅助触点启动按钮串联

　　B. 动断辅助触点启动按钮串联

　　C. 动断辅助触点启动按钮并联

　　D. 动合辅助触点启动按钮并联

四、简答题与绘图题

1. 电动机点动控制与连续运转控制电路的关键环节是什么？

2. 在正反转控制电路中，正反转接触器为什么要进行互锁控制，互锁控制的方法有哪些？

3. 画出按钮和接触器双重互锁的正反转控制电路。

4. 画出两台电动机的顺序启动主电路和控制电路。

5. 画出三相交流异步电动机Y－△降压启动的主电路和控制电路。

习 题 答 案

一、填空题

1. L1，L2

2. 自锁

3. 电气原理图，电气装配图

4. 与运算，或运算

5. 反接制动，能耗制动

二、判断题

1. √   2. √   3. ×   4. ×   5. √

三、选择题

1. C   2. A   3. A   4. B   5. D

四、简答题与绘图题

1. 电动机点动控制与连续运转控制电路的关键环节是自锁环节，自锁环节是指在控制电路中利用接触器的辅助常开触点并联在控制自身的线圈按钮上，以保证线圈始终得电。

2. 由于热继电器的发热元件有热惯性，热继电器不会因电动机短路时过载冲击电流和短路电流的影响而瞬时动作，所以在使用热继电器做过载保护的同时，还必须设有熔断器做短路保护。

3. 按钮和接触器双重互锁的正反转控制电路

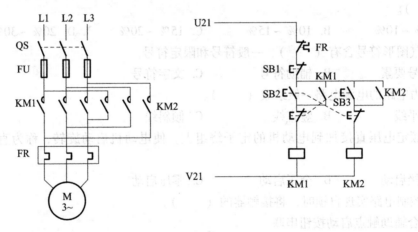

4. 两台电动机的顺序启动主电路和控制电路

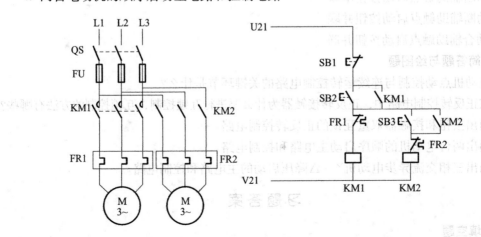

5. 三相交流异步电动机 Y – △降压启动的主电路和控制电路

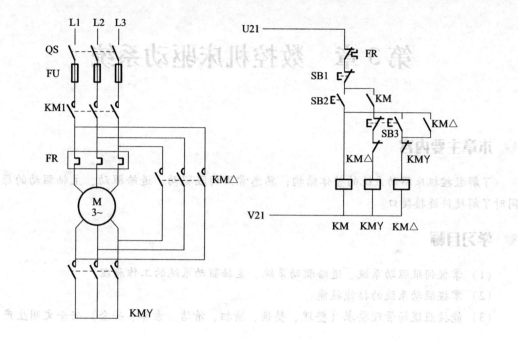

第3章　数控机床驱动系统

❷ 本章主要内容

了解数控机床驱动系统的整体结构；熟悉常用伺服驱动、进给驱动、主轴驱动的原理，同时了解硬件连接接口。

❷ 学习目标

（1）掌握伺服驱动系统、进给驱动系统、主轴驱动系统的工作原理。

（2）掌握驱动系统的接线技能。

（3）能按照现场管理要求（整理、整顿、清扫、清洁、素养、安全）安全文明生产。

3.1　数控机床伺服驱动系统

3.1.1　伺服系统的概况

在自动控制系统中，把输出量能够以一定准确度随输入量的变化而变化的系统称为随动系统，也称伺服系统。数控机床伺服系统是指以机床移动部件的位置和速度作为控制量的自动控制系统。

数控机床伺服驱动系统是 CNC（计算机数控技术）装置和机床的联系环节，其作用为接收来自数控装置的指令信号，驱动机床移动部件跟随指令信号运动，并保证动作的快速和准确。CNC 装置发出的控制信息，通过伺服驱动系统转换成坐标轴的运动，完成程序所规定的操作。伺服驱动系统是数控机床的重要组成部分，其作用归纳如下：

（1）伺服驱动系统能放大控制信号，具有输出功率的能力。

（2）伺服驱动系统根据 CNC 装置发出的控制信息对机床移动部件的位置和速度进行控制。

数控机床运动中，主轴运动和进给运动是机床的基本成形运动。主轴驱动控制一般只要满足主轴调速及正、反转即可，但当要求机床有螺纹加工、准停和恒线速加工等功能时，就对主轴提出了相应的位置控制要求。此时，主轴驱动控制系统可成为主轴伺服系统，只不过控制较为简单。本章主要讨论进给伺服系统。

3.1.2　伺服驱动系统的组成

开环控制不需要位置检测及反馈，闭环控制需要位置检测及反馈。位置控制的职能是精确地控制机床运动部件的坐标位置，快速而准确地跟踪指令运动。一般闭环驱动系统主要由以下几个部分组成：

1. 驱动装置

驱动电路接收 CNC 发出的指令，并将输入信号转换成电压信号，经过功率放大后，驱动电动机旋转，转速的大小由指令控制。若要实现恒速控制功能，驱动电路应能接收速度反馈信号，将反馈信号与微机的输入信号进行比较，将差值信号作为控制信号，使电动机保持恒速转动。

2. 执行元件

执行元件可以是步进电动机、直流电动机，也可以是交流电动机。采用步进电动机通常是开环控制。

3. 传动机构

传动机构包括减速装置和滚珠丝杠等。若采用直线电动机作为执行元件，则传动机构与执行元件为一体。

4. 检测元件及反馈电路

反馈包括速度反馈和位置反馈，常用的数控机床检测装置有旋转变压器、光电编码器、光栅等。用于速度反馈的检测元件一般安装在电动机上，位置反馈的检测元件则根据闭环的方式不同而安装在电动机或机床上；在半闭环控制时速度反馈和位置反馈的检测元件一般共用电动机上的光电编码器，对于全闭环控制则分别采用各自独立的检测元件，如图 3 – 1 所示。

图 3 – 1　伺服驱动系统的组成

3.1.3　伺服系统的分类

数控进给伺服系统有多种分类方法。按驱动方式，可分为液压伺服系统、气压伺服系统和电气伺服系统；按执行元件的类别，可分为直流电动机伺服系统、交流电动机伺服系统和步进电动机伺服系统；按有无检测元件和反馈环节，可分为开环伺服系统、闭环伺服系统和半闭环伺服系统；按输出被控制量的性质，可分为位置伺服系统和速度伺服系统。下面介绍开环伺服系统、闭环伺服系统和半闭环伺服系统的概念。

1. 开环伺服系统

开环伺服系统是最简单的进给伺服系统，是无位置反馈的系统。如图 3 – 2 所示，这种系统的伺服驱动装置主要是步进电动机、功率步进电动机、电液脉冲电动机等。由数控系统送出的指令脉冲，经驱动控制电路和功率放大后，使步进电动机转动，通过齿轮副与滚珠丝杠螺母副驱动执行部件。由于步进电动机的角位移量和角速度分别与指令脉冲的数量和频率成正比，而且旋转方向决定于脉冲电流的通电顺序。因此，只要控制指令脉冲数量、频率以及通电顺序，就可控制执行部件运动的位移量、速度和运动方向。系统的位移精度主要取决于步进电动机的角位移精度、齿轮丝杠等传动元件的节距精度以及系统的摩擦阻尼特性。

开环伺服系统的结构简单，调试、维修方便，成本低廉，但精度差，一般用于经济型数控机床，如图 3 - 2 所示。

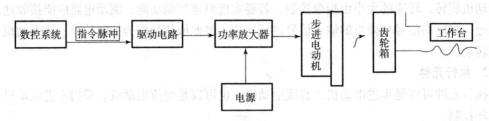

图 3 - 2　开环伺服系统

2. 闭环伺服系统

闭环伺服系统与开环伺服系统的区别是：由光栅、感应同步器等位置检测装置测出机床实际工作台的实际位移，并转换成电信号，与数控装置发出的指令位移信号进行比较，当两者不等时有一差值，伺服放大器将其放大后，用来控制伺服电动机带动机床工作台运动，直到差值为零时停止运动。闭环进给系统在结构上比开环伺服系统复杂，成本也高，且调试维修较难，但可以获得比开环系统更高的精度，更快的速度，驱动功率更大的特性指标，如图 3 - 3 所示。

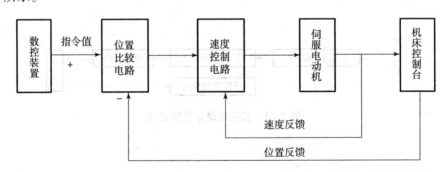

图 3 - 3　闭环伺服系统

3. 半闭环伺服系统

采用旋转型角度测量元件（脉冲编码器、旋转变压器、圆感应同步器等）和伺服电动机按照反馈控制原理构成的位置伺服系统，称作半闭环控制系统。半闭环控制系统的检测装置有两种安装方式：一种是把角位移检测装置安装在丝杠末端；另一种是把角位移检测装置安装在电动机轴端。

半闭环控制系统的精度比闭环要差一些，但驱动功率大，快速响应好，因此适用于各种数控机床。对半闭环控制系统的机械误差，可以在数控装置中通过间隙补偿和螺距误差补偿来减小系统误差。

半闭环伺服系统的工作原理如图 3 - 4 所示。

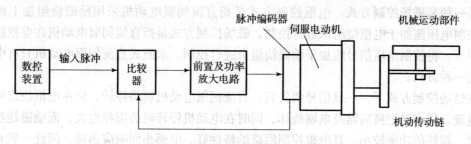

图 3 - 4　半闭环伺服系统的工作原理

3.2　步进电动机驱动的进给系统

3.2.1　步进电动机

步进电动机是一种将电脉冲信号转换成机械角位移的电磁机械装置，如图 3 - 5 所示。对步进电动机施加一个电脉冲信号时，它就旋转一个固定的角度，称为一步，每一步所转过的角度叫作步距角。同一相数的步进电动机通常有两种步距角，常用步进电动机的步距角有 0.36°/0.72°，0.75°/1.5°，0.9°/1.8° 等，斜线前面的角度表示半步距角度，斜线后面的角度表示全步距角度。步进电动机的角位移量和输入脉冲步进电动机及驱动数严格地成正比，在时间上与输入脉冲同步。因此，只需控制输入脉冲的数量、频率及电动机绕组通电相序，便可获得所需要的转角、转速及旋转方向。没有脉冲输入时，在绕组电源激励下，气隙磁场能使转子保持原有位置而处于定位状态。由于步进电动机所用电源是脉冲电源，所以也称脉冲马达，如图 3 - 5 所示。

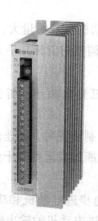

图 3 - 5　步进电动机及驱动

1. 直流伺服电动机的工作原理

直流伺服电动机是调速电动机中的一种，它工作时有两种控制方法：一种是电枢控制方式，另一种是磁场控制方式。电枢控制方式是指直流伺服电动机采用励磁绕组加上恒压励磁，控制电压施加于电枢绕组来进行控制。磁场控制方式是指直流伺服电动机在电枢绕组上施加恒压，将控制电压信号施加于励磁绕组来进行控制。永磁式直流伺服电动机只有电枢控制调速一种方式。

在磁场控制方式下，一旦信号消失后，直流伺服电动机就将停转，但在电枢绕组中仍有很大电流，很容易把换向器及电刷烧坏，同时在电动机停转时的损耗也大。而励磁绕组进行励磁时，损耗的功率较小，且电枢控制回路的特性好、电感小而响应迅速，因此一般直流伺服电动机控制系统多采用电枢控制。

电枢控制时直流伺服电动机的工作原理和直流电动机相同，其工作原理是励磁绕组接到直流电源上，通过电流产生磁通 Φ。电枢绕组作为控制绕组接控制电压 U，将电枢电压作为控制信号以控制电动机的转速。当控制电压不为零时，电动机旋转，当控制电压为零时，电动机停止转动。

2. 永磁直流伺服电动机

实际上大量采用的是永磁直流伺服电动机，其定子磁极是一个永磁体，采用的是新型的稀土钴等永磁材料，具有极大的矫顽力和很高的磁能积，因此抗去磁能力大为提高，体积大为缩小。在电枢方面，可以分为小惯量与大惯量两大类。

小惯量电动机的主要特征是电动机转子的惯量小，因此响应快，机电时间常数可以小于 10 ms，与普通直流电动机相比，转矩与惯量之比要大出 40 倍，且调速范围广，运转平急，适用于频繁启动与制动，要求有快速响应（如数控钻床、冲床等点定位）的场合。但由于其过载能力低，并且其自身惯量比机床相应运动部件的惯量小，因此限制了它的广泛使用。

宽调速直流伺服电动机也称大惯量电动机，是 20 世纪 60 年代末到 70 年代初在小惯量电动机和力矩电动机的基础上发展起来的，能较好地满足进给驱动要求，很快得到了广泛使用。其具有下述优点：

（1）能承受的峰值电流和过载能力高（能产生额定力矩 10 倍的瞬时转矩），以满足数控机床对其加减速的要求。

（2）具有大的转矩/惯量比，快速性好。由于电动机自身惯量大，外部负载惯量相对来说较小，提高了抗机械干扰的能力，因此伺服系统的调整与负载几乎无关，大大方便了机床制造厂的安装调试工作。

（3）低速时输出的转矩大。这种电动机能与丝杠直接相连，省去了齿轮等传动机构，提高了机床的进给传动精度。

（4）调速范围大。与高性能伺服单元组成速度控制装置时，调速范围为 1 ~ 1 000。

（5）转子热容量大。电动机的过载性能好，一般能过载运行几十分钟。

3. 步进电动机的分类

（1）按步进电动机输出转矩的大小，可分为快速步进电动机和功率步进电动机。快速步进电动机连续工作频率高，而输出转矩小。功率步进电动机的输出转矩比较大，数控机床一般使用功率步进电动机。

（2）按转矩产生的工作原理，步进电动机分为可变磁阻式、永磁式和混合式三种基本类型。可变磁阻式步进电动机又称反应式步进电动机，它的工作原理是改变电动机的定子的软钢齿之间的电磁引力来改变定子和转子的相对位置，这种电动机结构简单、步距角小。永磁式步进电动机的转子铁芯上装有多条永久磁铁，转子的转动与定位是由定子、转子之间的电磁引力与磁铁磁力共同作用的。与反应式步进电动机相比，相同体积的永磁式步进电动机转矩大，步距角也大。混合式步进电动机结合了反应式步进电动机和永磁式步进电动机的优点，采用永久磁铁提高电动机的转矩，采用细密的极齿来减小步距角，是目前数控机床上应用最多的步进电动机。

（3）按励磁组数可分为两相、三相、四相、五相、六相甚至八相步进电动机。

（4）按电流极性可分为单极性和双极性步进电动机。

（5）按运动形式可分为旋转、直线和平面步进电动机。

3.2.2　直流伺服电动机驱动的进给系统

由于数控机床对伺服驱动装置有较高的要求，而直流电动机具有良好的调速特性，为一般交流电动机所不及，因此，数控机床半闭环、闭环控制伺服驱动均采用直流伺服电动机，如图3-6所示。虽然当前交流伺服电动机已逐渐取代直流伺服电动机，但由于历史的原因，直流伺服电动机仍被采用，并且已用于数控机床的直流伺服驱动还需要维护，因此了解直流伺服驱动装置仍是必要的。

（a）　　　　　　　　　　　　　　　（b）

图3-6　直流伺服电动机

3.2.3　交流伺服电动机驱动的进给系统

交流伺服驱动因其无刷、响应快、过载能力强等优点，已全面替代了直流驱动，如图3-7所示。

交流伺服电动机可依据电动机运行原理的不同，分为永磁同步电动机、永磁无刷直流电动机、感应（或称异步）电动机和磁阻同步电动机。这些电动机具有相同的三相绕组的定子结构。

感应式交流伺服电动机，其转子电流由滑差电势产生，并与磁场相互作用产生转矩，其主要优点是无刷、结构坚固、造价低、免维护、对环境要求低，其主磁通用激磁电流产生，很容易实现弱磁控制，高转速可以达到 4~5 倍的额定转速；其缺点是需要激磁电流，内功率因数低，效率也低，转子散热困难，要求较大的伺服驱动器容量，电动机的电磁关系复杂，要实现电动机的磁通与转矩的控制比较困难，电动机非线性参数的变化影响控制精度，必须进行参数在线辨识才能达到较好的控制效果。

永磁同步交流伺服电动机，气隙磁场由稀土永磁体产生，转矩控制由调节电枢的电流实现，

图 3-7　交流伺服电动机及驱动

转矩的控制较感应电动机简单，并且能达到较高的控制精度；转子无铜、铁损耗，效率高，内功率因数高，也具有无刷、免维护的特点，体积和惯量小，快速性好；在控制上需要轴位置传感器，以便识别气隙磁场的位置；价格较感应电动机贵。

无刷直流伺服电动机，其结构与永磁同步伺服电动机相同，借助较简单的位置传感器（如霍耳磁敏开关）的信号，控制电枢绕组的换向，控制较为简单；由于每个绕组的换向都需要一套功率开关电路，电枢绕组的数目通常只采用三相，相当于只有三个换向片的直流电动机，因此运行时电动机的脉动转矩大，造成速度的脉动，需要采用速度闭环才能运行于较低转速，该电动机的气隙磁通为方波分布，可降低电动机制造成本。有时，将无刷直流伺服系统与同步交流伺服混为一谈，外表上很难区分，实际上两者的控制性能是有较大差别的。

磁阻同步交流伺服电动机，转子磁路具有不对称的磁阻特性，无永磁体或绕组，也不产生损耗；其气隙磁场由定子电流的激磁分量产生，定子电流的转矩分量则产生电磁转矩；内功率因数较低，要求较大的伺服驱动器容量，也具有无刷、免维护的特点；并克服了永磁同步电动机弱磁控制效果差的缺点，可实现弱磁控制，速度控制范围可达到 0.1~10 000 r/min，也兼有永磁同步电动机控制简单的优点，但需要轴位置传感器，价格较永磁同步电动机便宜，但体积较大。

目前应用较为广泛的交流伺服电动机是以永磁同步式为主，永磁无刷直流式为辅，因此在本节中将以永磁同步式交流伺服电动机为中心，介绍其工作原理。

1. 永磁无刷直流伺服电动机的工作原理

为了更好地阐述永磁无刷直流电动机的工作原理，用三相星形连接全桥驱动的永磁无刷直流电动机进行分析，研究其正反转的工作状况，如图 3-8 所示。

当电动机的转子处于图 3-8 中所示位置时，来自位置传感器信号通过控制系统进行逻辑变换后输出控制信号使电动机的 A、B 两相绕组导通，电流从 A 相流进去，B 相流出来，产生电磁转矩使电动机顺时针方向转动；以 60° 的角度为基准以此类推，易知电动机转子到达图 3-8（a）中所示位置时电动机绕组的导通情况。当绕组导通的顺序为 AB→AC→BC→BA→CA→CB→AB 时，电动机顺时针方向旋转。同理，当在图 3-8（b）所示的位置时，若电流是经过 B、C 两相，则产生的电磁转矩会使电动机反向转动，当电动机电枢绕组导通顺序为 BC→AC→AB→CB→CA→BA→BC 时，电动机就会逆时针方向转动。所以，要实现电动机的顺时针或者逆时针转动，只需改变电动机导通的逻辑顺序即可。

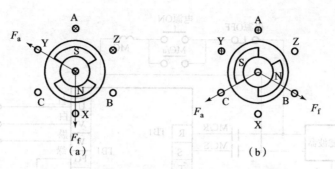

图 3 - 8　永磁无刷直流电动机的工作原理示意图

2. 永磁同步式交流伺服电动机的工作原理

永磁式交流同步伺服电动机的工作原理与电磁式同步电动机类似，即转子磁极的磁通切割定子三相绕组，使定子电枢和磁极转子相互作用。所不同的是，转子磁场不是由转子永久磁铁产生。具体是：当定子三相绕组通电后，就产生一个旋转磁场，该旋转磁场以同步转速 n 旋转。根据磁极的同性相斥，异性相吸原理，定子旋转磁场就与转子的永久磁场磁极相互吸引住，并带着转子一起旋转。因此，转子也将以同步转速 n 与定子旋转磁场同步旋转。当转子轴上加有负载转矩之后，将造成定子磁场轴线与转子磁场轴线不一致，相差一个角，负载转矩变化，角也变化。只要不超过一定的界限，转子仍然跟着定子以同步转速旋转。设转子转速为 n（r/min），则 $n = 60f/P$，式中，f 为电源交流电频率，P 为转子磁极对数。从式中可看出，转子磁极对数一般是固定的，只要改变电源交流电频率就可以达到调速的目的。

图 3 - 9 所示为永磁交流伺服电动机的工作原理简图，图中只画了一对永磁转子，当定子三相绕组通上交流电源后，就产生一个旋转磁场。旋转磁场将以同步转速旋转。根据磁极的同性相斥，异性相吸的原理，定子旋转磁极吸引转子永磁磁极，并带动转子一起同步旋转。当转子加上负载转矩后，造成定子磁场轴线与转子磁极轴线的不重合，如图 3 - 8 中所示的角。随着负载的增加，角也随着增大，当负载减小时，角也随着减小。当负载超过一定极限后，转子不再按同步转速旋转，甚至可能不转。这就是同步电动机的失步现象。因此负载极限称为最大同步转矩，如图 3 - 9 所示。

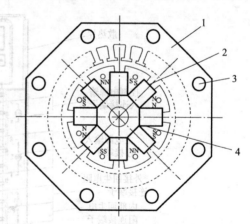

图 3 - 9　永磁交流伺服电动机的工作原理简图

1—定子；2—永久磁铁；3—轴向通分孔；
4—转轴

3.2.4　伺服驱动硬件装置与连接

1. 交流伺服驱动系统的接线

1）交流伺服驱动系统的连接

交流伺服驱动系统连接简图如图 3 - 10 所示。

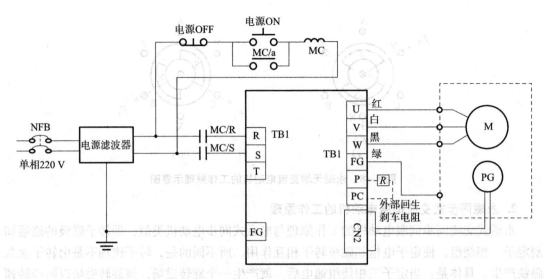

图 3 - 10　交流伺服驱动系统连接简图

2）交流伺服驱动系统的各接口功能介绍

交流伺服驱动器各接口功能如图 3 - 11 所示。

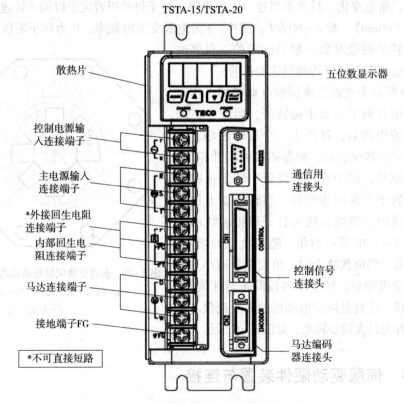

图 3 - 11　交流伺服驱动器各接口功能

3）伺服电动机的接口接线

（1）伺服电动机的电源接口接线如表 3 - 1 所示。

表 3 - 1　伺服电动机的电源接口接线

端子符号	线色	信号	
A	红	U	
B	白	V	
C	黑	W	
D	绿	FG	

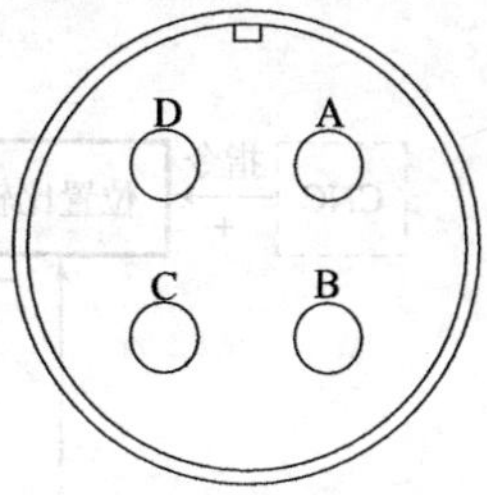

（2）伺服电动机的编码器接口接线如表 3 - 2 所示。

表 3 - 2　伺服电动机的编码器接口接线

端子符号	线色	信号	
B	白	+5 V	
I	黑	0 V	
A	绿	A	
C	蓝	A	
H	红	B	
D	紫	B	
G	黄	Z	
E	橙	Z	
F	黄绿	FG	

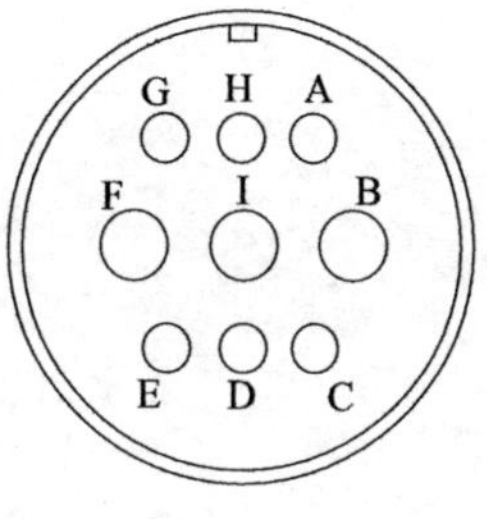

2. 交流伺服驱动系统的原理

交流伺服驱动系统包括交流伺服电动机和交流伺服驱动器。

交流伺服电动机内部的转子是永磁铁，驱动器控制的 U/V/W 三相电形成电磁场，转子在此磁场的作用下转动，同时电动机自带的编码器反馈信号给驱动器，驱动器根据反馈值与目标值进行比较，调整转子转动的角度。

1）进给伺服系统的组成

数控机床进给伺服系统的分类方法有多种。按控制类型可分为开环伺服系统、闭环伺服系统和半闭环伺服系统；按用电类型可分为直流伺服系统和交流伺服系统；按反馈比较控制方式可分为脉冲数字比较伺服系统、相位比较伺服系统、幅值比较伺服系统以及全数字伺服系统。半闭环伺服系统如图 3 - 12 所示。

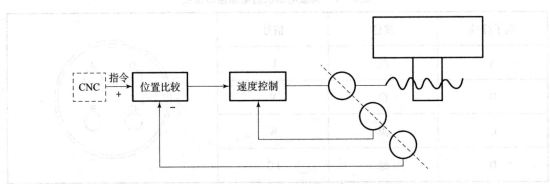

图 3 - 12 半闭环伺服系统

2）伺服电动机的控制原理

图 3 - 13 所示为交流伺服电动机的工作原理。当定子三相绕组通上交流电后，就产生一个旋转磁场，该旋转磁场以同步转速 n_s 旋转。由于磁极同性相斥，异性相吸，定子旋转磁极与转子的永磁磁极相互吸引，并带着转子一起旋转，转子也以同步转速 n_s 与旋转磁场一起旋转。

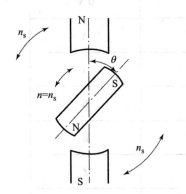

图 3 - 13 交流伺服电动机的工作原理

当转子加上负载转矩之后，将造成定子与转子磁场轴线的不重合，转子磁极轴线将落后定子磁场轴线一个 θ 角，θ 角随着负载的增大而增大。在一定的限度内，转子始终跟着定子的旋转磁场以恒定的同步转速 n_s 旋转。转子转速 n_r 与定子转速相同，且均等于 $60\,f/P$（f 为电源频率，P 为磁极对数）。

3）伺服驱动系统的调试

本实训装置采用位置控制（由参数设定）的方式进行控制，驱动器控制信号连接简图如图 3 - 14 所示。有关伺服驱动器其他参数设置参考《AC Servo System TSTA Series Simplified Manual》。

驱动器面板操作说明如图 3 - 15 所示。

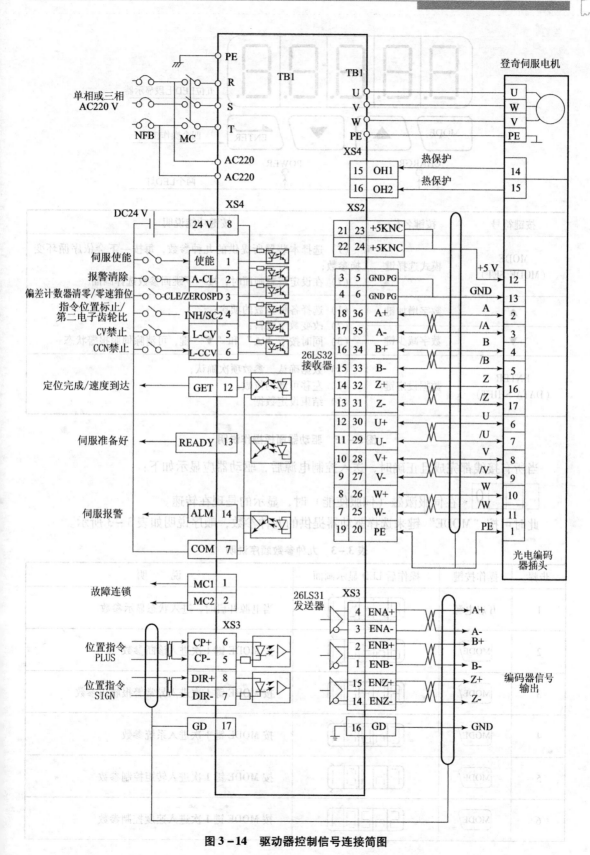

图 3 - 14 驱动器控制信号连接简图

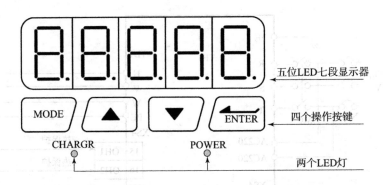

五位LED七段显示器

四个操作按键

两个LED灯

按键符号	按键名称	按键功能说明
MODE (MODE SET)	模式选择键	(1) 选择本装置所提供的九种参数,每按一下会依序循环变换参数; (2) 在设定资料画面时,按一下跳回参数选择画面
▲	数字增加键	(1) 选择各种参数的项次; (2) 改变数字资料; (3) 同时按下 "▲" 和 "▼" 键,可清除伺服报警状态
▼	数字减少键	
ENTER (DATA SHIFT)	数据设定键	(1) 数据确认,参数项次确认; (2) 左移可调的位数; (3) 结束设定数据

图 3 – 15　驱动器面板操作说明

当所有接线都完成且正确时,送入控制电源后,驱动器应显示如下:

| | | | 0 |

* 在伺服激磁(伺服使能)时,显示的是现在转速。

此时可按 "MODE" 键来选择驱动器提供的九种参数,顺序说明如表 3 – 3 所示。

表 3 – 3　九种参数顺序说明

步骤	操作按键	操作后 LED 显示画面	说　　明
1	开启电源	Un-01	当电源开启时,进入状态显示参数
2	MODE	dn-01	按 MODE 键 1 次进入诊断参数
3	MODE	AL-00	按 MODE 键 1 次进入异常警报履历参数
4	MODE	Cn001	按 MODE 键 1 次进入系统参数
5	MODE	Cn101	按 MODE 键 1 次进入转矩控制参数
6	MODE	Sn201	按 MODE 键 1 次进入速度控制参数

续表

步骤	操作按键	操作后 LED 显示画面	说　　明
7	MODE	Pn301	按 MODE 键 1 次进入位置控制参数
8	MODE	qn401	按 MODE 键 1 次进入快捷参数
9	MODE	Hn501	按 MODE 键 1 次进入多机能接点规划参数
10	MODE	Un-01	按 MODE 键 1 次再次进入状态显示参数。如此依序循环下去

4）伺服驱动器的参数设置

Cn001 = 2（位置控制模式）。

Cn002 = H0011（驱动器上电马上激磁，忽略 CCW 和 CW 驱动禁止机能）。

Pn301 = H0000（脉冲命令形式：脉冲 + 方向；脉冲命令逻辑：正逻辑）。

Pn314 = 1（0：顺时针方向旋转；1：逆时针方向旋转）。如果在运行时，方向相反，改变此参数的设定值。

参数设置方法：

（1）启动伺服驱动器，进入状态显示参数。

（2）按下"MODE"键三次进入系统参数画面内，显示的参数便是"Cn001"。

（3）按下"ENTER"键，进入该参数设置画面，左移可调整位数（该位的 LED 指示灯闪烁），此处的显示值是 0 或 1，或其他值。

（4）按下"▲（UP）"或"▼（DOWN）"键，将该数值改为 1，之后该值便开始闪烁。

（5）持续按下"ENTER"键 2 s，按"SET"键一下，按下后进入目前的参数项次选择画面。

注意：如果对参数进行了出厂设置，重新上电后会出现 AL - 05 号报警，先把 Cn030 设为 H0121，再把 Cn029 设为 1，驱动器断电再上电；dn - 06 设为 1，然后把 on - 617 设置为 H0020，断电再上电，排除 AL - 05 报警。

5）数控系统进给轴接口与驱动器控制信号接口

数控系统上 XS30 到 XS32 依次为 X、Y 和 Z 轴控制信号接口，管脚分配如图 3 - 16 所示。

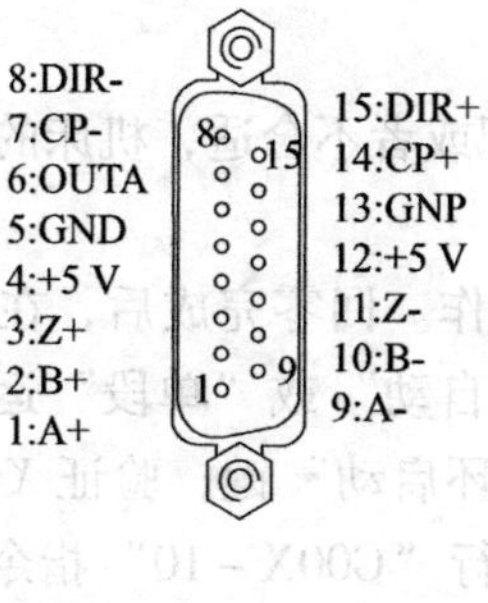

8:DIR-
7:CP-
6:OUTA
5:GND
4:+5 V
3:Z+
2:B+
1:A+

15:DIR+
14:CP+
13:GNP
12:+5 V
11:Z-
10:B-
9:A-

信号名	说明
A+、A-	编码器A相应反馈信号
B+、B-	编码器B相应反馈信号
Z+、Z-	编码器Z脉冲反馈信号
+5 V，GND	DC 5 V电源
OUTA	模拟指令输出（-20~+20 mA）
CP+、CP-	指令脉冲输出（A相）
DIR+、DIR-	指令脉冲输出（B相）

图 3 - 16　轴控制信号接口图

3.2.5 伺服电动机的操作

（1）根据预习内容和伺服驱动器操作手册检查伺服驱动器参数的设置是否正确。不正确的要进行调整。

查看以上参数的设置，理解各参数的意义。

（2）右旋释放数控系统上的急停按钮，使驱动器、变频器得电。

（3）按一下"回参考点"键，切换到回零方式，按一下"＋Z"（回参考点方向为"＋"）点动键，Z 轴执行回参考点动作，当连续按两次 Z 轴电动机侧的参考点行程开关的按钮后，"＋Z"按键内的指示灯亮，系统显示 Z 轴的机床实际坐标为 0.000，表示 Z 轴回到参考点。

Y 轴回参考点，即按一下"＋Y"点动键，Y 轴执行回参考点动作，当回到参考点后，"＋Y"按键内的指示灯亮，系统显示 Y 轴的机床实际坐标为 0.000，表示 Y 轴回参考点完成。

X 轴回参考点，即按一下"＋X"点动键，X 轴执行回参考点动作，当回到参考点后，"＋X"按键内的指示灯亮，系统显示 X 轴的机床实际坐标为 0.000，表示 X 轴回参考点完成。

（4）按"手动"键切换到手动运行方式，按"－X"键，让 X 轴向负方向运行，观察其运行情况。

（5）在 X 轴或 Y 轴或 Z 轴运行过程中，通过"进给修调"键调节进给倍率，观察进给轴运行速度的变化情况。

（6）同时按下"快进"键和各轴点动键，使各轴快速进给，在快速进给过程中通过"快速修调"按键调节快移倍率，观察进给轴运行速度的变化情况。

（7）在主操作界面下，按"F10"→"F3"→"F3"，输入口令（HIG），按"Enter"键确认，口令正确后，再按"F1"→"F2"，进入轴参数设置界面，选择"轴 0"（X 轴）、"轴 1"（Y 轴）或"轴 2"（Z 轴），再按"Enter"键确认，进入轴参数设置界面，将"最高快移速度"的设置更改为 4 000（当前设置为 6 000 mm/min），按正确方式退出参数设置界面后，重启数控系统，使参数生效，重复步骤（3）~（7），观察进给速度的变化情况。

注意：在各轴运动时，位置界面会显示相应轴位置（X 和 Z 后面的坐标值）的变化和运行的速度（F 后面的数值）。完成以上步骤后，再进入轴参数设置界面，设置"最高快移速度"为 6 000 mm/min。

在改变参数后的运行中可以发现，各参数设置的不匹配或者不合适，机床的运行可能会不平稳、振动，噪声大、刺耳，或其他异常现象。

（8）再次切换到"回零"方式，对进给轴进行回零操作。回零完成后，在系统主菜单界面下按"F3（MDI）"键，进入"MDI"子菜单，选择"自动"或"单段"运行方式，输入"G00X－5"指令，然后按下"Enter"键，再按下"循环启动"键，验证 X 轴是否向负方向运行了 5 mm（用直尺测量 X 轴的相对位移）；再次运行"G00X－10"指令，X 轴继续向负方向运行 5 mm。

同理验证 Y 轴和 Z 轴。

注意：机床运动的距离取决于当前工件坐标的位置，回零操作后只能确保机床坐标位置为 0，如果当前工件坐标位置不是 0，各轴运动的距离是从当前工件坐标位置到给定的坐标位置。

（9）结合对应轴参数，修改相应参数，观察参数修改前后进给轴运行情况的变化。

（10）实训完毕，按下数控系统上的急停按钮，切断电源，整理实训系统。

3.3　数控机床的主轴系统

3.3.1　数控机床主轴驱动系统

数控机床主轴驱动可采用直流电动机，也可采用交流电动机。与进给驱动不同的是主轴电动机的功率要求更大，对转速要求更高，但对调速性能的要求却远不如进给驱动那样高。因此在主轴调速控制中，除采用调压调速外还采用了弱磁升速的方法进一步提高其最高转速。

1. 直流主轴驱动系统

1）对主轴驱动的要求

随着数控机床不断发展，现代数控机床对主轴传动提出了更高的要求。

（1）调速范围宽并实现无级调速。为保证加工时选用合适的切削用量，以获得最佳的生产率、加工精度和表面质量。特别对于具有自动换刀功能的数控加工中心，为适应各种刀具、工序和各种材料的加工要求，对主轴的调速范围要求更高。

（2）要求主轴能在较宽的转速范围内根据数控系统的指令自动实现无级调速，并减少中间传动环节，简化主轴箱。

（3）恒功率范围要宽。主轴在全速范围内均能提供切削所需功率，并尽可能在全速范围内提供主轴电动机的最大功率。由于主轴电动机与驱动装置的限制，主轴在低速段均为恒转矩输出。为满足数控机床低速、强力切削的需要，常采用分级无级变速的方法（在低速段采用机械减速装置），以扩大输出转矩。

（4）为满足加工中心自动换刀以及某些加工工艺的需要，要求主轴具有高精度的准停控制。

（5）要求主轴在正反向转动时均可进行自动加减速控制，要求有四象限的驱动能力，并且加减速时间短。

（6）在车削中心上，还要求主轴具有旋转进给轴（C 轴）的控制功能。为满足上述要求，数控机床常采用直流主轴驱动系统。但由于直流电动机受机械换向的影响，其使用和维护都比较麻烦，并且其恒功率调速范围小。进入 20 世纪 80 年代后，随着微电子技术、交流调速理论和大功率半导体技术的发展，交流驱动进入实用阶段，现在绝大多数数控机床均采用笼型交流电动机配置矢量变换变频调速的主轴驱动系统。这是因为一方面笼型交流电动机不像直流电动机那样有机械换向带来的麻烦和在高速、大功率方面受到的限制；另一方面交流驱动的性能已达到直流驱动的水平，加上交流电动机体积小、质量轻，采用全封闭罩壳，对灰尘和油有较好防护，因此交流电动机将彻底取代直流电动机已肯定无疑。

2）直流主轴电动机

（1）直流主轴电动机结构特点。为了满足上述数控机床对主轴驱动的要求，主轴电动机必须具备下述功能：

①输出功率大。

②在整个调速范围内速度稳定，且恒功率范围宽。

③在断续负载下电动机转速波动小，过载能力强。

④加速时间短。

⑤电动机温升低。

⑥振动、噪声小。

⑦电动机可靠性高，寿命长，易维护。

⑧体积小、质量轻。

⑨电动机过载能力大。

主轴电动机的结构与永磁式直流伺服电动机的结构不同。因为要求主轴电动机输出最大的功率，所以在结构上不能做成永磁式，而与普通的直流电动机相同，也是由定子和转子两部分组成的，其转子与直流伺服电动机的转子相同，由电枢绕组和换向器组成，而定子则不同，它由主磁极和换向极组成。有的主轴电动机在主磁极上不但有主磁极绕组，还带有补偿绕组。

这类电动机在结构上的特点是，为了改善换向性能，在电动机结构上都有换向极；为缩小体积，改善冷却效果，以免使电动机热量传到主轴上，采用了轴向强迫通风冷却或水管冷却，为适应主轴调速范围宽的要求，一般主轴电动机都能在调速比1∶100的范围内实现无级调速，而且在基本速度以上达到恒功率输出，在基本速度下为恒转矩输出，以适应重负荷能要求电动机的主极和换向极都采用硅钢片叠成，以便在负荷变化或加速、减速时有良好换向性能。电动机外壳结构为密封式，以适应机加工车间的环境。在电动机的尾部一般都被安装有测速发电机作为速度反馈元件。

（2）直流主轴电动机性能。直流主轴电动机的转矩－速度特征曲线如图 3－17 所示，在基本速度以下时属于恒转矩范围，用改变电枢电压来调速；在基本速度以上时属于恒功率范围，采用控制激磁的调速方法调速。一般来说，恒转矩的速度范围与恒功率的速度范围之比为 1∶2。

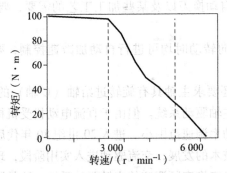

图 3－17　直流主轴电动机的转矩－速度特征曲线

　　直流主轴电动机一般都有过载能力，且大都能过载 150%（为连续额定电流的 1.5 倍）。至于过载的时间，则根据生产厂家的不同，有较大的差别，从 1 ~ 30 min 不等。FANUC 直流他激式主轴电动机采用的是三相全控晶闸管无环流可逆调速系统，可实现基速以下的调压调速和基速以上的弱磁调速。调速范围 35 ~ 3 500 r/min（1:100），输出电流 33 ~ 96 A，其控制框图如图 3 - 18 所示。

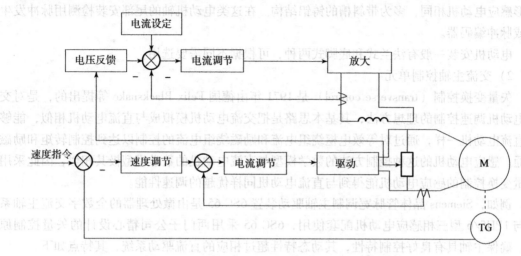

图 3 - 18　FANUC 直流他激式主轴电动机控制框图

　　主轴转速的信号可由直流 0 ~ ±10 V 模拟电压直接给定，也可给定两位 BCD（二进码十进数）码或十二位进制码的数字量，由 D/A（数/模）转变为模拟量。

　　直流主轴控制系统调压调速部分与直流伺服系统类似，也是由电流环和速度环组成的双环系统。由于主轴电动机的功率较大，因此主回路功率元件常采用晶闸管器件。因为主轴电动机为他激式电动机，励磁绕组与电枢绕组无连接关系，需要由另一直流电源供电。磁场控制回路由励磁电流设定回路、电枢电压反馈回路及励磁电流反馈回路三者的输出信号经比较后控制励磁电流，当电枢电压低于 210 V 时，电枢反馈电压低于 6.2 V，此时磁场控制回路中电枢电压反馈相当于开路，不起作用，只有励磁电流反馈作用，维持励磁电流不变，实现调压调速。当电枢电压高于 210 V 时，电枢反馈电压高于 6.2 V，此时励磁电流反馈相当于开路，不起作用，而引入电枢反馈电压形成负反馈，随着电枢电压的稍许提高，调节器即对磁场电流进行弱磁升速，使转速上升。

　　同时，FANUC 直流主轴驱动装置具有速度到达、零速检测等辅助信号输出，还具速度反馈消失、速度偏大、过载、失磁等多项报警保护措施，以确保系统安全可靠工作。

2. 交流主轴驱动系统

1）交流主轴驱动系统的结构特点

　　前面提到，交流伺服电动机的结构有笼形感应电动机和永磁式同步电动机两种结构，而且大都为后一种结构形式。而交流主轴电动机与伺服电动机不同。交流主轴电动机采用感应电动机形式。这是因为受永磁体的限制，当容量做得很大时电动机成本太高，使数控机床无法使用。另外数控机床主轴驱动系统不必像伺服驱动系统那样，要求如此高的性能，调速范围也不要太大。因此，采用感应电动机进行矢量控制就完全能满足数控机床主轴的要求。

笼形感应电动机在总体结构上是由三相绕组的定子和有笼条的转子构成的。虽然也可采用普通感应电动机作为数控机床的主轴电动机，但一般而言，交流主轴电动机是专门设计的，各有自己的特色。如为了增加输出功率，缩小电动机的体积，都采用定子铁芯在空气中直接冷却的办法，没有机壳，而且在定子铁芯上加工有轴向孔以利通风。为此在电动机的外形上呈多边形而不是圆形。交流主轴电动机结构与普通感应电动机相比较，转子结构与一般笼形感应电动机相同，多为带斜槽的铸铝结构。在这类电动机轴的尾部安装检测用脉冲发生器或脉冲编码器。

电动机安装一般有法兰式和底脚式两种，可根据不同需要选用。

2）交流主轴控制单元

矢量变换控制（transverse control）是 1971 年由德国 Felix Blacksnake 等提出的，是对交流电动机调速控制的理想方法，其基本思路是把交流电动机模拟成与直流电动机相似，能够像直流电动机一样，通过对等效电枢绕组电流和励磁绕组电流的控制以达到控制转矩和励磁磁通。感应电动机的这种控制方法的数学模型与直流电动机的数学模型极其相似，因此采用矢量变换控制的感应电动机能得到与直流电动机同样优越的调速性能。

例如，Siemens 晶体管脉宽调制主轴驱动装置 6SC 65 是由微处理器的全数字交流主轴系统与 1PH5/6 型三相感应电动机配套使用，6SC 65 采用西门子公司精心设计的矢量控制原理，确保主轴具有良好控制特性，其动态特性超过相应的直流驱动系统，其特点如下：

（1）交流笼型感应电动机功率范围在 3 ~ 63 kW，最高转速分别可达 8 000 r/min、6 300 r/min 和 5 000 r/min，交流电动机采用强迫冷却，冷却空气从驱动端流向非驱动端，以控制其温升。

（2）采用安装在轴端的编码器检测主轴转速和转子位置，定子绕组的温度由安装在电动机内的热敏电阻监测，以防电动机过热。

（3）采用配套变速齿轮箱可以降速，从而增大转矩。

（4）在主轴驱动装置上，采用键盘与数码管显示可以将近 200 个控制驱动装置的参数进行输入，因此可以很方便地调整和改变其驱动特性，使其达到最佳状态。

（5）具有很宽的恒功率调速范围，如 1PH5107 电动机驱动特性曲线如图 3 – 19 所示。

（6）将先进的微电子技术与笼型感应电动机维护简便和坚固耐用的特点结合在一起，加上完备的故障诊断与报警功能，确保可靠运行。

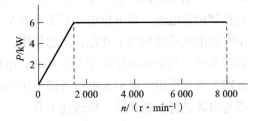

图 3 – 19　1PH5107 电动机驱动特性曲线

（7）西门子主轴交流驱动装置通过增加 C 轴控制选件，可使其本身具有进给功能，转速为 0. 01 ~ 300 r/min，定精度可达 ±0.01°。

（8）当数控系统不具备主轴准停控制功能时，西门子交流驱动装置可采用主轴定位选件，自身完成准停控制，其准停位置可作为标准参数设定于驱动装置中。

3. 普通主轴的控制

三相笼型感应电动机具有结构简单、价格便宜、坚固耐用、维修方便等优点。因此三相笼型感应电动机齿轮变速箱的主轴变速系统方案广泛用于传统的机床，在旧机床的数控化改造和一些简易型数控机床上也有较多的采用，这种主轴变速系统方案简称普通主轴，三相笼型感应电动机也简称普通主轴电动机。普通主轴的控制通过对三相笼型感应电动机的控制实现，包括启动、换向、停止制动和调速等。

1）三相笼型感应电动机启动

三相笼型感应电动机的启动方式有直接启动与降压启动两种。

三相笼型感应电动机直接启动简便、经济。但直接启动时的启动电流是额定电流的 4 ~ 7 倍，过大的启动电流会造成电网电压明显下降，直接影响在同一电网工作的其他负载设备的正常工作，所以直接启动电动机的容量受到一定限制。通常容量小于 11 kW 的笼型电动机可采用直接启动。当电动机容量较大时，则采用降压启动。有时为了减小或限制启动时对机械设备的冲击，即使是容量较小的电动机，也要求采用降压启动。三相笼型电动机一般采用三相交流 380 V 电源供电，接通电源（一般由交流接触器完成）即可旋转，交换三相电源中的任意两相即可改变电动机的旋转方向，如图 3 - 20 所示。直接启动是指直接将电源加载到电动机上，而降压启动则是先通过降压电路使电动机以较小的启动电流和电压旋转起来，当电动机接近额定转速时再将电动机定子绕组电压恢复到额定电压，电动机进入正常运行。

图 3 - 20　三相笼型感应电动机

三相笼型感应电动机降压启动方法有定子串电阻或电抗器降压启动、自耦变压器降压启动、星 - 三角形降压启动、延边三角形降压启动等。下面介绍两种常见的方法，即直接启动和星 - 三角形（Y - △）降压启动。

（1）直接启动（direct-on-line starting）。三相笼型感应电动机直接启动是中小型数控机床常用的方法，普通主轴直接启动电路如图 3 - 21 所示。空气开关 QF1 手动控制，有短路保护和过载保护功能；交流接触器 KM1、KM2 控制电动机两个旋转方向的直接启动；三相灭弧器 RC1 用于消除电动机启动/停止或切换的瞬时高压拉弧。

（2）星 - 三角（Y - △）降压启动（star-delta starting）。凡是正常运行时三相定子绕组接成三角形运转的三相笼型感应电动机都可采用星 - 三角（Y - △）降压启动。启动时，定子绕组先接成Y连接，接入三相交流电源。由于每相绕组的电压下降到正常工作电压的 $1/\sqrt{3}$，故启动电流则下降到

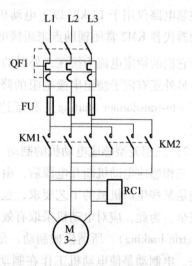

图 3 - 21　普通主轴直接启动电路

全压启动时的 1/3 电动机启动旋转，当转速接近额定转速时，将电动机定子绕组改成△连接，电动机进入正常运行。这种降压启动方法简单、经济，可用在操作较频繁的场合，但其启动转矩只有全压启动时的1/3。Y 系列电动机启动转矩为额定转矩的 1.4 ~ 2.2 倍，所以 Y 系列电动机Y - △启动不仅适用于轻载启动，也适

用于较重负载下的启动，图 3 – 22 所示为 Y – △降压启动电路。

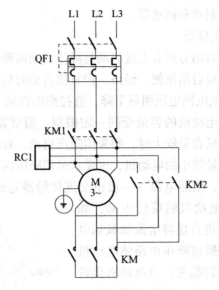

图 3 – 22　Y – △降压启动电路

电路工作说明：启动时 KM1 通电吸合并自保，KM1 主触点用于接入三相交流电源，电动机连接成 Y 形。接近额定转速时 KM 断开，KM2 吸合，其主触点将电动机定子连接成△形，其辅助触点断开；KM1 线圈重新通电吸合，于是电动机在△连接下正常运转。

由于电动机主电路采用 KM2 常闭辅助触点来短接电动机三相绕组末端，因容量有限，该控制电路仅用于 13 kW 以下电动机的启动控制。对于 13 kW 以上电动机，则采用另一个接触器代替 KM2 常闭辅助点来短接电动机三相绕组来实现 Y – △的转换，由于 KM2 在△内，因而它们的额定电流为接在△外时的 $1/\sqrt{3}$。

另外还有定子绕组串接电阻的降压启动（stator resistance starting）、自耦变压器降压启动（acto-transformer starting）和延边三角形降压启动等方法，一般较少使用，此处不再赘述。

2）三相笼型感应电动机的制动

三相感应电动机断开电源后，由于惯性作用，转子需经一定时间才停止旋转，这往往不能满足某些生产机械的工艺要求，也影响生产率的提高，并造成运动部件停位不准确，工作不安全。为此，应对电动机采取有效的制动措施。一般采用的制动方法有机械制动与电制动（electric braking）。所谓机械制动，是利用外加的机械作用力使电动机转子迅速停止的一种方法。电制动是使电动机工作在制动状态，即使电动机电磁转矩方向与电动机旋转方向相反，起制动作用。电制动方法有反接制动、直流制动和双流制动等。

（1）反接制动（plug braking）。普通主轴的反接制动是指电源反接制动，即改变电动机电源相序，使电动机定子绕组产生的旋转磁场与转子旋转方向相反，产生制动，使电动机转速迅速下降。当电动机转速接近零时应迅速断开三相电源，否则电动机将反向启动。另外，反接制动时，转子与定子旋转磁场的相对速度接近于 2 倍的同步转速，以致反接制动电流相当于电动机全压启动时启动电流的2倍。为防止绕组过热和减小制动冲击，一般应在电动机定子电路中串入反接制动电阻，反接制动电阻的接法有对称接法与不对称接法两种。由于在反接制动过程中，由电网供给的电磁功率和拖动系统的机械功率，全都转变为电动机的热损耗，而笼型感应电动机转子内部无法串接外加电阻，这就限制了笼型感应电动机每小时反接制动的次数，以避免电动机过热烧坏。

正如前述，反接制动的关键在于改变电动机电源相序，并在转速接近于零时，迅速将三相电源切断，以免引起反向启动。为此采用速度继电器来检测电动机的转速变化，并将速度继电器调整在 $n > 130$ r/min 时速度继电器触点动作，而当 $n < 100$ r/min 时，触点复原。实施的方法是：电动机定子绕组串入不对称电阻，接入反相序三相电源，即反接制动，使电动机转速迅速下降，当电动机转速低于 100 r/min 时，速度继电器释放，其常开触点复位，使KM2线圈断电释放（图3－23），电动机断开三相电源，此后自然停车，转速至零。图3－23所示为电动机反接制动主电路。KM1、KM2为电动机正、反转接触器，KM3为短接反接制动电阻接触器，KS为速度继电器，R 为反接制动电阻。

（2）直流制动（DC collection braking）。直流制动原理是在三相感应电动机断开三相交流电源后，迅速在定子绕组上加一直流电源（图3－24），产生恒定磁场，利用转子感应电流与恒定磁场的作用达到制动目的。按直流制动时间的控制方法，有时间继电器控制与速度继电器控制。按直流电源的整流电路有适用于中小功率电动机的单相桥式整流直流制动、适用于大功率电动机的三相整流直流制动，对于 10 kW 以下电动机，在制动要求不高的场合，为减少设备，降低成本，减小体积，还可采用无变压器的单管直流制动。

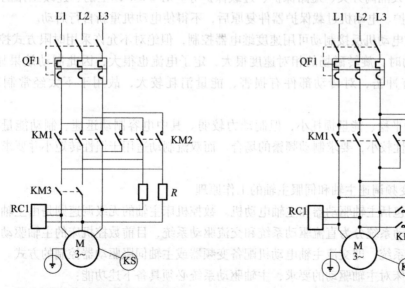

图3－23　电动机反接制动主电路

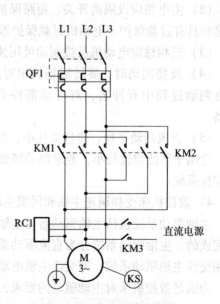

图3－24　直流制动主电路

直流制动比反接制动消耗的能量少，其制动电流也比反接制动时小得多，但需增加一套整流装置。一般来说，直流制动适用于容量较大的电动机和启动、制动频繁的场合。

（3）双流制动。双流制动主电路如图 3－25 所示，其中 KM1 为正常运行接触器，KM2 为制动接触器，使电动机反相序接上电源，并串入整流二极管。

由运行转入制动时，由于二极管的整流作用，其中交流成分产生反接制动转矩，直流成分产生直流制动转矩，故称为双流制动，也称混合制动。因此双流制动既避免了直流制动力量不足，又避免了反接制动不能准确停车的缺点。

双流制动使电动机迅速制动，进入反相低速稳定运行，其低速为电动机同步转速的1%～2%，可在适当时间切断 KM2 进行准确定位。

3）普通主轴的调速

由三相感应电动机的转速 $n = \dfrac{60f}{p}(1-s)$ 可知，感应电动机的调速（adjustable-speed）方法有磁极对数 P、变转差率 s 和变频率 f 三种。对于普通主轴，电动机的转速通常无法改变，只能通过改变齿轮变速箱的传动比来改变主轴的转速；也可以采用双速电动机或多速电动机，通过改变电动机的磁极对数改变电动机的转速，从而改变主轴的转速。

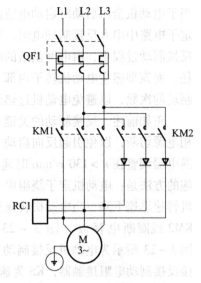

图 3－25　双流制动主电路

采用普通主轴的电路设计需要注意以下几点：

（1）电动机正反转控制电路必须有互锁，使得换向时不发生短路，以保证正常工作。

（2）主电路应设隔离开关、短路保护、过载保护等。对 1 kW 以上的、连续工作的电动机必须具有过载保护。电动机过载保护器件复原后，不得使电动机重新自行启动。

（3）三相感应电动机反接制动可用速度继电器控制，但绝对不允许采用时限方式控制。

（4）反接制动时，旋转磁场的相对速度很大，定子电流也很大，因此制动效果显著，但在制动过程中有冲击，对传动部件有损害，能量消耗较大，故用于不太经常制动的设备。

（5）直流制动平稳、能量损耗小，但制动力较弱。其中电容制动迅速、制动能量损耗小，适用于系统惯性较小，要求制动频繁的场合。而双流制动适用于惯性转矩小并要求准确的定位系统。

4）数控机床变频调速主轴和伺服主轴的工作原理

主轴驱动系统包括主轴驱动器和主轴电动机。数控机床主轴的无级调速则是由主轴驱动器完成的。主轴驱动系统分为直流驱动系统和交流驱动系统，目前数控机床的主轴驱动主要采用交流主轴驱动系统，即交流主轴电动机配备变频器或主轴伺服驱动器控制的方式。

为满足数控机床对主轴驱动的要求，主轴驱动系统必须具备下述功能：

（1）输出功率大。

（2）在整个调速范围内速度稳定，且恒功率范围宽。

（3）在断续负载下电动机转速波动小，过载能力强。

（4）加、减速时间短。

（5）电动机温升低。

（6）振动、噪声小。

（7）电动机可靠性高、寿命长、易维护。

（8）体积小、质量轻。

早期的数控机床多采用直流主轴驱动系统，为使主轴电动机能输出较大的功率，一般采用他激式的直流电动机。为缩小体积，改善冷却效果，以免电动机过热，常采用轴向强迫风冷或热管冷却技术。

直流主轴电动机驱动器有可控硅调速和脉宽调制（PWM）调速两种形式。由于脉宽调制（PWM）调速具有很好的调速性能，因此在对静动态性能要求较高的数控机床进给驱动装置上广泛使用，而三相全控可控硅调速装置则适于大功率应用场合。

由于直流电动机由机械换向，换向器表面线速度、换向电流、电压均受到限制，限制了其转速和功率的提高，并且它的恒功率调速范围也较小。同时换向也增加了电动机制造的难度和成本，并使调速控制系统变得复杂。另外换向器必须定时停机检查和维修，导致其使用和维护都比较麻烦。

20 世纪 80 年代后，微电子技术、交流调速理论、现代控制理论等有了很大发展，同时新型大功率半导体器件如大功率晶体管 GTR、绝缘栅双极晶体管 IGBT 以及 IPM 智能模块的不断成熟以及在交流驱动系统上的成功应用，使高转速和大功率主轴驱动得以实现，其性能已达到和超过直流驱动系统的水平。加上交流电动机体积小、质量轻，采用全封闭罩壳，防灰尘和防污染性能好，因此，现代数控机床 90% 都采用交流主轴驱动系统。

交流主轴驱动系统通常采用感应电动机作为驱动电动机，由变频逆变器实施控制，有速度开环或闭环控制方式。也有采用永磁同步电动机作为驱动电动机，由变频逆变器实现速度环的矢量控制，具有快速的动态响应特性，但其恒功率调速范围较小。

正如前述，进给用交流伺服电动机的结构有笼型感应电动机和永磁式电动机两种，而且大都采用后一种结构形式。而交流主轴电动机与伺服进给电动机不同，交流主轴电动机多采用感应电动机。这是因为受永磁体的限制，当容量做得很大时电动机成本太高，使数控机床难以使用。另外数控机床主轴驱动系统不必像进给伺服驱动系统那样，要求较高的性能和较大的调速范围。因此，采用感应电动机进行矢量控制就完全能满足数控机床主轴的要求。

虽然，可以采用普通感应电动机作为数控机床的主轴电动机，但为了得到好的主轴特性而采用变频矢量控制时，一般对交流主轴电动机进行专门设计，使之具有自己的特点。

在电动机安装上，有法兰式和底座式两种，可根据不同需要进行选用。

3.3.2　主轴硬件接口与连接

1. 变频器的接线

变频器的主电路接线：打开变频器的盖子，可以看见有几颗大螺栓端子，其中上面标有 L1、L2、L3 的接口端子是变频器的交流三相 380 V 电源电压的输入口，是变频器的主电路电源输入端；标有 U、V、W 的三个接口端子是变频器的输出接口，该接口是用于驱动电机运行的输出信号接口端。变频器的电源输入/输出口上均使用 32 芯 1 mm^2的导线连接。变频器的各部分名称、拆装、接口、压线方法如下（详细请参照变频器 D740 使用说明书)。

（1）变频器的各部分名称如图 3 – 26 所示。

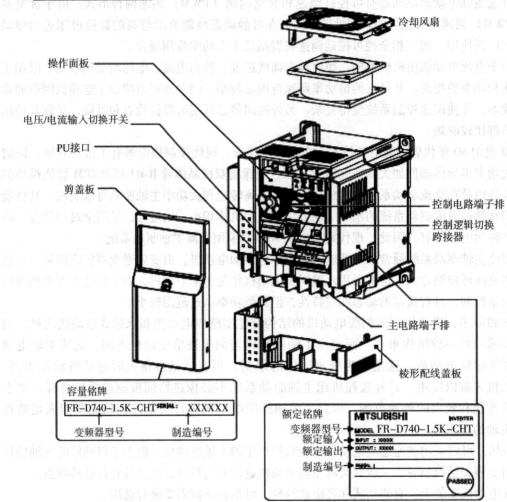

图 3 – 26　变频器的各部分名称

（2）变频器前盖板的拆装如图 3 – 27 所示。

（3）变频器配线盖的拆装如图 3 – 28 所示。

（4）变频器的接线如图 3 – 29 所示。

变频器接线时应特别注意：①为防止噪声干扰导致误动作发生，信号线应该离动力线至少 10 cm 以上的距离。②接线时请勿将铜丝或电线切削物掉进变频器内部，因为其可能会导致变频器异常、故障、误动作的发生，请保持变频器内部的清洁。

（5）主电路端子的规格如表 3 –4 所示。

● 拆卸（FR-0740-1.5 K-CHT的示例）

（1）旋松前盖板的安装螺栓。（螺栓不能卸下）
（2）将前盖板沿箭头所示方向向前面拉，将其卸下。

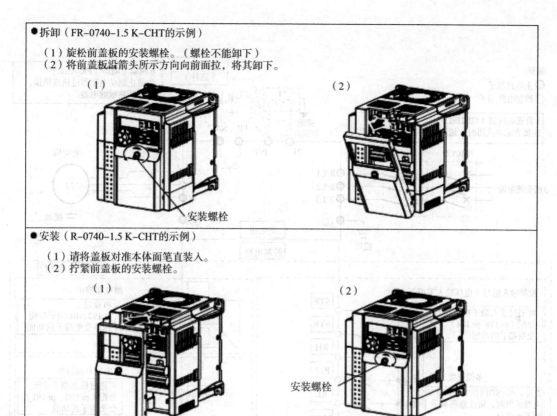

● 安装（R-0740-1.5 K-CHT的示例）

（1）请将盖板对准本体面笔直装入。
（2）拧紧前盖板的安装螺栓。

图 3-27　变频器前盖板的拆装

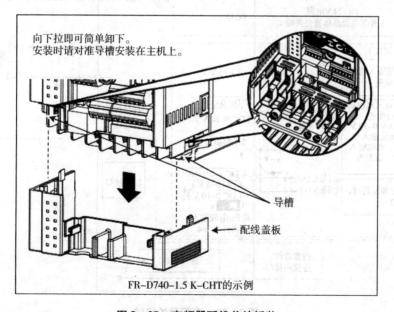

FR-D740-1.5 K-CHT的示例

图 3-28　变频器配线盖的拆装

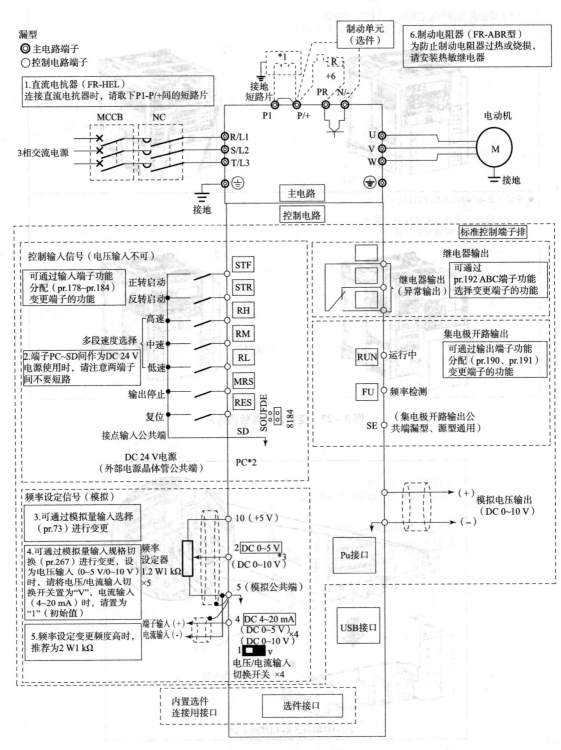

图 3-29 变频器的接线

表 3 - 4　主电路端子的规格

端子记号	端子名称	端子功能说明
R/L1、S/L2、T/L3	交流电源输入	连接工频电源。 当使用高功率因数变流器（FR - HC）及共直流母线变流器（FR - CV）时不要连接任何东西
U、V、W	变频器输出	连接 3 相鼠笼电动机
P/ +、PR	制动电阻器连接	在端子 P/ + - PR 间连接选购的制动电阻器（FR - ABR）
P/ +、N/ -	制动单元连接	连接制动单元（FR - BU2）、共直流母线变流器（FR - CV）以及高功率因数变流器（FR - HC）
P/ +、P1	直流电抗器连接	拆下端子 P/ + - P1 间的短路片，连接直流电抗器
⏚	接地	变频器机架接地用，必须接大地

（6）主电路端子的排列与电源、电动机的接线如图 3 - 30 所示。

FR–D740–0.4 K~3.7 K–CHT

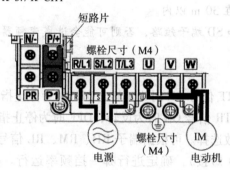

图 3 - 30　主电路端子的排列与电源、电动机的接线

在接变频器电源的时候，电源线必须连接至 R/L1、S/L2、T/L3 且无须考虑相序。切勿将电源线接至 U、V、W 处，那样会损坏变频器。

电动机线连接至 U、V、W 处。接通正转信号（STF）时，电动机的转动方向从负载轴方向看为逆时针方向。

2. 变频器控制电路的接线

（1）控制电路端子的排列如图 3 - 31 所示。

（2）电线的连接。控制电路接线时须使用剥线钳剥开电线的外皮，使用棒状端子接线，如图 3 - 32 所示。单线时剥开外皮直接使用，如图 3 - 33 所示。将棒状端子或单线插入接线口进行接线。使用单线时，应使用一字螺丝刀将端子上面黄色的开关按钮按下，当端子内压线片张开时将导线放入，松开该按钮即可。若要拔出导线，也应使用一字螺丝刀按下该黄色的开关按钮，使压线片松开时拔出导线即可拆下电线，如图 3 - 34 所示。

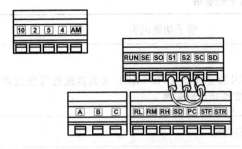

图 3-31　控制电路端子的排列

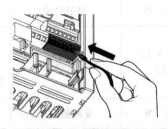

图 3-32　棒状端子接线

图 3-33　单线时接线

图 3-34　电线的拆卸

注意：（1）切勿将控制电路的输入端子输入电压，如 STF、STR、SD 等。

（2）接线时的长度应在 30 m 以内。

（3）切勿将 PC 端子和 SD 端子短路，否则可能会造成变频器的故障。

3. 变频器的操作

（1）控制端子说明。

STF：正转启动。当 STF 信号 ON 时为正转，OFF 时为停止指令。

STR：反转启动。当 STR 信号 ON 时为反转，OFF 时为停止指令。

RH、RM、RL：多段数选择。可根据端子 RH、RM、RL 信号和 SD 端短接的情况（每次只允许有一个信号与 SD 短接），确定进行哪一挡频率运行。根据输入端子功能的选择（Pr. 60 ~ Pr. 63）可改变端子的功能。

SD：接点（端子 STF、STR、RH、RM、RL）输入的公共端子。

10：频率设定用电源，DC 5 V，允许负荷电流为 10 mA。

2：频率设定（电压信号）。输入 DC 0 ~ 10 V（0 ~ 5 V）时，输出与输入成比例；输入 10 V（5 V）时，输出为最高频率。0 ~ 10 V/5 V 切换用 Pr. 73（Pr. 73 = 1 为 0 ~ 5 V，Pr. 73 = 0 为 0 ~ 10 V）设定。

5：频率设定公共输入端。

A、B、C：报警输出。

（2）操作面板的介绍。操作面板各部分名称如图 3-35 所示。注意：该操作面板是不可拆卸的。

（3）变频器的相关参数，如表 3-5 所示。

运行模式显示
PU：PU运行模式时亮灯。
EXT：外部运行模式时亮灯。
NET：网络运行模式时亮灯。
PU、EXT：PU/外部组合运行
模式1、2时亮灯

单位显示
·Hz：显示频率时亮灯。
·A：显示电流时亮灯。
（显示电压时熄灯，显示设定
频率监视时闪烁。）

监视器（4位LED）
显示频率、参数编号等

N旋钮
（N旋钮：三菱变频器的旋钮。）
用于变更频率设定、参数的设定值。
按该旋钮可显示以下内容：
·监视模式时的设定频率
·校正时的当前设定值
·错误历史模式时的顺序

模式切换
用于切换各设定模式（。
和 (PU/EXT) 同时按下也可以用来切换
运行模式。
长按此键（2 s）可以锁定操作

设定的确定
运行中按此键则监视器出现以下显示：

运行频率 ←
↓
输出电流
↓
输出电压

运行状态显示
变频器动作中亮灯/闪烁。*
*亮灯：正转运行中
缓慢闪烁（1.4 s循环）：
反转运行中
快速闪烁（0.2 s循环）：
·按 (RUN) 键或输入启动指令都
无法运行时
·有启动指令，频率指令在启动
频率以下时
·输入了MRS信号时

参数设定模式显示
参数设定模式时亮灯

监视器显示
监视模式时亮灯

停止运行
停止运转指令。
保护功能（严重故障）生效时，
也可以进行报警复位

运行模式切换
用于切换PU/外部运行模式。
使用外部运行模式（通过另接的
频率设定旋钮和启动信号启动的
运行）时请按此键，使表示运行
模式的EXT处于亮灯状态。
(MODE)（0.5 s），
或者变更参数(Pr.79。)
PU：PU运行模式
EXT：外部运行模式
也可以解除PU停止

启动指令
通过Pr.40的设定，可以选择旋转
方向

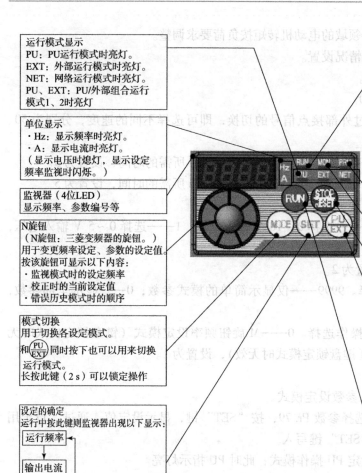

图 3 - 35　操作面板各部分名称

表 3 - 5　变频器的相关参数

设定值	内　　　容
0	用 "PU/EXT" 可切换 PU（设定用旋钮，RUN 键）操作或外部操作
1	只能执行 PU（设定用旋钮，RUN 键）操作
2	只能执行外部操作
3	PU/外部组合运行模式 1
4	PU/外部组合运行模式 2
7	PU 操作互锁（根据 MRS 信号的 ON/OFF 来决定是否移往 PU 操作模式）
6	操作模式外部信号切换（运行中不可）

Pr. 0：转矩提升。可把低频领域的电动机转矩按负荷要求调整。

Pr. 1：上限频率。根据实际情况设置。

Pr. 2：下限频率，设置为 0。

Pr. 3：基波频率，设置为 50。

Pr. 4 ～ Pr. 6：3 速设定。通过外部接点信号的切换，即可选择不同的速度，分别为 50、30、10。

Pr. 7：加速时间。从 0 Hz 开始加速到基准频率（Pr. 20）所需的时间，设置为 5。

Pr. 8：减速时间。从基准频率（Pr. 20）开始减速到 0 Hz 所需的时间，设置为 5。

Pr. 9：电子过电流保护，设置为 6。

Pr. 73：模拟量输入选择。0——选择 0 ～ 10 V 输入电压，1——选择 0 ～ 5 V 输入电压，设置为 0。

Pr. 79：操作模式选择，设置为 2。

Pr. 160：扩展功能显示选择。9999——仅显示简单的模式参数；0——显示全部参数，设置为 0。

Pr. 161 频率设定/键盘锁定操作选择。0——M 旋钮频率设定模式（键盘锁定模式时无效），1——M 旋钮电位器模式（键盘锁定模式时无效），设置为 1。

4. 变频器设定频率运行

（1）按"MODE"键，进入参数设定模式。

（2）拨动"设定用旋钮"选择参数 Pr. 79，按"SET"键，显示设定值。通过"设定用旋钮"将参数值设置为 0，按"SET"键写入。

（3）按"PU/EXT"键，设定 PU 操作模式，此时 PU 指示灯亮。

（4）按"MODE"键，回到监视显示画面；拨动"设定用旋钮"，显示画面出现 20.0，按"SET"键设定频率值为 20 Hz。

（5）约闪烁 3 s 后，显示回到 0.0；按"RUN"键运行，此时主轴电动机开始加速，变频器显示频率值从 0 逐渐增大到 20 Hz，保持运行。

（6）按"STOP/RESET"键，停止运行。

（7）变更设定频率时，请重复步骤（4）和（5）的操作。

5. 变频器通过旋钮设定频率运行

（1）按"PU/EXT"键，设定 PU 操作模式，此时 PU 指示灯亮。

（2）按"MODE"键，进入参数设定模式。

（3）拨动"设定用旋钮"，选择参数 Pr. 160，按"SET"键显示设定值；通过"设定用旋钮"将参数值设置为 0，按"SET"键写入。

（4）参照步骤（3），将 Pr. 161 参数（频率设定操作选择）设置为 1。

（5）按"RUN"键，运行变频器。

（6）向右旋转旋钮设定频率，此时随着频率值的增大，电动机转速提高。

（7）按"STOP/RESET"键，停止运行。

6. 数控系统主轴调试

（1）检查以下参数设置：Pr. 73 = 0（0 ～ 10 V），Pr. 79 = 2（只能执行外部操作）。

（2）选择"自动"或"单段"方式，进入 MDI 子菜单，进入指令输入模式，输入

"M03S800"，按下"ENTER"键，接着按"循环启动"按钮，主轴正转运行。

（3）在主轴运行过程中，可以通过操作面板上的"主轴修调"右侧的三个按键改变主轴运行的倍率，观察主轴转速的变化。

（4）主轴运行一段时间后，输入"M05"，按下"ENTER"键，再按"循环启动"键，主轴停止运行。

（5）输入"M04S1000"，按下"ENTER"键，接着按"循环启动"按钮，主轴将反转运行，此时可以通过改变修调倍率来改变主轴的转速；输入"M05"，按下"ENTER"键，再按"循环启动"键，使主轴停止运行。

（6）按"手动"键，切换到手动方式，按"主轴正转"键或"主轴反转"键，使主轴电动机正转或反转运行，在主轴运行过程中，同样也可以通过改变修调倍率改变主轴的转速，按"主轴停止"键，使主轴停止运行。

注意：主轴三相异步电动机的额定转速为 1 400 r/min，启动系统后第一次运行主轴时，需要在 MDI 方式或自动方式下给主轴一个转速，否则在手动方式下主轴可能不运行，手动方式下主轴是按上一次 MDI 方式或自动方式下的转速运行的。

3.4　位置检测装置

3.4.1　位置检测元件的要求及分类

位置检测元件是闭环（半闭环、闭环、混合闭环）进给伺服系统中重要的组成部分，它检测机床工作台的位移、伺服电动机转子的角位移和速度。将信号反馈到伺服驱动装置或数控装置，和预先给定的理想值相比较，得到的差值用于实现位置闭环控制和速度闭环控制。检测元件通常利用光或磁的原理完成对位置或速度的检测。检测元件的精度一般用分辨率表示，分辨率是检测元件所能正确检测的最小数量单位，它由检测元件本身的品质以及测量电路决定。在数控装置位置检测接口电路中常对反馈信号进行信频处理，以进一步提高测量精度。

位置检测元件一般用于速度测量，位置检测和速度检测可以采用各自独立的检测元件，如速度检测采用测速发电机，位置检测采用光电编码器；也可以共用一个检测元件，如都用光电编码器。

对检测元件的要求有以下几点：

（1）寿命长，可靠性高，抗干扰能力强。

（2）满足精度、速度和测量范围的要求。分辨率通常要求在 0.001 ～ 0.01 mm 或更小，快速移动速度达到每分钟数十米，旋转速度达到 2 500 r/min 以上。

（3）使用维护方便，适合机床的工作环境。

（4）易于实现高速的动态测量和处理，易于实现自动化。

（5）成本低。

不同类型的数控机床对检测元件的精度与速度的要求不同。一般来说，对于大型数控机床以满足速度要求为主，而对于中小型和高精度数控机床以满足精度要求为主。一般要求测量元件的分辨率比加工精度高一个数量级。

另外，检测元件根据检测方式的不同可以分为以下几种类型：

（1）直接测量和间接测量。测量传感器按形状可分为直线型和回转型。若测量传感器所测量的指标就是所要求的指标，即直线型传感器测量直线位移，回转型传感器测量角位移，则该测量方式为直接测量。典型的直接测量装置有光栅、编码器等。

若回转传感器测量的角位移只是中间量，由它再推算出与之对应的工作台直线位移，那么该测量方式为间接测量，其测量精度取决于测量装置和机床传动链两者的精度。典型的间接测量装置有编码器和旋转变压器。

（2）增量式测量和绝对式测量。按测量装置编码方式可分为增量式测量和绝对式测量。增量式测量的特点是只测量位移增量，即工作台每移动一个基本长度单位，测量装置便发出一个测量信号，此信号通常是脉冲形式。典型的增长式测量装置为光栅和增量式光电编码器。

绝对式测量的特点是被测的任一点的位置都由一个固定的零点算起，每一测量点都有一对应的测量值，常以数据形式表示。典型的绝对式测量装置为接触式编码器及绝对式光电编码器。

（3）接触式测量和非接触式测量。接触式测量的测量传感器与被测对象间存在着机械联系，因此机床本身的变形、振动等因素会对测量产生一定的影响。典型的接触式测量装置有光栅和接触式编码器。

非接触式测量传感器与测量对象是分离的，不发生机械联系。典型的非接触式测量装置有双频激光干涉仪和光电式编码器。

（4）数字式测量和模拟式测量。数字式测量以量化后的数字形式表示被测的量。数字式测量的特点是测量装置简单，信号抗干扰能力强且便于显示处理，典型的数字式测量装置有光电编码器、接触式编码器、光栅等。

模拟式测量是被测的量用连续的变量表示，如用电压、相位的变化来表示。典型的模拟式测量装置有旋转变压器等。

最常用到的检测装置有光电编码器、旋转变压器、感应同步器、光栅、磁栅尺等上十种。下面着重介绍最常用的增量式光电编码器、绝对式光电编码器、旋转变压器和光栅四种检测元件。

光栅的分辨率一般要优于光电编码器，其次是旋转变压器。

3.4.2 增量式光电编码器

光电编码器利用光电原理把机械角位移变换成电脉冲信号，是数控机床最常用的位置检测元件。光电编码器按输出信号与对应位置的关系，通常分为增量式光电编码器、绝对式光电编码器和混合式光电编码器。

增量式光电编码器由光源、聚光镜、光电码盘、光栏板、光敏元件和信号处理电路组成。当光电码盘随工作轴一起转动时，光源通过聚光镜，透过光电码盘和光栏板形成忽明忽暗的光信号，光敏元件把光信号转换成电信号，然后通过信号处理电路的整形、放大、分频、计数、译码后输出或显示。为了测量转向，光栅板的两个狭缝距离应为 $m \pm 1/4r$（r 为光电码盘两个狭缝之间的距离即节距，m 为任意整数），这样两个光敏元件的输出信号（分别称为 A 信号和 B 信号）相差 $\pi/2$ 相位，将输出信号送入鉴相电路，即可判断光电码盘的旋转方向。

增量式光电编码器的测量精度取决于它所能分辨的最小角度 α（分辨角或分辨率），而这与光电码盘圆周内所分狭缝的条数有关。

$$\alpha = 2\pi/\text{狭缝系数}$$

由于光电编码器每转过一个分辨角就发出一个脉冲信号，因此根据脉冲数目可得出工作轴的回转角度，由传动比换算出直线位移距离；根据脉冲频率可得工作轴的转速；根据光栅板上两个狭缝中信号的相位先后，可判断光电码盘的正、反转。

此外，在光电编码器的内圈还增加一条透光条纹，每转产生一个零位脉冲信号。在进给电动机所用的光电编码器上，零位脉冲用于精确确定机床的参考点，而在主轴电动机上，则可用于主轴准停以及螺纹加工等。

增量式光电编码器输出信号的种类有差动输出、电平输出、集电极（OC 门）输出等。差动信号传输因抗干扰能力强而得到广泛的采用。

数控装置的接口电路通常会对接收到的增量式光电编码器差动信号做 4 倍频处理，从而提高检调精度，方法是从 A 和 B 的上升沿与下降沿各取一个脉冲，则每转所检测的脉冲数为原来的 4 倍。

进给电动机常用增量式光电编码器的分辨率有 2 000 p/r、2 024 p/r、2 500 p/r 等。目前，光电编码器每转可发出数万至数百万个方波信号，因此可满足高精度位置检测的需要。

光电编码器的安装有两种形式，一种是安装在伺服电动机的非输出轴端称为内装式编码器，用于半闭环控制；另一种是安装在传动链末端，称为外置式编码器，用于闭环控制。光电编码器安装要保证连接部位可靠、不松动，否则会影响位置检测精度，引起进给运动不稳定机床产生振动。

3.4.3　绝对式光电编码器

绝对式光电编码器的光盘上有透光和不透光的编码图案，编码方式可以有二进制编码、二进制循环编码、二至十进制编码等。绝对式光电编码器通过读取编码盘上的编码图案来确定位置。

绝对式光电编码器的编码盘有 4 圈码道。所谓码道就是码盘上的同心圆。按照二进制分布规律，把每圈码道加工成透明和不透明相间的形式。码盘的一侧安装光源，另一侧安装一排径向排列的光电管，每个光电管对准一条码道。当光源照射码盘时，如果是透明区，则光线被光电管接收，并转变成电信号，输出信号为 "1"；如果是不透明区，则光电管接收不到光线，输出信号为 "0"。被测工作轴带动码盘旋转时，光电管输出的信息就代表了轴的对应位置，即绝对位置。

绝对式光电编码器大多采用格雷码编盘，格雷码数码如表 3-6 所示。格雷码的特点是每一相邻数码之间仅改变一位二进制数，这样，即使制作和安装不十分准确，产生的误差最多也只限于最低位。

表 3 – 6　格雷码数码

角度	二进制数码	格雷码	对应十进制数
0	0000	0000	0
1α	0001	0001	1
2α	0010	0011	2
3α	0011	0010	3
4α	0100	0110	4
5α	0101	0111	5
6α	0110	0101	6
7α	0111	0100	7
8α	1000	1100	8
9α	1001	1101	9
10α	1010	1111	10
11α	1011	1110	11
12α	1100	1010	12
13α	1101	1011	13
14α	1110	1001	14
15α	1111	1000	15

四位二进制码盘能分辨的最小角度（分辨率）为

$$A = 2\pi/2^4 \approx 22.5 \ (°)$$

码道越多，分辨率越小。目前，码盘码道可做到 18 条，能分辨的最小角度为

$$A = 2\pi/2^{18} \approx 0.001\,4 \ (°)$$

绝对式光电编码器转过的圈数则由 RAM（随机存取存储器）保存，断电后由备用电池供电，以保证机床的位置。因此，采用绝对式光电编码器进给电动机床的位置即使断电或断电后又移动过也能够准确地记录下来。电动机的数控系统只要出厂时建立过机床坐标系，则以后就不用再做回参考点的操作，而保证机床坐标系一直有效，绝对式光电编码与进给驱动装置或数控装置通常采用通信的方式反馈位置信息。

3.4.4　旋转变压器

旋转变压器是利用电磁感应原理的一种模拟式角度测量元件，它的输出电压与转子的角位移有固定的函数关系。旋转变压器一般用于精度要求不高的机床，其特点是坚固、耐热和

耐冲击，抗振性好。旋转变压器分为有刷和无刷两种，目前数控机床中常用的是无刷旋转变压器。旋转变压器又分为单极和多极两种形式，单极型的定子和转子各有一对磁极，多极型有多对磁极。

旋转变压器的工作原理和普通变压器基本相似，区别在于普通变压器的一次、二次绕组是相对固定的，所以输出电压和输入电压之比是常数，而旋转变压器的一次、二次绕组则随转子角位移的改变发生相对位置的改变。因而其输出电压的大小也随之变化。如果转子绕组与定子绕组互相垂直，即转子的偏转角为零时，则转子绕组感应电压为零。如果转子绕组自垂直位置偏转一个角度时，转子绕组中产生的感应电势为

$$e = KU_1 \sin\theta = KU_m \sin\omega t \sin\theta$$

式中，K 为变压器电压耦合系数；U_m 为励磁电压的幅值；ω 为励磁电压的角频率；θ 为转子绕组轴线的偏转角；U_1 为定子绕组励磁电压。

定子绕组平行，即偏转角度为 $\theta = 90°$ 时，转子绕组中的感应电动势最大，其值为

$$e = KU_m \sin\omega t$$

通常使用的是正弦余弦旋转变压器，其定子和转子绕组中各有互相垂直的两个绕组。如果用两个相位差为 90° 的励磁电压分别加在两个定子绕组上，励磁电压的公式为

$$U_1 = U_m \sin\omega t$$

$$U_2 = U_m \cos\omega t$$

则 U_1 和 U_2 在转子绕组上产生的感应电动势分别为

$$e_1 = KU_m \sin\omega t \sin\theta$$

$$e_2 = KU_m \cos\omega t \cos\theta$$

由于感应电压是关于转子转角 θ 的正弦和余弦函数，所以称为正弦余弦变压器。

根据定子两个绕组励磁电压的幅度、频率、相位特征的不同应用叠加原理，正弦余弦变压器可以工作在鉴相和鉴幅两种工作方式下。

3.4.5 光栅

1. 光栅的种类与特点

光栅是利用光的透射、衍射原理，通过光敏元件测量莫尔条纹移动的数量来测量机床工作台的位移量，一般用于机床数控系统的闭环控制。光栅主要由标尺光栅和光栅读数头两部分组成。通常，标尺光栅固定在机床运动部件上（如工作台或丝杠上），光栅读数头产生相对移动。

从位移量的测量种类看，光栅分为直线光栅和圆光栅。直线光栅用于测量直线位移量，如机床的 X、Y、Z、U、V、W 等直线轴的闭环控制；圆光栅则用于旋转位移量的测量，如机床 A、B、C 等转轴的闭环控制。

从光信号的获取原理看，光栅分为玻璃透射光栅和金属反射光栅。玻璃透射光栅，是在透明玻璃片刻制或腐蚀出一系列平行等间隔的密集线纹（对于圆光栅则是向心线纹），利用光的透射现象形成光栅。透射光栅的特点如下：

（1）光源可以垂直入射，因此信号幅度大，读数头结构比较简单。

（2）刻线密度较大，分辨率高。

金属反射光栅一般在不透明的金属材料上刻线纹，利用光的全反射或漫反射形成光栅。金属反射光栅的特点如下：

①标尺光栅的线膨胀系数很容易与机床材料一致。

②易于接长或制成整根的长光栅。

③不易碰碎。

④分辨率比玻璃透射光栅低。

另外，光栅输出信号有两种形式：一种是 TTL 电平脉冲信号，另一种是电压或电流正弦信号。

光栅安装在机床上，容易受到油雾、冷却液污染，造成信号丢失，影响位置控制精度，所以对光栅要经常维护，保持光栅的清洁。另外，特别是对于玻璃透射光栅要防止振动和敲击，以免损坏光栅。

2. 透射光栅的工作原理

透射光栅测量系统原理如图 3 - 36 所示，它由光源、透镜、标尺光栅、指示光元件和信号处理电路组成。信号处理电路又包括放大、整形和鉴向倍频等。通常情况下，标尺光栅与工作台装在一起随工作台移动外，光源、透镜、指示光栅、光敏元件和信号处理电路均装在一个壳体内，做成一个单独部件固定在机床上，这个部件称为光栅读数头，其作用是将光信号转换成所需的电脉冲信号。

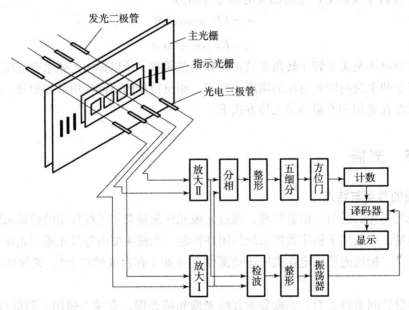

图 3 - 36　透射光栅测量系统原理

3. 莫尔条纹的原理

光栅读数是利用莫尔条纹的形成原理进行的。图 3 - 37 所示为莫尔条纹形成原理。将指示标光栅和标尺光栅叠合在一起，中间保持 0.01 ~ 0.1 mm 的间隙，并且指示光栅和标尺光栅的线纹相互交叉保持一个很小的夹角 θ。

当光源照射光栅时，在 $a - a$ 线上，两块光栅的线纹彼此重合，形成一条横向透光亮带；

在 $b-b$ 线上，两块光栅的线纹彼此错开，形成一条不透光的暗带。这些横向明暗相间出现的亮带和暗带就是莫尔条纹。

两条暗带或两条亮带之间的距离叫莫尔条纹的间距 B，设光栅的栅距为 W，两光栅线纹夹角为 θ，则它们之间的几何关系为

$$B = W/2\sin(\theta/2)$$

因为夹角 θ 很小，所以可取 $\sin\theta/2 \approx \theta/2$，故上式可改写成

$$B = W/\theta$$

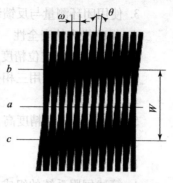

图 3-37　莫尔条纹形成原理

由上式可见，θ 越小，则 B 越大，相当于把栅距 W 扩大了 1/8 倍后，转化为莫尔条纹。例如，栅距 $W = 0.01$ mm，夹角 $\theta = 0.001$ rad，则莫尔条纹的间距 $B = 10$ mm，扩大了 1 000 倍。

两块光栅每相对移动一个栅距，则光栅某一固定点的光强按照一暗一明规律变化一个周期，即莫尔条纹移动一个莫尔条纹的间距。因此，光电元件只要读出移动的莫尔条纹数目，就可以知道光栅移动了多少栅距，也就知道了运动部件的准确位移量。

习　题

一、填空题

1. 常用的数控机床检测装置有_____、_____、旋转变压器、感应同步器等。

2. 根据内部结构和检测方式，编码器可以分为_____、_____和电磁式三种类型。

3. 检测环节包括_____和_____，其作用是将速度位移等被测参数经过一系列转换由物理量转化为计算机所能识别的代码。

4. 伺服系统是数控机床的执行机构，它包括_____和_____两大部分。

5. 步进电动机是将_____转换成_____的执行电器。

6. 光栅是利用_____原理进行工作的位置反馈检测元件。若指示光栅与标尺光栅夹角 $\theta = 0.01$ rad，则可得莫尔条纹宽度 $W =$ _____。

二、判断题

1. （　　） 全闭环伺服系统所用位置检测元件是光电脉冲编码器。

2. （　　） 步进电动机驱动电路是直流稳压电源。

3. （　　） 莫尔条纹起到放大作用和平均误差作用。

4. （　　） 光栅的分辨率一般是低于编码器的。

5. （　　） 从减小伺服驱动系统的外形尺寸和提高可靠性的角度来看，采用直流伺服驱动比交流伺服驱动更合理。

6. （　　） 半闭环控制数控机床的检测装置可以直接检测工作台的位移量。

三、选择题

1. 开环控制系统以（　　）作为驱动元件。

A. 直流伺服电动机　　B. 交流伺服电动机　　C. 步进电动机

2. 闭环控制系统与半闭环控制系统的主要区别在于（　　）。

A. 使用的软件　　B. 控制装置不同　　C. 对工作台实际位置检测不同

3. 使用闭环测量与反馈装置的作用是为了（　　　）。

A. 提高机床的安全性　　　　　　　　　　B. 提高机床的使用寿命

C. 提高机床的定位精度、加工精度　　　　D. 提高机床的灵活性

4. 数控机床主轴用三相交流电动机驱动时采取（　　　）方式最佳。

A. 调频和调压　　　B. 变级和调压　　　C. 调频和变级　　　D. 调频

5. （　　　）检测精度高，且可以安装在油污或灰尘较多的场合。

A. 感应同步器　　　B. 旋转变压器　　　C. 磁栅　　　D. 光栅

四、简答题

1. 简述伺服系统的组成。

2. 简述数控机床伺服系统的定义。

3. 脉冲编码器的作用是什么？

习题答案

一、填空题

1. 光栅，编码器

2. 接触式，光电式

3. 检测，反馈

4. 驱动装置，电动机

5. 电脉冲信号，机械角位移

6. 光学（或光电），1

二、判断题

1. ×　　2. √　　3. √　　4. ×　　5. √　　6. ×

三、选择题

1. C　　2. C　　3. C　　4. A　　5. C

四、简答题

1. 伺服系统的组成包括：①驱动装置；②执行元件；③传动机构；④检测元件及反馈电路。

2. 数控机床伺服系统是以机械位移为直接控制目标的自动控制系统，也可称为位置随动系统，简称伺服系统。

3. 脉冲编码器是一种旋转式脉冲发生器，它把机械转角变成电脉冲，是一种常用的角位移传感器。编码器除了可以测量角位移外，还可以通过测量光电脉冲的频率来测量转速。如果通过机械装置，将直线位移转变成角位移，还可以测量直线位移。

第 4 章 数控系统

4.1 数控系统的定义

本章主要内容

了解几种常用的数控系统；常见数控系统的基本结构、特点及工作过程等，低压电器在机床中的应用。

学习目标

(1) 掌握数控系统的功能。

(2) 掌握 FANUC 系统的基本组成，会进行相应的参数设定。

(3) 掌握西门子系统的基本组成及加工编程的几种软件。

(4) 掌握华中世纪星系统的基本组成，会进行相应的参数设定。

4.1 数控系统概述

由于现代化生产发展的需要，数控机床的功能和精度也在不断地发展，这主要反映在数控系统的发展上。数控系统的发展是由两个方面来促进的，一个是生产发展本身的要求，一个是现代电子技术和软件技术的推动。前者对系统功能提出要求，后者为数控系统实现这些功能提供技术基础。

可以看到，在航天科技、国防领域对机械加工都提出了很高的要求，如航空航天发动机的加工，舰船推进器的加工，等等。其实不仅仅是在这些我们平常无法接触到的领域，在日常生活中，如手机、流线型汽车、时尚的运动鞋，它们模具的制造也要用到功能强大的数控机床。复杂的造型需要复杂的加工，复杂的加工需要功能强大的数控系统，比如四轴、五轴联动，能够进行自动精度调整，等等。正是这些需求不断推动，数控机床、数控系统才得以持续发展。

电子技术、计算器技术、软件技术的发展，使开发新的、性能更高的数控系统成为可能。如果没有这些基础科学技术、产业的支撑，是不可能发展出性能卓越的机床和系统的。

从数控系统诞生到现在已经有数十年的时间，在这几十年间已经发展出很多种数控系统，数控系统也已经发展了很多代。每一种数控系统都有自己的优缺点，在现在市面上广泛使用的数控系统也有很多种，譬如西门子的 SINUMERIK 系统、富士通公司的 FANUC 系统、三菱公司的 MELDAS 系统、海德汉公司的 Heidenhain 数控系统、华中数控系统等。这几种数控系统中尤以 FANUC、SINUMERIK 市场占有率最高。

4.1.1 数控系统的定义

数控系统是数字控制系统的简称，英文名称为 Numerical Control System，早期是由硬件电路构成的，称为硬件数控（Hard NC），20 世纪 70 年代以后，硬件电路元件逐步由专用的计算机代替，称为计算机数控系统。

计算机数控（Computerized Numerical Control，CNC）系统是用计算机控制加工功能，实现数值控制的系统。CNC 系统根据计算机存储器中存储的控制程序，执行部分或全部数值控制功能，并配有接口电路和伺服驱动装置的专用计算机系统。

1. 数控系统的组成

CNC 系统主要由硬件和软件两大部分组成，其核心是计算机数字控制装置。

CNC 通过系统控制软件配合系统硬件，合理的组织、管理数控系统的输入、数据处理、插补和输出信息，控制执行部件，使数控机床按照操作者的要求进行自动加工。CNC 系统采用了计算机作为控制部件，通常由在其内部的数控系统软件实现部分或全部数控功能，从而对机床运动进行实时控制。只要改变计算机数控系统的控制软件就能实现一种全新的控制方式。CNC 系统有很多种类型，如车床、铣床、加工中心等的 CNC 系统。但是，各种数控机床的 CNC 系统一般包括以下几个部分：中央处理单元（CPU）、存储器（ROM/RAM）、输入输出设备（I/O）、操作面板、显示器和键盘、纸带穿孔机、可编程控制器等。图 4 - 1 所示为 CNC 系统的一般结构框图。

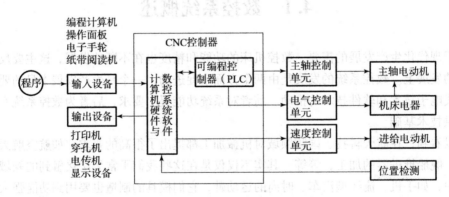

图 4 - 1　CNC 系统的一般结构框图

在图 4 - 1 中所示的整个计算机数控系统的结构框图中，数控系统主要是指图中的 CNC 控制器。CNC 控制器由计算机硬件、系统软件和相应的 I/O 接口构成的专用计算机与可编程控制器（Programmable Logic Control，PLC）组成。前者处理机床轨迹运动的数字控制，后者处理开关量的逻辑控制。

2. 数控系统各组成部分的关系

数控系统是一种程序控制系统，它能逻辑地处理输入到系统中的数控加工程序，控制数控机床运动并加工出零件。它由输入输出装置、计算机数控（CNC）装置、可编程控制器（PLC）、主轴伺服驱动装置和进给伺服驱动装置以及检测装置等组成。它们之间的关系如

图 4 - 2 所示。

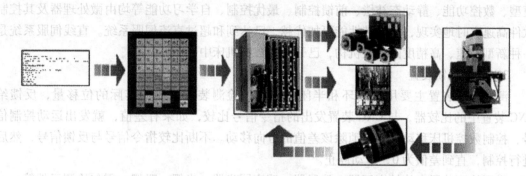

图 4 - 2　数控系统各组成部分的关系

1）CNC 装置

CNC 装置是数控系统的核心。在一般的数控加工过程中，首先启动 CNC 装置，在 CNC 内部控制软件的作用下，通过输入装置或输入接口读入零件的数控加工程序，并存放到 CNC 装置的程序存储器内。开始加工时，在控制软件作用下，将数控加工程序从存储器中读出，按程序段进行处理，先进行译码处理，将零件数控加工程序转换成计算机能处理的内部形式，将程序段的内容分成位置数据和控制指令，并存放到相应的存储区域，最后根据数据和指令的性质进行各种流程处理，完成数控加工的各项功能。

CNC 装置通过编译和执行内存中的数控加工程序来实现多种功能。CNC 装置一般具有以下基本功能：坐标控制（XYZAB 代码）功能、主轴转速（S 代码）功能、准备功能（G 代码）、辅助功能（M 代码）、刀具（T 代码）功能、进给（F 代码）功能，以及插补功能、自诊断功能等。有些功能可以根据机床的特点和用途进行选择，如固定循环功能、刀具半径补偿功能、通信功能、特殊准备功能（G 代码）、人机对话编程功能、图形显示功能等。不同类型、不同档次的数控机床，其 CNC 装置的功能有很大的不同。CNC 系统制造厂商或供应商会向用户提供详细的 CNC 功能和各功能的具体说明书。

2）伺服驱动装置

伺服驱动装置又称伺服系统，它是 CNC 装置和机床本体的联系环节，它把来自 CNC 装置的微弱指令信号通过调解、转换、放大后驱动伺服电动机，通过执行部件驱动机床运动，使工作台精确定位或使刀具与工件按规定的轨迹做相对运动，最后加工出符合图纸要求的零件。数控机床的伺服驱动装置分为主轴驱动单元（主要是转速控制）、进给驱动单元（包括位移和速度控制）、回转工作台和刀库伺服控制装置以及它们相应的伺服电动机等。伺服系统分为步进电动机伺服系统、直流伺服系统、交流伺服系统和直线伺服系统。步进电动机伺服系统比较简单，价格低廉，所以在经济型数控车床、数控铣床、数控线切割中仍有使用；直流伺服系统从 20 世纪 70 年代到 80 年代中期，在数控机床上获得了广泛的应用。但由于直流伺服系统使用机械（电刷、换向器）换向，维护工作量大。20 世纪 80 年代后，由于交流伺服电动机的材料、结构、控制理论和方法均有突破性的进展，电力电子器件的发展又为控制方法的实现创造了条件，使得交流伺服电动机驱动装置发展很快，目前正在取代直流伺服系统。该系统的最大优点是电动机结构简单、不需要维护，适合于在恶劣环境下工作。此外，交流伺服电动机还具有动态响应好、转速高和容量大等优点。当今，在交流伺服系统中，除了驱动机外，电流环、速度环和位置环还可以全部采用数字化控制。伺服系统的控制模型、数控功能、静动态补偿、前馈控制、最优控制、自学习功能等均由微处理器及其控制软件高速实时地实现，使得其性能更加优越，已达到和超过直流伺服系统。直线伺服系统是一种新型高速、高精度的伺服机构，已开始在数控机床中使用。

3）测量反馈装置

测量反馈装置主要用于闭环和半闭环系统。检测装置检测出实际的位移量，反馈给 CNC 装置中的比较器，与 CNC 装置发出的指令信号比较，如果有差值，就发出运动控制信号，控制数控机床移动部件向消除该差值的方向移动。不断比较指令信号与反馈信号，然后进行控制，直到差值为 0，运动停止。

常用检测装置有旋转变压器、编码器、感应同步器、光栅、磁栅、霍尔检测元件等。

4）可编程控制器

在数控系统中除了进行轮廓轨迹控制和点位控制外，还应控制一些开关量，如主轴的启动与停止、冷却液的开与关、刀具的更换、工作台的夹紧与松开等，主要由可编程控制器来完成。

4.1.2　数控系统的功能及工作过程

1. CNC 系统的主要功能

CNC 系统由于现在普遍采用了微处理器，通过软件可以实现很多功能。数控系统有多种系列，性能各异。数控系统的功能通常包括基本功能和选择功能。基本功能是数控系统必备的功能，选择功能是供用户根据机床特点和用途进行选择的功能。CNC 系统的功能主要反映在准备功能 G 指令代码和辅助功能 M 指令代码上。根据数控机床的类型、用途、档次的不同，CNC 系统的功能有很大差别，下面予以详细介绍。

（1）控制功能。CNC 系统能控制的轴数和能同时控制（联动）的轴数是其主要性能之一。控制轴有移动轴和回转轴，还有基本轴和附加轴。通过轴的联动可以完成轮廓轨迹的加工。一般数控车床只需二轴控制，二轴联动；一般数控铣床需要三轴控制、三轴联动或 21/2 轴联动；一般加工中心为多轴控制，三轴联动。控制轴数越多，特别是同时控制的轴数越多，要求 CNC 系统的功能就越强，同时 CNC 系统也就越复杂，编制程序也越困难。

（2）准备功能。准备功能也称 G 指令代码，它是用来指定机床运动方式的功能，包括基本移动、平面选择、坐标设定、刀具补偿、固定循环等指令。对于点位式的加工机床，如钻床、冲床等，需要点位移动控制系统。对于轮廓控制的加工机床，如车床、铣床、加工中心等，需要控制系统有两个或两个以上的进给坐标具有联动功能。

（3）插补功能。CNC 系统是通过软件插补来实现刀具运动轨迹控制的。由于轮廓控制的实时性很强，软件插补的计算速度难以满足数控机床对进给速度和分辨率的要求，同时由于 CNC 不断扩展其他方面的功能，也要求减少插补计算所占用的 CPU 时间。因此，CNC 的插补功能实际上被分为粗插补和精插补，插补软件每次插补一个小线段的数据为粗插补，伺服系统根据粗插补的结果，将小线段分成单个脉冲的输出称为精插补。有的数控机床采用硬件进行精插补。

（4）进给功能。根据加工工艺要求，CNC 系统的进给功能用 F 指令代码直接指定数控机床加工的进给速度。

①切削进给速度以每分钟进给的毫米数指定刀具的进给速度，如 100 mm/min。对于回转轴，表示每分钟进给的角度。

②同步进给速度以主轴每转进给的毫米数规定的进给速度，如 0.02 mm/r。只有主轴上装有位置编码器的数控机床才能指定同步进给速度，用于切削螺纹的编程。

③进给倍率操作面板上设置了进给倍率开关，倍率可以在 0～200% 变化，每挡间隔10%。使用倍率开关不用修改程序就可以改变进给速度，并可以在试切零件时随时改变进给速度或在发生意外时随时停止进给。

（5）主轴功能。主轴功能就是指定主轴转速的功能。

①转速的编码方式一般用 S 指令代码指定。一般用地址符 S 后加两位数字或四位数字表示，单位分别为 r/min 和 mm/min。

②指定恒定线速度。该功能可以保证车床和磨床加工工件端面质量与不同直径的外圆的加工具有相同的切削速度。

③主轴定向准停。该功能使主轴在径向的某一位置准确停止，有自动换刀功能的机床必须选取有这一功能的 CNC 装置。

（6）辅助功能。辅助功能用来指定主轴的启、停和转向；切削液的开和关；刀库的启和停；等等，一般是开关量的控制，它用 M 指令代码表示。各种型号的数控装置具有的辅助功能差别很大，而且有许多是自定义的。

（7）刀具功能。刀具功能用来选择所需的刀具，刀具功能字以地址符 T 为首，后面跟两位或四位数字，代表刀具的编号。

（8）补偿功能。补偿功能是通过输入到 CNC 系统存储器的补偿量，根据编程轨迹重新计算刀具的运动轨迹和坐标尺寸，从而加工出符合要求的工件。补偿功能主要有以下两种：

①刀具的尺寸补偿。如刀具长度补偿、刀具半径补偿和刀尖圆弧补偿。这些功能可以补偿刀具磨损以及换刀时对准正确位置，简化编程。

②丝杠的螺距误差补偿和反向间隙补偿或者热变形补偿。通过事先检测出丝杠螺距误差和反向间隙，并输入到 CNC 系统中，在实际加工中进行补偿，从而提高数控机床的加工精度。

（9）字符、图形显示功能。CNC 控制器可以配置单色或彩色 CRT（阴极射线显像管）或 LCD（液晶显示器），通过软件和硬件接口实现字符与图形的显示。通常可以显示程序、参数、各种补偿量、坐标位置、故障信息、人机对话编程菜单、零件图形及刀具实际移动轨迹的坐标等。

（10）自诊断功能。为了防止故障的发生或在发生故障后可以迅速查明故障的类型和部位，以减少停机时间，CNC 系统中设置了各种诊断程序。不同的 CNC 系统设置的诊断程序是不同的，诊断的水平也不同。诊断程序一般可以包含在系统程序中，在系统运行过程中进行检查和诊断；也可以作为服务性程序，在系统运行前或故障停机后进行诊断，查找故障的部位。有的 CNC 可以进行远程通信诊断。

（11）通信功能。为了适应柔性制造系统（FMS）和计算机集成制造系统（CIMS）的需求，CNC 装置通常具有 RS232C 通信接口，有的还备有 DNC 接口，也有的 CNC 还可以通过制造自动化协议（MAP）接入工厂的通信网络。

（12）人机交互图形编程功能。为了进一步提高数控机床的编程效率，对于 NC 程序的编制，特别是较为复杂零件的 NC 程序都要通过计算机辅助编程，尤其是利用图形进行自动编程，以提高编程效率。因此，对于现代 CNC 系统一般要求具有人机交互图形编程功能。有这种功能的 CNC 系统可以根据零件图直接编制程序，即编程人员只需送入图样上简单表示的几何尺寸就能自动地计算出全部交点、切点和圆心坐标，生成加工程序。有的 CNC 系统可根据引导图和显示说明进行对话式编程，并具有自动工序选择、刀具和切削条件的自动选择等智能功能。有的 CNC 系统还备有用户宏程序功能（如日本 FANUC 系统），这些功能有助于那些未受过 CNC 编程专门训练的机械工人能够很快地进行程序编制工作。

2. 数控系统的工作过程

（1）输入：零件加工程序一般通过 DNC 从上一级计算机输入而来。

（2）译码：译码程序将零件加工程序翻译成计算机内部能识别的语言。

（3）数据处理：包括刀具半径补偿、速度计算以及辅助功能的处理。

（4）插补：是在已知一条曲线的种类、起点、终点以及进给速度后，在起点和终点之间进行数据点的密化。

（5）伺服输出：伺服控制程序的功能是完成本次插补周期的位置伺服计算，并将结果发送到伺服驱动接口中去。

4.2 FANUC 数控系统及基本连接

4.2.1 数控系统的特点

日本 FANUC 公司的数控系统具有高质量、高性能、全功能，适用于各种机床和生产机械的特点，在市场的占有率远远超过其他的数控系统，主要体现在以下几个方面：

1. 系统具有很高的可靠性

数控机床已经成为现代化生产线上必不可少的加工设备，因此它必须能够长期无故障地连续运行在恶劣的环境中。为了能够达到这一要求，作为数控机床的控制核心——数控系统，必须具有很高的可靠性。FANUC 系统正是以产品的可靠性作为研发的重点之一。

（1）系统在设计中大量采用模块化结构。这种结构易于拆装，各个控制板高度集成，使可靠性有很大提高，而且便于维修、更换。FANUC 0i 系统更进一步提高了集成度，在继承 0 系统的基础上，还研发了 FROM 和 SRAM 模块、PMC 模块、存储器和伺服模块，从而将体积变得更小，可靠性更高。

（2）采用机器人焊板，减少了人为参与，实现了全自动制造，避免了由于人为不慎所造成的失误，大大提高了系统的可靠性。

（3）具有很强的抵抗恶劣环境影响的能力。其工作环境温度为 0 ~ 45 ℃，相对湿度为 75%（短时间内可达到 95%），抗振动能力为 0.5 g，电网波动为 −15% ~ 10%。

（4）有较完善的保护措施。和其他数控系统相比，FANUC 对自身的系统采用比较好的保护电路，如笔者曾多次遇到由于电网缺相致使主轴变频器烧坏，而 FANUC 系统的显示器只在缺相时变黑，待电压正常后系统仍能正常工作。另外，在调试过程中经常反复断电、上电，中间不需要间隔很长时间，丝毫不影响系统的正常工作。

2. 功能全、适用范围广

FANUC 系统在设计中始终以满足用户要求为其设计核心、具有较全的功能，适用于各种机器和生产机械。

（1）FANUC 系统所配置的系统软件具有比较齐全的功能和选项功能。对于一般的机床来说，基本功能完全能满足使用要求，这样的配置功能较齐全，价格也比较合理。对于某种特殊要求的机床需增加相应的功能，这些功能只需要将相应的功能参数打开或加相应板卡（由于各个板卡为可拆换的集成板卡，拆装非常方便）即可使用，既方便，又可靠，同时又节省财力和物力。

（2）提供大量丰富的 PMC 信号和 PMC 功能指令。这些丰富的信号和编程指令便于用户编制机床的 PMC 控制程序，而且增加了编程的灵活性。例如，在编制刀库程序时，既可用用户宏程序的信号来完成，又可用程序段的选择跳转信号来完成。不同的编程思路产生同一个控制结果，真正实现了个性化的控制。

（3）具有很强的 DNC 功能，系统提供串行 RS232C 传输接口，使 PC（个人计算机）和机床之间的数据传输能够可靠完成，从而实现高速度的 DNC 操作。同时 FANUC 0i 系统又增加 "多段程序预读控制功能" 和 "HRV（高响应矢量）" 控制，又具有 "HSSB（高速串行总线）控制功能"，使执行程序的速度和精度大大提高。FANUC 0i 系统还提供参数 7001#0，将其设为 1 后（手动介入返回功能有效），在大型模具加工过程中，由于刀具发生磨损需要换新刀时，使进给暂停后，可以用手动将机床移到安全高度（不能按 RESET 键），换上新刀具再循环启动即可继续加工，实现了高精度加工，能很好地满足现代模具的加工要求。

（4）提供丰富的维修报警和诊断功能。FANUC 维修手册为用户提供了大量的报警信息，并且以不同的类别进行分类，每一条维修信息和诊断状态相当于医生的处方一样，便于用户对故障进行维修。现举两例加以说明。

例 1　408#（FANUC0 系统）报警：为主轴串行链启动不良。其原因为当串行主轴系统中的电源接通，而主轴放大器没有准备好不能正确启动时，会产生该报警。处理方法：①光缆连接不合适，或主轴放大器的电源断开。②当 NC 电源在除 SU－01 或 AL－24（显示在主轴放大器的 IED 上）以外的其他报警条件下接通时。在这种情况下，将主轴放大器电源断开一次，再重新启动。③应该检查光缆的插头是否松动或连接不正确。④其他原因（硬件配置不恰当）。

例 2　手动不能运行时（FANUC 0i 系统）。处理方法：首先确认方式选择的状态显示，即在显示器的下面是否出现 JOG，如果没有出现则是方式的选择信号不正确，再用 PMC 的诊断功能（PMCDGN）确认方式状态是否正确（G45.2、G45.3 是否为 1），如不正确，修改 PMC 程序，再检查手动方式信号是否有效，如果无效，请用 PMC 的诊断功能检查相应的信号状态是否为 "1"（G100.0～3 和 G102.0～3 中是否有 "1"），如不为 "1"，修改 PMC 程序。如正确，则用 CNC 的 000～015 号诊断功能来确认，查看 000～015 的各项目右边为 "1" 的项目。例如，005（INTERLOCK/STARTLOCK）为 "1"，说明输入了互锁/启动锁住信号，用户便可根据自己使用的互锁信号进行正确编程和正确设定参数 N03003#3#2#0。

3. FANUC 数控系统主要系列

（1）高可靠性的 PowerMate0 系列：用于控制 2 轴的小型车床，取代步进电动机的伺服系统；可配画面清晰、操作方便、中文显示的 CRT/MDI，也可配性能/价格比高的 DPL/MDI。

（2）普及型 CNC0 – D 系列：0 – TD 用于车床，0 – MD 用于铣床及小型加工中心，0 – GCD 用于圆柱磨床，0 – GSD 用于平面磨床，0 – PD 用于冲床。

（3）全功能型 0 – C 系列：0 – TC 用于通用车床、自动车床，0 – MC 用于铣床、钻床、加工中心，0 – GCC 用于内、外圆磨床，0 – GSC 用于平面磨床，0 – TTC 用于双刀架 4 轴车床。

（4）高性能/价格比的 0i 系列：整体软件功能包，高速、高精度加工，并具有网络功能。0i – MB/MA 用于加工中心和铣床，4 轴 4 联动；0i – TB/TA 用于车床，4 轴 2 联动；0i – mateMA 用于铣床，3 轴 3 联动；0i – mateTA 用于车床，2 轴 2 联动。

（5）具有网络功能的超小型、超薄型 CNC16i/18i/21i 系列：控制单元与 LCD 集成于一体，具有网络功能，超高速串行数据通信。其中 FS16i – MB 的插补、位置检测和伺服控制以纳米为单位。16i 最大可控 8 轴，6 轴联动；18i 最大可控 6 轴，4 轴联动；21i 最大可控 4 轴，4 轴联动。

除此之外，还有实现机床个性化的 CNC16/18/160/180 系列。

4.2.2 FANUC 0iMate – TD 数控系统的组成

FANUC 0iMate – TD 数控系统由基本面板与操作面板组成。

1. 基本面板

FANUC 0iMate – TD 数控系统的基本面板可分为 LED 显示区、MDI 键盘区（包括字符键和功能键等）、软键开关区和存储卡接口，如图 4 – 3 所示。

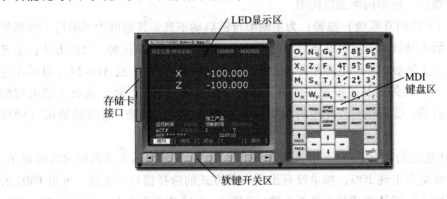

图 4 – 3　FANUC 0iMate – TD 基本面板

（1）MDI 键盘区上面四行为字母、数字和字符部分，操作时，用于字符的输入；其中"EOB"为分号（；）输入键；其他为功能或编辑键。

（2）POS 键：按下此键显示当前机床的坐标位置画面。

（3）PROG 键：按下此键显示程序画面。

（4）OFS/SET 键：按下此键显示刀偏/设定（SETTING）画面。

（5）SHIFT 键：上挡键，按一下此键，再按字符键，将输入对应右下角的字符。

（6）CAN 键：退格/取消键，可删除已输入到缓冲器的最后一个字符。

（7）INPUT 键：写入键，当按了地址键或数字键后，数据被输入到缓冲器，并在 CRT 屏幕上显示出来；为了把键入到输入缓冲器中的数据复制到寄存器，按此键将字符写入到指定的位置。

（8）SYSTEM 键：按此键显示系统画面（包括参数、诊断、PMC 和系统等）。

（9）MSSAGE 键：按此键显示报警信息画面。

（10）CSTM/GR 键：按此键显示用户宏画面（会话式宏画面）或显示图形画面。

（11）ALTER 键：替换键。

（12）INSERT 键：插入键。

（13）DELETE 键：删除键。

（14）PAGE 键：翻页键，包括上下两个键，分别表示屏幕上页键和屏幕下页键。

（15）HELP 键：帮助键，按此键用来显示如何操作机床。

（16）RESET 键：复位键；按此键可以使 CNC 复位，用以消除报警等。

（17）方向键：分别代表光标的上、下、左、右移动。

（18）软键区：这些键对应各种功能键的各种操作功能，根据操作界面相应变化。

（19）下页键（NEXT）：此键用以扩展软键菜单，按下此键菜单改变，再次按下此键菜单恢复。

（20）返回键：按下对应软键时，菜单顺序改变，用此键将菜单复位到原来的菜单。

2. 操作面板

FANUC 0iMate – TD 操作面板（图 4 – 4）各按键功能说明：

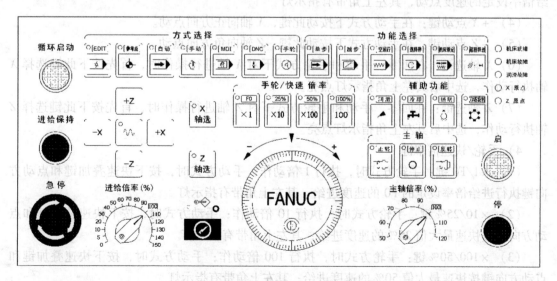

图 4 – 4　FANUC 0iMate – TD 操作面板

1）方式选择键

（1）编辑方式键：编辑方式（EDIT）键，设定程序编辑方式，其左上角带指示灯。

（2）参考点方式键：在此方式下运行回参考点操作，其左上角指示灯点亮。

（3）自动方式键：按此键切换到自动加工方式，其左上角指示灯点亮。

（4）手动方式键：按此键切换到手动方式，其左上角指示灯点亮。

（5）MDI 方式键：按此键切换到 MDI 方式运行，其左上角指示灯点亮。

（6）DNC 方式键：按此键设定 DNC 运行方式，其左上角指示灯点亮。

（7）手轮方式键：在此方式下执行手轮相关动作，其左上角带有指示灯。

2）功能选择键

（1）单步键：按下此键一段一段执行程序，该键用以检查程序，其左上角带有指示灯。

（2）跳步键：按下此键可选程序段跳过，自动操作中按下此键，跳过程序段开头带有"/"和用";"结束的程序段，其左上角带有指示灯。

（3）空运行键：自动方式下按下此键，各轴不是以程序速度而是以手动进给速度移动，此键用于无工件装夹只检查刀具的运动，其左上角带有指示灯。

（4）选择停键：执行程序中 M01 指令时，按下此键停止自动操作，其左上角带有指示灯。

（5）机床锁定键：自动方式下按下此键，各轴不移动，只在屏幕上显示坐标值的变化，其左上角带有指示灯。

（6）超程释放键：当进给轴达到硬限位时，按下此键释放限位，限位报警无效，急停信号无效，其左上角带有指示灯。

3）点动和轴选键

（1）+Z 点动键：在手动方式下按动此键，Z 轴向正方向点动。

（2）−X 点动键：在手动方式下按动此键，X 轴向负方向点动。

（3）快速叠加键：在手动方式下，同时按此键和一个坐标轴点动键，坐标轴按快速进给倍率设定的速度点动，其左上角带有指示灯。

（4）+X 点动键：在手动方式下按动此键，X 轴向正方向点动。

（5）−Z 点动键：在手动方式下按动此键，Z 轴向负方向点动。

（6）X 轴选键：在回零、手动和手轮方式下对 X 轴进行操作时，首先按下此键选择 X 轴执行动作，选中后其左上角指示灯点亮。

（7）Z 轴选键：在回零、手动和手轮方式下对 Z 轴进行操作时，首先按下此键选择 Z 轴执行动作，选中后其左上角指示灯点亮。

4）手轮/快速倍率键

（1）×1/F0 键：手轮方式时，执行 1 倍动作；手动方式时，按下快速叠加键和点动方向键执行进给倍率设定的 F0 的速度进给；其左上角带有指示灯。

（2）×10/25% 键：手轮方式时，执行 10 倍动作；手动方式时，按下快速叠加键和点动方向键按快速最大值 25% 的速度进给；其左上角带有指示灯。

（3）×100/50% 键：手轮方式时，执行 100 倍动作；手动方式时，按下快速叠加键和点动方向键按快速最大值 50% 的速度进给；其左上角带有指示灯。

（4）100% 键：手动方式时，按下快速叠加键和点动方向键按快速最大值 100% 的速度进给；其左上角带有指示灯。

5）辅助功能键

（1）润滑键：按下此键，润滑电动机开启向外喷润滑液，其指示灯点亮。

（2）冷却键：按下此键，冷却泵开启向外喷冷却液，其指示灯点亮。

（3）照明键：按下此键，机床照明灯开启，其指示灯点亮。

（4）换刀键：手动方式下按下此键，执行换刀动作，每按一次刀塔顺时针转动一次，换到下一把刀后停止动作，换刀过程中其指示灯点亮。

6）主轴键

（1）主轴正转键：手动方式按下此键，主轴正方向旋转，其左上角指示灯点亮。

（2）主轴停止键：手动方式按下此键，主轴停止转动，只要主轴没有运行其指示灯就亮。

（3）主轴反转键：手动方式按下此键，主轴反方向旋转，其左上角指示灯点亮。

7）指示灯区

（1）机床就绪：机床就绪后灯亮，表示机床可以正常运行。

（2）机床故障：当机床出现故障时机床停止动作，此指示灯点亮。

（3）X 原点：回零过程和 X 轴回到零点后指示灯点亮。

（4）Z 原点：回零过程和 Z 轴回到零点后指示灯点亮。

8）波段旋钮和手摇脉冲发生器

（1）进给倍率（％）：当波段开关旋到对应刻度时，各进给轴将按设定值乘以对应百分数执行进给动作。

（2）手轮：在手轮方式下，可以对各轴进行手轮进给操作，其倍率可以通过 ×1、×10、×100 键选择。

（3）主轴倍率（％）：当波段开关旋到对应刻度时，主轴将按设定值乘以对应百分数执行动作。

9）其他按钮开关

（1）循环启动按钮：按下此按钮，自动操作开始，其指示灯点亮。

（2）进给保持按钮：按下此按钮，自动运行停止，进入暂停状态，其指示灯点亮。

（3）程序保护开关：当把钥匙打到绿色标记处，开启程序保护功能；当把钥匙打到红色标记处，关闭程序保护功能。

（4）急停按钮：按下此按钮，机床动作停止，待排除故障后，旋转此按钮，释放机床动作。

（5）电源启按钮：用以开启装置电源。

（6）电源停按钮：用以关闭装置电源。

4.2.3　数控系统的接口及相互间的连接

1. 数控系统的连接

FANUC 0iMate – TD 系统连接图，如图 4 – 5 所示。

2. 数控系统各接口说明

（1）FSSB 光缆连接线，一般接左边插口（若有两个接口），系统总是从 COP10A 到 COP10B，本系统由左边 COP10A 连接到第一轴驱动器的 COP10B。

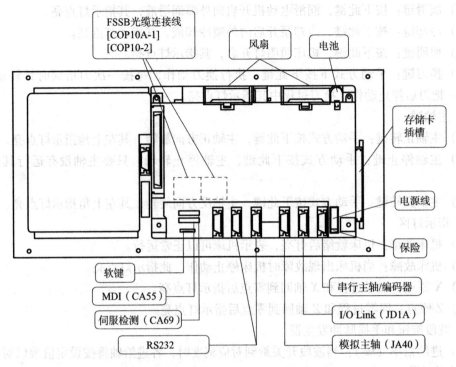

图 4 – 5　FANUC 0iMate – TD 系统连接图

（2）风扇、电池、软键、MDI 在系统出厂时均已连接好，不用改动，但要检查在运输过程中是否有地方松动，如果有，则需要重新连接牢固，以免出现异常现象。

（3）伺服检测口（CA69），不需要连接。

（4）电源线一般有两个接口，一个为 +24 V 输入（左），另一个为 +24 V 输出（右），每根电源线有三个管脚，电源的正负不能接反，具体接线如下：

①24 V；②0 V；③保护地。

（5）RS232 接口，它是与计算机通信的连接口，共有两个，一般接左边，右边为备用接口，如果不与计算机连接，则不用接此线（推荐使用存储卡代替 RS232 口，传输速度及安全性都比串口优越）。

（6）模拟主轴（JA40）的连接，实训台使用变频模拟主轴，主轴信号指令由 JA40 模拟主轴接口引出，控制主轴转速。

（7）I/O Link（JD1A），本接口是连接到 I/O Link 的。注意按照从 JD1A 到 JD1B 的顺序连接，即从系统的 JD1A 出来，到 I/O Link 的 JD1B 为止，下一个 I/O 设备也是如此，若不然，则会出现通信错误而检测不到 I/O 设备。

（8）存储卡插槽（系统的正面），用于连接存储卡，可对参数、程序、梯形图等数据进行输入/输出操作，也可以进行 DNC 加工。

3. 伺服驱动器的连接

伺服驱动器系统之间的接线图如图 4 – 6 所示。

4. 伺服驱动器各接口说明

（1）CZ4 接口，它是三相交流 200 ~ 240 V 电源输入口，顺序为 U、V、W 地线。

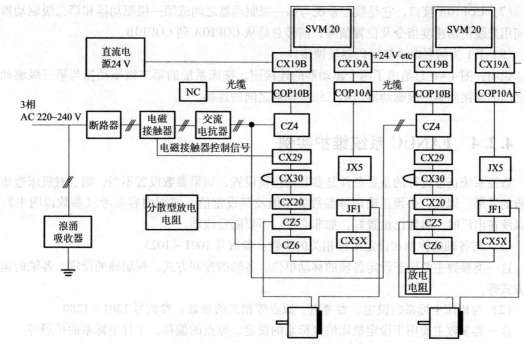

图 4 - 6　伺服驱动器系统之间的接线图

（2）CZ5 接口，它是伺服驱动器驱动电压输出口，连接到伺服电动机，顺序为 U、V、W 地线。

（3）CZ6 与 CX20 是放电电阻的两个接口，若不接放电电阻需将 CZ6 及 CX20 短接，否则，驱动器报警信号触发，不能正常工作，建议必需连接放电电阻。

（4）CX29 接口，它是驱动器内部继电器一对常开端子，驱动器与 CNC 正常连接后，即 CNC 检测到驱动器且驱动器没有报警信号触发，CNC 使能信号通知驱动器，驱动器内部信号使继电器吸合，从而使外部电磁接触器线圈得电，给驱动器提供工作电源。

（5）CX30 接口，它是急停信号接口，短接此接口的 1 和 3 脚，急停信号由 I/O 给出。

（6）CX19B 接口，它是驱动器 24 V 电源接口，为驱动器提供直流工作电源，第二个驱动器与第一个驱动器由 CX19A 到 CX19B，驱动器之间的动力电缆的接法如图 4 - 7 所示。

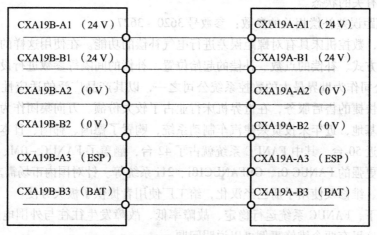

图 4 - 7　驱动器之间的动力电缆的接法

（7）COP10A 接口，它是数控系统与第一级驱动器之间或第一级驱动器和第二级驱动器之间用光缆传输速度指令及位置信号，信号总是从 COP10A 到 COP10B。

（8）JF1 为伺服电动机编码器反馈接口。

说明：图 4-6 只给出了两个驱动器的连接图，铣床系统的第二级驱动器与第三级驱动器之间的连接同第一级驱动器与第二级驱动器之间的连接。

4.2.4　FANUC 系统维护实例

数控系统正常运行的重要条件是参数的正确设置，如果参数设置不当，则会对机床造成严重的后果。因此，必须正确理解参数的功能及其设定值，详细内容参考《参数说明书》。本系统在出厂时，参数已设置好，如非必要，不要随意改动。

（1）与各轴的控制和设定单位相关的参数：参数号 1001~1023。

这一类参数主要用于设定各轴的移动单位、各轴的控制方式、伺服轴的设定、各轴的运动方式等。

（2）与机床坐标系的设定、参考点、原点等相关的参数：参数号 1201~1280。

这一类参数主要用于设定机床的坐标系的设定，原点的偏移、工件坐标系的扩展等。

（3）与存储行程检查相关的参数：参数号 1300~1327。

这一类参数的设定主要是用于各轴保护区域的设定等。

（4）与设定机床各轴进给、快速移动速度、手动速度等相关的参数：参数号 1401~1465。

这一类参数涉及机床各轴在各种移动方式、模式下的移动速度的设定，包括快移极限速度、进给极限速度、手动移动速度的设定等。

（5）与加减速控制相关的参数：参数号 1601~1785。

这一类参数用于设定各种插补方式下的启动、停止时的加减速的方式，以及在程序路径发生变化时（如出现转角、过渡等）进给速度的变化。

（6）与程序编制相关的参数：参数号 3401~3460。

用于设置编程时的数据格式，设置使用的 G 指令格式、设置系统默认的有效指令模式等和程序编制有关的状态。

（7）与螺距误差补偿相关的参数：参数号 3620~3627。

我们知道，数控机床具有对螺距误差进行电气补偿的功能。在使用这样的功能时，系统要求对补偿的方式、补偿的点数、补偿的起始位置、补偿的间隔等参数进行设置。

FANUC 公司作为世界最大的数控系统公司之一，以其产品广泛的适应性、可靠的产品质量以及及时快捷的售后服务，在世界机床行业占了较大份额。万向集团作为国内最大的汽车零部件生产基地，近年来投资兴建汽车制动系统，购置了德国、韩国、日本和中国台湾生产的数控机床近 50 台，其中 FANUC 系统就占了 42 台，涵盖了 FANUC -0M、0T、18M、21系统以及功能更强的 FANUC 0i、GEFANUC18i、21i 系统等。针对国内市场需求，FANUC 部分系统的操作、维修及使用手册已经汉化，给工厂使用者提供了极大方便。

一般情况下，FANUC 系统运行稳定、故障率低，故障发生往往与外围电路和操作使用有很大关系，这里有两个维修事例可以说明问题。

例 1　伺服报警 414#、410#

台湾产的 FTC – 30 数控车床在加工过程中出现 414#、410#报警，动力停止。关闭电源再开机，X 轴移动时机床振颤，后又出现报警并动力停止。查系统维修手册，报警信息为伺服报警、检测到 X 轴位置偏差大。根据现象分析，认为可能有以下原因：①伺服驱动器坏；②X 轴滚珠丝杠阻滞及导轨阻滞。针对原因①，调换同型号驱动器后试机，故障未能排除。针对故障②，进入伺服运转监视画面，移动轴观察驱动器负载率，发现明显偏大，达到250% ~ 300%，判断可能为机械故障。拆开 X 轴防护罩，仔细检查滚珠丝杠和导轨均未发现异常现象。机床 X 轴水平倾斜 45°安装，应有防止其下滑的平衡块或制动装置，检查中未发现平衡块，但机床说明书电器资料显示 PMC 确有 X 轴刹车释放输出接点，而对比同型机床该接点输出正常。检查机床厂设置的 I/O 转接板，该点输出继电器工作正常，触点良好，可以输出 110 V 制动释放电压。据此可断定制动线圈或传输电缆有故障。断电后，用万用表检测制动线圈直流电组及绝缘良好，两根使用的电缆中有一根已断掉。更换新的电缆后开机试验，一切正常。此故障虽然是有系统报警，但直接原因却是电缆断线。这一故障并不常见，机床厂家在安装整机时处理不当或电气元件压接不牢靠都能引起一些故障，而此类故障分析查找原因较麻烦。

例 2　系统制#报警

1000 型加工中心在加工时出现 409#报警，停机重开可继续加工，加工中故障重现。发生故障时，主轴驱动放大器处于报警状态，显示 56 号报警。维修手册说明为控制系统冷却风扇不转或故障。拆下放大器检查，发现风扇油污较多，清洗后风干，装上试机故障未排除。拆下放大器打开检查，发现电路板油污严重，且有金属粉尘附着。拆下电路板，用无水乙醇清洗，充分干燥后装机试验，故障排除。此例中，故障起因为设备工作环境因素，空气湿度大、干式加工、金属粉尘大。数控机床的系统主板、电源模块、伺服放大器等的电路板由于高度集成，大都由多层印刷电路板复合而成，线间距离狭小，异物进入极易引起电路板故障，这应该引起使用者的高度注意。

数控机床经过近年来发展，技术已日臻成熟，功能越来越强，维修越来越方便。作为数控系统的最终用户——加工工厂来说，所要做的就是选取合适的系统配置，造就机床适当的工作环境，加强维护保养，利用有效的设备资源，充分开发系统潜能，最大限度地为企业创造利润。

4.3　西门子数控系统及基本连接

西门子公司的数控装置采用模块化结构设计，经济性好，在一种标准硬件上，配置多种软件，使它具有多种工艺类型，满足各种机床的需要，并成为系列产品。随着微电子技术的发展，越来越多地采用大规模集成电路（LSI）、表面安装器件（SMC）及应用先进加工工艺，所以新的系统结构更为紧凑，性能更强，价格更低。采用 SIMATICS 系列可编程控制器或集成式可编程控制器，用 SYEP 编程语言，具有丰富的人机对话功能，具有多种语言的显示。

西门子公司 CNC 装置主要有 SINUMERIK3/8/810/820/850/880/805/802/840 系列。

4.3.1　西门子 802D 系统的结构组成

1. 西门子数控系统的基本构成

西门子数控系统有很多种型号，首先我们来观察一下 802D 所构成的实物图，SINU-MERIK 802D 是个集成的单元，它是由 NC 以及 PLC 和人机界面（HMI）组成的，通过 PRO-FIBUS 总线连接驱动装置以及输入输出模板，完成控制功能，如图 4 - 8 所示。

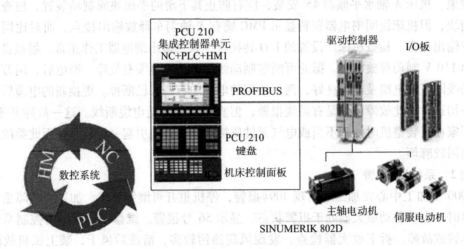

图 4 - 8　系统基本组成及构成实物图

在西门子的数控产品中最有特点、最有代表性的系统应该是 840D 系统。因此，我们可以通过了解西门子 840D 系统，来了解西门子数控系统的结构。首先通过图 4 - 9 所示的实物图观察 840D 系统。

图 4 - 9　840D 系统实物

SINUMERIK 840D 是由数控及驱动单元（CCU 或 NCU），MMC（Man Machine Communication，人机交互）和 PLC 模块三部分组成的，由于在集成系统时，总是将 SIMODRIVE

611D 驱动和数控单元（CCU 或 NCU）并排放在一起，并用设备总线互相连接，因此在说明时将二者划归一处。

2. 人机界面

人机交换界面负责 NC 数据的输入和显示，它由 MMC 和 OP 组成。其中 MMC 包括 OP（Operation Panel，操作板）单元，MMC，MCP（Machine Control Panel，机床控制面板）三部分。MMC 实际上就是一台计算机，有自己独立的 CPU，还可以带硬盘、带软驱；OP 单元正是这台计算机的显示器，而西门子 MMC 的控制软件也在这台计算机中。

1）MMC

最常用的 MMC 有两种：MMCC100.2 和 MMC103，其中 MMC100.2 的 CPU 为 486，不能带硬盘；而 MMC103 的 CPU 为奔腾，可以带硬盘，一般地，用户为 SINUMERIK 810D 配 MMC100.2，而为 SINUMERIK 840D 配 MMC103。PCU（PCUNIT）是专门为配合西门子最新的操作面板 OP10、OP10S、OP10C、OP12、OP15 等而开发的 MMC 模块，目前有三种 PCU 模块——PCU20、PCU50、PCU70，PCU20 对应于 MMC100.2，不带硬盘，但可以带软驱；PCU50、PCU70 对应于 MMC103，可以带硬盘，与 MMC 不同的是：PCU50 的软件是基于 WINDOWSNT 的。PCU 的软件被称作 HMI，HMI 又分为两种：嵌入式 HMI 和高级 HMI。一般标准供货时，PCU20 装载的是嵌入式 HMI，而 PCU50 和 PCU70 则装载高级 HMI。

2）OP

OP 单元一般包括一个 10.4″TFT 显示屏和一个 NC 键盘。根据用户不同的要求，西门子为用户选配不同的 OP 单元，如 OP030、OP031、OP032、OP032S 等，其中 OP031 最为常用。

3）MCP

MCP 是专门为数控机床而配置的，它也是 OPI 上的一个节点，根据应用场合不同，其布局也不同，目前，有车床版 MCP 和铣床版 MCP 两种。对 810D 和 840D，MCP 的 MPI 地址分别为 14 和 6，用 MCP 后面的 S3 开关设定。

对于 SINUMERIK 840D 应用了 MPI（Multiple Point Interface）总线技术，传输速率为 187.5 KB/s，OP 单元为这个总线构成的网络中的一个节点。为提高人机交互的效率，又有 OPI（Operator Panel Interface）总线，它的传输速率为 1.5 MB/s。

3. NCU 数控单元

SINUMERIK 840D 的数控单元被称为 NCU（Numerical Control Unit）单元［在 810D 中称为 CCU（Compact Control Unit，中央控制单元）］，负责 NC 所有的功能、机床的逻辑控制，还有和 MMC 的通信，它由一个 COM CPU 板、一个 PLC CPU 板和一个 DRIVE 板组成。数控单元如图 4-10 所示。

根据选用硬件，如 CPU 芯片和功能配置的不同，NCU 分为 NCU561.2、NCU571.2、NCU572.2、NCU573.2（12 轴）、NCU573.2（31 轴）等若干种，同样，NCU 单元中也集成 SINUMERIK 840D 数控 CPU 和 SIMATICPLC CPU 芯片，包括相应的数控软件和 PLC 控制软件，并且带有 MPI 或 Profibus 接口、RS232 接口、手轮及测量接口、PCMCIA 卡插槽，等等，所不同的是 NCU 单元很薄，所有的驱动模块均排列在其右侧。

4. 数字驱动

数字伺服：运动控制的执行部分，由 611D 伺服驱动和 1FT6（1FK6）电动机组成。

图 4 - 10 数控单元

SINUMERIK 840D 配置的驱动一般都采用 SIMODRIVE 611D，它包括两部分：电源模块 + 驱动模块（功率模块）。图 4 - 11 所示为数字驱动模块。

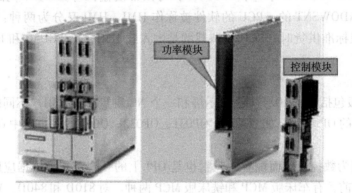

图 4 - 11 数字驱动模块

电源模块：主要为 NC 和给驱动装置提供控制与动力电源，产生母线电压，同时监测电源和模块状态。根据容量不同，凡小于 15 kW 均不带馈入装置，记为 U/E 电源模块；凡大于 15 kW 均需带馈入装置，记为 I/RF 电源模块，通过模块上的订货号或标记可识别。

611D 数字驱动：是新一代数字控制总线驱动的交流驱动，它分为双轴模块和单轴模块两种，相应的进给伺服电动机可采用 1FT6 或者 1FK6 系列，编码器信号为 1Vpp 正弦波，可实现全闭环控制。主轴伺服电动机为 1PH7 系列。

图 4 - 12 所示为 NCU 接口。

5. PLC 模块

SINUMERIK 810D/840D 系统的 PLC 部分使用的是西门子 SIMATICS 7 - 300 的软件及模块，在同一条导轨上从左到右依次为电源模块（Power Supply）、接口模块（Interface Module）和机信号模块（Signal Module）。PLC 的 CPU 与 NC 的 CPU 是集成在 CCU 或 NCU 中的。

电源模块（PS）是为 PLC 和 NC 提供 +24 V 和 +5 V 的电源。

接口模块（IM）是用于级之间互连的。

信号模块（SM）是使用与机床 PLC 输入/输出的模块，有输入型和输出型两种。

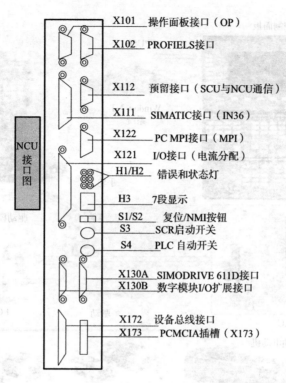

X101	操作面板接口（OP）
X102	PROFIELS接口
X112	预留接口（SCU与NCU通信）
X111	SIMATIC接口（IN36）
X122	PC MPI接口（MPI）
X121	I/O接口（电流分配）
H1/H2	错误和状态灯
H3	7段显示
S1/S2	复位/NMI按钮
S3	SCR启动开关
S4	PLC 自动开关
X130A	SIMODRIVE 611D接口
X130B	数字模块I/O扩展接口
X172	设备总线接口
X173	PCMCIA插槽（X173）

NCU 接口图

图 4 – 12　NCU 接口

图 4 – 13 所示为 PLC 模块。

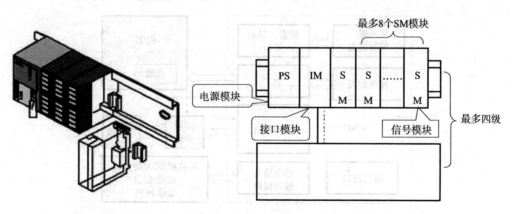

图 4 – 13　PLC 模块

　　CNC 装置是在硬件的支持下，通过执行控制软件来进行工作的，其控制功能和特点在很大程度上取决于硬件结构。

　　根据机床控制、安装要求和经济性要求不同，随着电子技术、伺服驱动技术、通信技术的发展，产生了多种结构形式的 CNC 装置，不同生产厂家的数控系统，其结构形式也不尽相同。

　　图 4 – 14 所示为 CNC 装置的硬件组成及连接，图 4 – 15 所示为 PLC 工作原理。

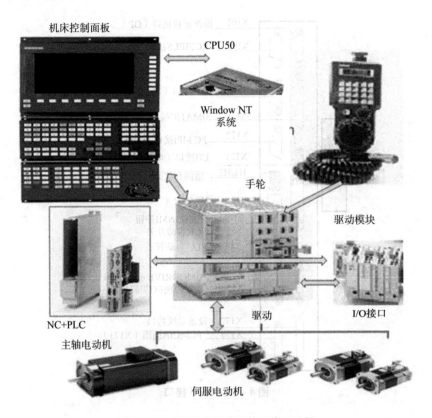

机床控制面板
CPU50
Window NT 系统
手轮
驱动模块
NC+PLC
主轴电动机
驱动
I/O接口
伺服电动机

图 4 -14   CNC 装置的硬件组成及连接

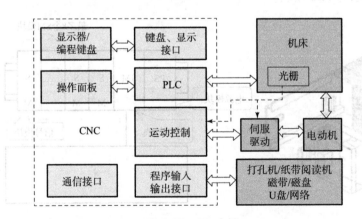

显示器/编程键盘	键盘、显示接口	机床
操作面板	PLC	光栅
CNC	运动控制	伺服驱动 / 电动机
通信接口	程序输入输出接口	打孔机/纸带阅读机磁带/磁盘 U盘/网络

图 4 -15   PLC 工作原理

4.3.2   西门子编程软件

1. ShopMill——钻铣类加工而设计的应用软件

按照数控系统各部分的功能不同，CNC 装置一般可分为人机接口、运动控制、I/O 控制（PLC）、加工程序的存储、输入输出接口、数据通信接口等。

ShopMill 是一种专为钻铣类加工而设计的应用软件，主要适用于中小批量生产。对于单个通道内多达5轴的立式和万能型铣床及加工中心来说，ShopMill 将使从图纸到工作的每一个环节都更加快捷、简便，从根本上提升你的加工效率。ShopMill 通过使用全部图形化编程界面，使程序的编制简单、快速。操作者只需按几次键，即可生成所需要的加工程序，而无须具备 DIN/ISO 的编程知识。

ShopMill 通过其 EASYSTEP，与刀具管理、测量循环等结合使用，使得钻铣加工更加简化、明晰，再复杂的加工任务都变得易于调度、管理、诊断，监视功能强。

ShopMill 还可以利用 MMC103/PCU50，访问硬盘和以太网。同时，大型的模具加工程序（CAD/CAM 生成的程序）也可以在上面运行。

ShopMilll 另具有 PC 版的软件，可安装在计算机上，进行数控加工的学习，所生成的程序可以用作部分加工程序。

2. ShopTurn——车铣应用软件

ShopTurn 集 ShopMill 和 ManualTurn 的优势于一身，既适合铣削循环，又适于车铣循环，是西门子公司专为车床加工用户量身定制的又一全新用于操作和编程的技术平台。由于其直接面向车床加工，编程人员无须具备专门的西门子编程知识，只需了解车床的加工工艺即可自如地按照你的要求完成工件的加工。

ShopTurn 是在 ShopMill 和 ManualTurn 的基础上开发研制的，因此同样的程序、外观及编辑语言，你将体会到流畅的操作感受。

针对用户的需要，利用 ShopTurn 软件，在主轴加工，并支持刀具管理，其配备的图表功能可用三维图形模拟显示最终完工的加工工件。

ShopTurn 在硬件上主要配置 SINUMERIK 810D 和 SINUMERIK 840D 系统，可支持 PCU20 和 PCU50，还可以利用 MMC103 访问硬盘和以太网。ShopTurn 另具有 PC 版软件，可安装在计算机上，进行数控加工的学习，所生成的程序可以用作部分加工程序。

ShopTurn 另具有 PC 版的软件，可安装在计算机上，进行数控加工的学习。所生成的程序可以用作部分加工程序。

4.3.3 西门子实例改造

采用新型 SINUMERIK 802D 数控系统对使用十多年的 SKIQ16CNCB 数控立式车削中心进行数控化改造，机床强大的数控功能极大地拓宽了机床加工零件的范围，更好地保证了零件加工的一致性和产品质量。本文获第二届 SINUMERIK 数控应用与改造有奖征文活动二等奖。

SKIQ16CNCB 数控立式车削中心是捷克 HULIN 公司于 20 世纪 90 年代制造的，采用 FANUC – BASK6T 数控系统。由于该机床已经使用 10 余年，加之数控系统更新换代，FANUC – BASK6T 数控系统早已停产，系统板件老化，备件昂贵。采用新型数控系统对该机床进行改造势在必行，这样可使该机床重新焕发活力，更好地发挥机床的潜力。

该机床原有功能齐全，包括主轴（工作台）和铣磨轴的旋转运动，X、Z 轴坐标运动，15 个刀位的刀库系统，还有诸如冷却系统、液压系统、润滑系统、排屑系统等机床功能。主轴和铣磨轴采用直流电动机及直流调速器。X、Z 轴坐标也采用直流伺服电动机及直流伺服调速器。刀库采用普通三相异步交流电动机，由 5 位二进制凸轮定位。该机床的机械部分各方面机械性能良好稳定、精度尚可、液压系统工作正常，因此上述部分基本保持不变。

数控改造更换数控系统和电气控制部分，采用 SINUMERIK 802D 数控系统。X、Z 轴和刀库坐标伺服驱动系统采用 SIIMODRIVE611UE 变频驱动系统和 1FK7 伺服电动机，选用脉冲编码器作为位置检测元件，达到数字伺服驱动系统闭环控制。主轴和铣磨轴驱动系统采用英国 Eurotherm 公司的 590 + 系列直流电动机调速装置。改造机床其他电气控制线路，更换电气控制元件，保证机床各种控制功能和操作的实现，保证机床电气控制部分长期可靠工作。

除增加 MCP 机床控制面板外，还要重新设计机床操作面板，其具有各种机床功能按钮和指示灯。

1. 数控系统和坐标伺服驱动系统

SINUMERIK 802D 数控系统是将所有 CNC、PLC、HMI 和通信任务集成，是基于 PROFI-BUS 总线的数控系统。免维护硬件集成 PROFIBUS 接口用于驱动和 I/O 模块并具有速装结构的操作面板。SINUMERIK 802D 数控系统控制 X、Z 轴和刀库三个数字进给轴与一个主轴。该机床采用两块 I/O 模块 PP72/48 和机床操作面板 MCP。利用 TOOLBOX 802D 中 PRO-GRAMMING TOOL PLC 802 软件编写 PLC 控制程序，调用 PLC 子程序库中的 SBR32PLC - INIPLC 初始化、SBR33EMG - STOP 急停处理、SBR34MCP - 802D 传送机床控制面板对应 I/O 状态、SBR38MCP - NCK 机床控制面板 MCP 信号、操作面板 HMI 信号送至 NCK 接口、SBR39HANDWHL 由操作面板 HMI 在机床坐标系或工件坐标系选择手轮、SBR40AXIS - CTL 进给轴和主轴使能控制。由于子程序是标准的车床控制程序，这样与该机床实际情况不同，刀库采用数字轴控制，增加了数字轴的数量。在机床控制面板和进给轴与主轴使能控制等子程序中都要做一定的修改。立式车削中心有别于一般的卧式车床，所以坐标方向也有所不同，还需要子程序做相应的修改。

SIIMODRIVE611UE 变频驱动系统是一种功能可配置的驱动系统，与 SINUMERIK 802D 数控系统构成理想的组合。SIIMODRIVE611UE 变频驱动系统满足机床在动态响应、速度调整范围和旋转精度特征等方面的要求，采用模块化设计可独立优化至最佳状态。驱动调试可在 PC 机上利用 SimoComU 进行或利用驱动模块前端的显示器和键盘进行。利用 SimoComU 可设定驱动器与电动机和功率模块匹配的基本参数；可根据伺服电动机实际拖动的机械部件，对 SIIMODRIVE611UE 速度控制器的参数进行自动优化；可监控驱动器的运行状态，包括电动机实际电流和实际扭矩。

2. 主轴和铣磨轴驱动系统

主轴和铣磨轴驱动系统采用英国 Eurotherm 公司的 590 + 系列直流电动机调速装置。590 + 系列直流电动机调速装置是作为与配套控制设备安装在标准箱内的部件而设计的。控制装置使用 AC 380 V 的三相标准电压，提供直流输出电压和电流，用于电枢和励磁，适用于直流他激电动机和永磁电动机控制。

590 + 系列直流电动机调速装置是采用 32 位微处理器实现的，具有许多先进的性能：复杂的控制算法；标准软件模块与可组态的软件控制电路相结合；通过串行线路，可与其他传动装置或数控系统通信，能构成先进的过程系统。

主轴和铣磨轴电动机没有更换，采用原来的模拟量控制。主轴电动机与主轴之间非 1∶1 直连，主轴上安装 SIEMENS5000 线的 TTL 脉冲增量编码器。将 SIIMODRIVE611UE 的总线地址为 12 的双轴模块 A 进给通道携带主轴，设定一个叠加轴。通过对 SINUMERIK 802D 数控系统参数设定，使用 SimoComU 驱动调试工具软件调整 SIIMODRIVE611UE 参数并配置总线模拟量输出，模拟量输出接口用于输出主轴速度给定（±10 V），数字量输出用于模拟主轴使能控制，WSG 接口用于连接主轴编码器作为速度反馈，完成主轴控制配置。

3. 刀库系统

由于刀库系统原来采用普通电动机，机械传动比为 1:360。刀库机械结构特殊，圆盘刀库竖直位于 Z 轴滑枕后，其旋转方向与 B 轴方向相同。改造后采用 SIIMODRIVE611UE 变频驱动系统和 1FK7 伺服电动机，将刀库改为数控坐标轴，增加脉冲编码器作为位置检测元件，达到数字伺服驱动系统闭环控制。拆除原有的 5 位二进制凸轮定位机构。由于刀库装满刀具后的重力作用，刀库圆盘无法达到重力平衡。虽然刀库运动可以精确定位，但是上述原因导致其实际定位出现偏差，所以仍然采用坐标运动定位后定位销插入的准确定位方法。

该机床换刀过程特殊，不同于一般的立式车床。PLC 控制程序完成以下换刀过程：装刀时 X、Z 轴运动到安全位置，Z 轴上无刀，机床处于刀具放松状态。PLC 控制机械手伸出，推动立车刀架到 Z 轴上完成后刀具夹紧，即装刀过程完毕。卸刀时 X、Z 轴运动到安全位置，Z 轴上有刀，机床处于刀具夹紧状态。PLC 控制机械手伸出，此时刀具放松，机械手缩回带动立车刀架回到刀盘上后，刀具夹紧，即卸刀过程完毕。

SINUMERIK 802D 数控系统支持利用 M 代码或 T 代码调用用户循环，可用于机床刀具交换。通过设置参数激活 M 代码，利用程序段中的 M06 调用固定循环程序执行刀具交换。编写用户循环程序，通过算法确定每个刀位刀库轴（B 轴）的旋转角度，利用自定义 M 代码启动 PLC 换刀逻辑。PLC 将数控系统"读入禁止"信号置位，使该固定循环停止。将换刀机械动作用自定义 M 代码分解执行，例 M12 卸刀、M13 装刀等。换刀完成后，PLC 将"读入禁止"信号复位，使该固定循环继续执行。在固定循环中编写信息显示在数控系统屏幕上提示操作者换刀所进行的步骤。

4. 机床调试

数控系统的各个部件安装连接完成后，开始调试 PLC 控制程序。由于该设备是立式车床，不同于 PLC 子程序库中的车床应用程序，所以必须针对该机床的具体情况修改 PLC 子程序。

将刀库设为 B 轴，而原标准程序只有 X、Z 轴，需要增加 B 轴和在 MCP 上添加 B 轴正负方向点动键，需要对 SBR34、SBR38、SBR40 等子程序进行修改。由于是立式车床，X、Z 轴正负方向点动键与 MCP 标准设置不同也需要修改。根据机床需要设计 MCP 上用户自定义键，如液压启动、液压停止、横梁放松、横梁锁紧及指示灯，设计 MCP 和机床操作面板的 PLC 控制程序并且调试功能实现。全面测试所使用的子程序库的子程序，确保子程序的功能在与 PLC 控制程序连接在一起时正确无误。编辑设计 PLC 用户报警，通过设定机床参数规定每个报警的属性。设定机床基本参数包括 PROFIBUS 总线配置、伺服驱动器模块定位、主轴和坐标轴位置控制使能以及传动系统参数配比。

在对机床进行了一系列调整后，数控机床已基本可以正常运行。但要使整个系统进入最佳运行状态，还应进行系统参数优化等工作。

当整个系统运行正常后，还应对相应的坐标轴等参数优化调整，如速度、增益、加速度及各项监控参数等，以使系统进入最佳工作状态。在机床正常运行后，还应对机床机械部分，如各轴垂直度、反向间隙、传动系统精度等进行测量调整，使机械系统达到最佳。当然，机械调整后，还应对系统参数进行微调，以使机床运行在最佳状态。当各部分的调整结束后，通过对机床机械精度的测量，还需对数控机床的位控系统进行精度补偿。反向间隙补偿由于位置反馈编码器装在传动丝杠的端头，虽然消除了减速箱等机械传动部分的反向间隙，但丝杠本身的反向间隙仍然存在，可将该值输入系统相应参数，每次反向运行时，系统自动补偿。由于丝杠长期使用中的磨损，丝杠各位置的螺距与标称值会有一定误差，为提高定位精度，通过系统参数进行补偿。

根据用户生产的需求，结合机床改造过程，对由 SINUMERIK 802D 数控系统进行了分析、设计及实施。目前，针对该机床的机械、电气、系统各个方面的改造、安装、调试工作已经完成，样件加工完全达到预期效果。改造后机床已投入正常使用，陆续完成了多项零件加工任务。从整个机床的使用、运行状态来看，改造后机床与原机床相比，功能极大增强、自动化程度很高。强大的数控功能极大地拓宽了机床加工零件的范围，更好地保证了零件加工的一致性和产品质量。同时高度的自动化也大大降低了操作工人的劳动强度，但对操作工人的综合素质又提出了更高的要求。

从机床的可操作性来看，结构紧凑合理，显示器、各种开关和指示灯布局更适合操作人员的使用。同时增加了一个小型的手持操作单元，以便于操作人员在不同的状态下选择更合适的操作位置。整个悬挂操作系统采用 TFT 液晶显示器，窗口菜单式操作方式，不但减少了操作按钮，而且操作更为简单容易。

改造后的机床增强了可维修性。数控系统可监控各控制部件的工作状态及故障，并及时在显示器上显示，同时 PLC 控制的应用，使整个机床控制系统线路大为简化。所有这些都使机床故障检测和维修更为方便、迅速。其次，需经常进行检测、注液、加油的部件均布置于操作或维修人员容易接近的地方，利于日常的保养维护。

改造后的机床可靠性大为提高。数控系统、伺服系统等控制系统的各个组成部分均是高度集成的微机控制系统，这使得整个机床控制系统本身就具有较高的可靠性。PLC 的设计应用，成功地使各个控制部分达到了协调统一，极大地简化了机床控制线路及所需元器件，更有利于提高整个系统的可靠性。

该机床改造的完成，不但为用户扩大了该机床的加工范围，也节约了大笔资金。本次改造的成功也为今后的机床改造工作积累了大量的经验。

4.4　华中世纪星数控系统

4.4.1　华中世纪星 HNC‑21MD 数控系统组成

华中世纪星 HNC‑21MD 数控系统为标准固定结构，主要由三部分组成：液晶显示器、NC 键盘和机床操作面板 MCP，如图 4‑16 所示。

1. 液晶显示器

数控系统的左上部为 7.7 英寸彩色液晶显示器，分辨率为 640×480，用于汉字菜单、

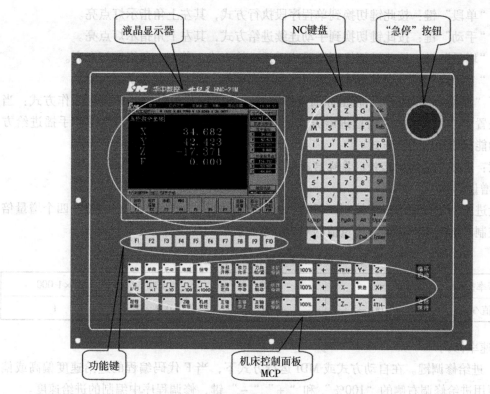

图 4-16 华中世纪星 HNC-21MD 主面板

系统状态、故障报警的显示和加工轨迹的图形仿真。

2. NC 键盘

NC 键盘包括精简型 MDI 键盘和 F1~F10 共 10 个功能键。

标准化的字母数字式 MDI 键盘介于显示器和"急停"按钮之间，其中的大部分键具有上挡键功能，当"Upper"键有效时（指示灯亮），输入的是上挡键。其中"SP"为空格键，"BS"为退格键，其余各键同 PC 机键盘。

NC 键盘用于零件程序的编制、参数输入、MDI 及系统管理操作等，F1~F10 十个功能键位于液晶显示器的正下方，其功能随显示界面的不同而变化。

3. 机床控制面板 MCP

标准机床控制面板的大部分按键（除"急停"按钮外）位于数控系统的下部。"急停"按钮位于数控系统的右上角。机床控制面板用于直接控制机床的动作或加工过程。

1）急停

机床运行过程中，在危险或紧急情况下，按下"急停"按钮，CNC 即进入急停状态，进给轴及主轴运转立即停止工作，松开"急停"按钮，CNC 进入复位状态。

解除紧急停止前，先确认故障原因是否排除，且紧急停止解除后应重新执行回参考点操作，以确保坐标位置的正确性。

注意：在启动和退出系统之前应按下"急停"按钮，以保障人身和设备的安全！

2）方式选择键

（1）"自动"键：按此键切换到自动加工方式，其左上角指示灯点亮。

（2）"单段"键：按此键切换到单程序段执行方式，其左上角指示灯点亮。

（3）"手动"键：按此键切换到手动连续进给方式，其左上角指示灯点亮。

（4）"增量"键：按此键切换到增量或手摇进给方式，其左上角指示灯点亮。

（5）"参考点"键：在此方式下运行回参考点操作，其左上角指示灯点亮。

按下"增量"键时，视手轮坐标轴选择波段开关的位置，对应两种机床工作方式：当波段开关置于"OFF"挡为增量进给方式；当波段开关置于"OFF"挡之外为手摇进给方式。此功能只能用作手摇方式。

注意：各方式选择键互锁，系统启动复位后，默认工作方式为"手动"。

3）增量倍率

增量进给的增量值由机床控制面板的"×1""×10""×100""×1 000"四个增量倍率按键控制。增量倍率按键和增量值的对应关系如表 4−1 所示。

表 4−1　增量倍率按键和增量值的对应关系

增量倍率按键	×1	×10	×100	×1 000
增量值/mm	0.001	0.01	0.1	1

4）速率修调

（1）进给修调键。在自动方式或 MDI 运行方式下，当 F 代码编程的进给速度偏高或偏低时，可用进给修调右侧的"100%"和"＋""−"键，修调程序中编制的进给速度。

按压"100%"键（指示灯亮），进给修调倍率被置为 100%；按一下"＋"键，进给修调倍率递增 2%；按一下"−"键，进给修调倍率递减 2%。

在手动连续进给方式下，这些按键可调节手动进给倍率。

（2）快速修调键。在自动方式或 MDI 运行方式下，可用快速修调右侧的"100%"和"＋""−"键，修调 G00 快速移动时系统参数"最高快速速度"设置的速度。

按压"100%"键（指示灯亮），快速修调倍率被置为 100%；按一下"＋"按键，快速修调倍率递增 2%；按一下"−"按键，快速修调倍率递减 2%。

在手动连续进给方式下，这些按键可调节手动快速移动的倍率。

（3）主轴修调键。在自动方式或 MDI 运行方式下，当 S 代码编程的主轴速度偏高或偏低时，可用主轴修调右侧的"100%"和"＋""−"键，修调程序中编制的主轴速度。

按压"100%"键（指示灯亮），主轴修调倍率被置为 100%；按一下"＋"按键，主轴修调倍率递增 2%；按一下"−"按键，主轴修调倍率递减 2%。

在手动连续进给方式下，这些按键可调节手动时的主轴转速。

5）进给轴手动按键

"＋X""＋Z""−X""−Z"按键用于在手动连续进给、增量进给和返回机床参考点方式下，选择进给坐标轴和进给方向。

6）主轴手动控制键

（1）主轴正转：在手动方式下，按下此键，主轴电动机以机床参数设定的转速正转。

（2）主轴停止：在手动方式下，按下此键，主轴电动机停止运转。

（3）主轴反转：在手动方式下，按下此键，主轴电动机以机床参数设定的转速反转。

（4）主轴点动：在手动方式下，按压此键，点动转动主轴。

　7）其他按键

（1）空运行：在自动方式下，按下此键，程序中编制的进给速率被忽略，坐标轴以最大的快速移动速度移动。不做实际切削，目的在于确认切削路径及程序。

（2）超程释放：在机床发生超程时，一直按压此键，控制器会暂时忽略超程的紧急情况，然后在手动（或手摇）方式下，使该轴向相反方向退出超程状态。

（3）机床锁住：在手动方式下，按下此键，再进行手动操作，显示屏上的坐标轴位置信息变化，但不输出进给轴的移动指令，此键只在手动方式下有效。

（4）冷却开/停：在手动方式下，按下此键，冷却液开启，再按下此键，冷却液关闭，如此循环。

（5）刀位选择、刀位转换：在手动方式下，按下"刀位选择"键，系统会预先计数刀架将转动一个刀位，以此类推，按几次"刀位选择"键，系统就预先计数刀架将转动几个刀位，接着按"刀位转换"键，刀架才真正转动至指定的刀位。

（6）循环启动：在自动运行方式下，按下此键，自动加工开始；在 MDI 运行方式和单段运行方式下同样适用。

（7）进给保持：在自动运行过程中，按下此键，程序执行暂停，机床运动轴减速停止，暂停期间辅助功能 M、主轴功能 S、刀具功能 T 保持不变；再次按下"循环启动"键，系统将重新启动，从暂停前的状态继续运行。

4.4.2　数控系统接口

　　HNC – 21MD 数控系统各接口以及系统与其他装置、单元连接的总体框图如图 4 – 17 所示。

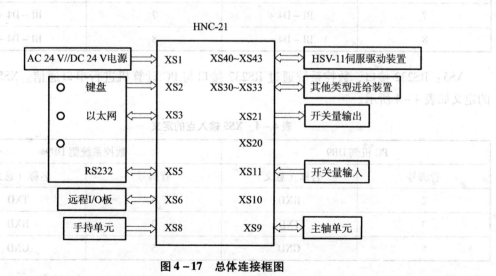

图 4 – 17　总体连接框图

　　XS1：电源接口，本系统采用直流 24 V 供电，功率 200 W。XS1 输入点的定义如表 4 – 2 所示。

表 4 - 2　XS1 输入点的定义

管脚号	名称（意义）	备注
1	+ 24 V	
2	+ 24 V	
3		
4	24 V 地	
5	24 V 地	
6	保护地	

XS2：外接 PC 键盘接口，外接 PC 键盘可以代替 MDI 键盘使用。

XS3：以太网接口，通过网口与外部计算机连接，也可以先连接到集线器上，再接入局域网，与局域网上的其他任何计算机连接。XS3 输入点的定义如表 4 - 3 所示。

表 4 - 3　XS3 输入点的定义

PC 机侧		数控系统侧	
管脚号	名称（意义）	管脚号	名称（意义）
1	TX - D1 +	3	RX - D2 +
2	TX - D1 -	6	RX - D2 -
3	RX - D2 +	1	TX - D1 +
4	BI - D3 +	4	BI - D3 +
5	BI - D3 -	5	BI - D3 -
6	RX - D2 -	2	TX - D1 -
7	BI - D4 +	7	BI - D4 +
8	BI - D4 -	8	BI - D4 -

XS5：RS232 接口，数控系统通过 RS232 接口与 PC 计算机进行串口通信。XS5 输入点的定义如表 4 - 4 所示。

表 4 - 4　XS5 输入点的定义

PC 机侧 DB9		数控系统侧 DB9	
管脚号	名称（意义）	管脚号	名称（意义）
2	RXD	3	TXD
3	TXD	2	RXD
5	GND	5	GND

XS6：远程输入输出板接口，用于远程输入输出信号的连接。

XS8：手持单元接口，用于连接与手轮有关的轴选和增量倍率选择。XS8 输入点的定义如表 4 - 5 所示。

表 4 - 5   **XS8 输入点的定义**

管脚号	信号名	定 义
13	+5 V 地	手摇脉冲发生器 +5 V 电源，系统内部提供
25	+5 V	
12	HB	手摇脉冲发生器 B 相信号
24	HA	手摇脉冲发生器 A 相信号
9	I32	坐标轴选择：X
8	I34	坐标轴选择：Z
7	I36	增量倍率选择：×1
19	I37	增量倍率选择：×10
6	I38	增量倍率选择：×100
17	ESTOP3	手持盒急停按钮引线，若无此按钮，需短接此两脚
4	ESTOP2	
3, 16	+24 V	输入输出信号直流电源，系统内部已经提供
1, 2, 14, 15	+24 V 地	

XS9：主轴控制接口，包括主轴速度模拟电压指令输出和主轴编码器反馈信号输入。XS9 输入点的定义如表 4 - 6 所示。

表 4 - 6   **XS9 输入点的定义**

管脚号	信号名	定 义
1	SA +	主轴编码器 A 相位反馈信号
9	SA -	
2	SB +	主轴编码器 B 相位反馈信号
10	SB -	
3	SZ +	主轴编码器 Z 相位反馈信号
11	SZ -	
4, 12	+5 V	DC 5 V 电源，系统内部提供
5, 13	+5 V 地	
6	AOUT1	主轴模拟量指令 -10 ～ +10 V 输出
14	AOUT2	主轴模拟量指令 0 ～ +10 V 输出
7, 8, 15	GND	模拟量输出地

XS10、XS11：输入开关量接口，用于限位信号、参考点信号以及其他检测信号的输入。XS10 中定义了部分输入点，XS11 定义了部分输入点。XS10 输入点的定义如表 4 - 7 所示。

表 4 - 7　XS10 输入点的定义

管脚号	信号名	标号	意义
13	I0	X0.0	X 轴正超程限位开关
25	I1	X0.1	X 轴负超程限位开关
12	I2	X0.2	Y 轴正超程限位开关
24	I3	X0.3	Y 轴负超程限位开关
11	I4	X0.4	Z 轴正超程限位开关
23	I5	X0.5	Z 轴负超程限位开关
10	I6	X0.6	防护门开关
22	I7	X0.7	手动松刀
9	I8	X1.0	X 轴参考点
21	I9	X1.1	Y 轴参考点
8	I10	X1.2	Z 轴参考点
20	I11	X1.3	无定义
7	I12	X1.4	冷却液位报警
19	I13	X1.5	润滑液位报警
6	I14	X1.6	气压报警
18	I15	X1.7	刀位计数器
5	I16	X2.0	紧刀到位
17	I17	X2.1	松刀到位
4	I18	X2.2	刀库退回位
16	I19	X2.3	刀库换刀位
3	空		
1，2，14，15	+24 V 地		输入信号直流电源地

XS11 输入点的定义如表 4 - 8 所示。

表 4 - 8　XS11 输入点的定义

管脚号	信号名	标号	意义
13	I20	X2.4	外部运行允许
25	I21	X2.5	主轴电源 OK
12	I22	X2.6	伺服 OK
24	I23	X2.7	冷却电动机过热报警
11	I24	X3.0	主轴报警
23	I25	X3.1	主轴零速

续表

管脚号	信号名	标号	意义
10	I26	X3. 2	主轴速度到达
22	I27	X3. 3	主轴定向完成
9	I28	X3. 4	无定义
21	I29	X3. 5	无定义
8	I30	X3. 6	无定义
20	I31	X3. 7	无定义
7	I32		
19	I33		
6	I34		
18	I35		
5	I36		
17	I37		
4	I38		
16	I39		
3	空		
1, 2, 14, 15	+24 V 地		输入信号直流电源地

XS20、XS21：输出开关量接口，用于输出主轴正反转、冷却液开停等控制信号。XS20 中定义了部分输出点，XS21 没有定义。XS20 输出点的定义如表 4 - 9 所示。

表 4 - 9 XS20 输出点的定义

管脚号	信号名	标号	意义
13	00	Y0. 0	伺服强电允许
25	01	Y0. 1	系统复位
12	02	Y0. 2	伺服允许
24	03	Y0. 3	无定义
11	04	Y0. 4	Z 轴抱闸
23	05	Y0. 5	冷却开
10	06	Y0. 6	刀具松
22	07	Y0. 7	红灯
9	08	Y1. 0	主轴使能运转
21	09	Y1. 1	黄灯
8	010	Y1. 2	绿灯

| 137

续表

管脚号	信号名	标号	意义
20	O11	Y1.3	主轴定向
7	O12	Y1.4	刀库退回位
19	O13	Y1.5	刀库换刀位
6	O14	Y1.6	刀库正转
18	O15	Y1.7	刀库反转
5	空		
17	ESTOP3		急停回路控制
4	ESTOP1		
16	OTBS2		超程解除控制
3	OTBS1		
1, 2, 14, 15	+24 V 地		输入信号直流电源地

XS30 ~ XS33：脉冲进给驱动接口，用于控制步进电动机驱动装置、脉冲接口伺服驱动装置，最多可以控制 4 个进给轴，依次为 X 轴、Y 轴、Z 轴和第 4 轴。本装置进给轴控制选用脉冲接口伺服驱动装置。XS30 ~ XS33 管脚定义如表 4 – 10 所示。

表 4 – 10   XS30 ~ XS33 管脚定义

管脚号	信号名	定 义
1	A +	编码器 A 相位反馈信号
9	A –	
2	B +	编码器 B 相位反馈信号
10	B –	
3	Z +	编码器 Z 相位反馈信号
11	Z –	
4, 12	+5 V	DC 5 V 电源
5, 13	+5 V 地	
6	OUTA	模拟指令输出（ –20 ~ +20 mA）
14	CP +	指令脉冲输出
7	CP –	
8	DIR +	指令方向输出
15	DIR –	

XS40 ~ XS43：配置华中 HSV – 11 伺服驱动装置接口。

4.4.3　参数设置

数控机床正常运行的重要条件是保证各种参数的正确设定；修改参数前，必须理解参数的功能和熟悉原设定值，不正确的参数设置与更改可能造成严重的后果。详细内容参考

《世纪星数控装置连接说明书》和《世纪星铣削数控装置操作说明书》。

参数设定完成或者更改设定值后，需重新启动数控系统使参数生效。

查看和修改参数的常用键及功能如下：

（1）Esc：终止输入操作。关闭窗口，返回上一级菜单，并最终返回图形按键式菜单。

（2）F1～F10：直接进入相应菜单或窗口，实现特定的功能。

（3）Enter：确认开始修改参数，进入下一级子菜单，对输入的内容确认。

（4）方向键：在菜单或窗口内，移动光标或光标条。

（5）Pgup、Pgdn：在菜单或窗口内前后翻页。

1. 按扩展菜单键

在数控系统主界面下，按"F10"（扩展菜单）键，进入如图4-18所示主菜单。

PLC F1	蓝图编程 F2	参数 F3	版本信息 F4		注册 F6	帮助信息 F7	后台编辑 F8	显示切换 F9	主菜单 F10

图4-18 主菜单

在图4-18所示的主操作界面下，按"F3"（参数）键，进入参数功能子菜单。参数功能子菜单如图4-19所示。

参数索引 F1	修改口令 F2	输入口令 F3		置出厂值 F5	恢复前值 F6	备份参数 F7	装入参数 F8		返回 F10

图4-19 参数功能子菜单

2. 参数查看与设置的操作

（1）在参数功能子菜单下，按"F3"键，输入口令（口令为HIG），按"Enter"键确认，系统提示口令正确，然后按下"F1"键，系统将弹出"参数索引"子菜单，如图4-20和图4-21所示。

| 机床参数【F1】 |
| 轴参数【F2】 |
| 伺服参数【F3】 |
| 轴补偿参数【F4】 |
| PMC用户参数【F5】 |
| DNC参数【F6】 |
| 过象限突跳补偿【F7】 |

图4-20 参数索引子菜单

| 轴0 |
| 轴1 |
| 轴2 |
| 轴5 |

图4-21 坐标轴选择

（2）用光标选择要查看或设置的选项，按下"Enter"键进入下一级菜单或窗口，也可以按下对应的"F＊"键，进入相应的菜单或窗口。

（3）如果所选的选项有下一级菜单，如按下"F2"键选择"轴参数"，系统会弹出下一级菜单，如图4－21所示，要求用户进行轴选，轴0、轴1和轴2分别代表 X、Y 和 Z 三轴，轴5无定义。将光标移动到对应的轴号，按下"Enter"键进入轴参数设置界面。

（4）进入其他几类参数设置界面的操作同上，按数控系统的提示操作即可。进入后，图形显示窗口将显示所选参数的参数名及参数值，在此可以通过光标键或上下翻页键找到要查看或者修改的参数。

（5）将光标停留在某一参数的数值上，按"Enter"键，则参数处于设置状态，在输入完参数值后，按"Enter"键确认，然后再移动光标到下一个参数。

（6）在本窗口设置完所有的参数后，按"Esc"键或"F10"键，退出本窗口。如果本窗口中有参数被修改，系统将提示"是否保存所修改的值 Y/N？（Y）"，按下"Enter"键或按"Y"键进行保存；然后系统提示"是否当缺省值保存 Y/N？（Y）"，按下"Enter"键或"Y"键将保存成缺省值。

（7）返回到"参数索引"菜单后，可以继续进入其他的菜单或窗口，查看或修改其他参数；若连续按"Esc"键，将最终退回到参数功能子菜单；如果有参数已经被修改，则需要重新启动系统，以便使新参数生效。

注意：先按下系统上的"急停"按钮，待系统重启后，再释放"急停"按钮使系统复位。

（8）修改口令。在图4－19所示的参数功能子菜单中，按"F3"输入口令，进入参数功能子菜单，按"F2"键可以修改口令。此时系统提示："输入旧口令"，输入旧口令后，按下"Enter"键确认；旧口令正确后，系统提示："输入新口令"，输入新口令，按"Enter"键确认；系统提示："请核对口令"，再次输入修改后的口令，按"Enter"键确认；若两次输入的口令相同，系统提示："修改口令成功"；否则，系统提示"两次输入的口令不相同"，即口令修改不成功。一般情况下不建议用户修改口令，避免遗忘口令，带来不必要的麻烦。

（9）参数设置为出厂值（F3→F5）。在参数设置、修改过程中，按"F5"（置出厂值）键，图形显示窗口所选中的参数值，将被设置为出厂值。

（10）参数恢复前值（F3→F6）。在参数设置、修改过程中，按"F6"（恢复前值）键，图形显示窗口所选中的参数值，将被恢复为修改前的值。

3. 参数设置说明

在图4－20所示的参数索引子菜单下，依次选择各项，熟悉参数设置的操作步骤以及各参数的意义，请不要随意更改参数的设置，以免影响设备的正常运行，以下是本装置各项参数的设置情况，进给轴的参数设置相同。

1）机床参数（F1）

主轴编码器每转脉冲数：1 024 或 1 200（取决于编码器的精度）；

公制/英制编程（1/0）：1；

是否采用断电保护机床位置（1：是；0：否）：1；

英制默认显示小数点后位数（ ）：0；

外置存储设备类型（0：软盘，1：U 盘）：1；

是否显示系统时间（0：显示；1：不显示）：0；

是否显示 PMC 轴（0：不显示；1：显示）：0；

主轴编码器方向（32：正；33：负）：32。

参数说明：

（1）主轴编码器每转脉冲数，根据实际所用的主轴编码器的分辨率进行设置。

（2）脉冲输出方式：根据实际所用的驱动器的控制类型进行设置，本系统中的驱动器采用单脉冲差分方式输出。

2）轴参数（F2），分别对轴 0 和轴 2 进行设置

外部脉冲当量分子：-1；

外部脉冲当量分母：2；

正软极限位置：8000000（机床全部调整好后，先回参考点一次，再根据实际行程设定）；

负软极限位置：-8000000（机床全部调整好后，先回参考点一次，再根据实际行程设定）；

回参考点方向（"+"或"-"）：+；

参考点位置：0；

参考点开关偏差：0（可根据实际情况调整）；

回参考点快速速度（mm/min）：700；

回参考点定位速度（mm/min）：500；

单向定位偏移值（μm）：0；

最高快移速度（mm/min）：6 000；

最高加工速度（mm/min）：4 000；

快移加减速时间常数（ms）：32；

快移加减速度时间常数（ms）：16；

加工加减速时间常数（ms）：32；

加工加减速度时间常数（ms）：16；

定位允差：0。

参数说明：

（1）外部脉冲当量分子和外部脉冲当量分母。

范围：-32768 ~ 32767，出厂值为 -1 和 2。

说明：两者的商为坐标轴的实际脉冲当量，即每个位置单位所对应的实际坐标轴移动的距离或旋转的角度，即系统电子齿轮比，移动轴外部脉冲当量分子的单位为微米，旋转轴外部脉冲当量分子的单位为 0.001°，外部脉冲当量分母无单位。

通过设置外部脉冲当量分子和外部脉冲当量分母，可以实现改变电子齿轮比的目的。也可以通过改变电子齿轮比的符号，达到改变电动机旋转方向的目的。

$$\frac{外部脉冲当量分子}{外部脉冲当量分母} = \frac{电动机每转一圈机床移动的距离或角度所对应的内部脉冲当量}{电动机每转一圈反馈到数控装置的脉冲数（模拟伺服）}$$

$$或 \frac{电动机每转一圈机床移动的距离或角度所对应的内部脉冲当量}{数控装置所发脉冲数（步进单元）}$$

（2）参考点开关偏差。

单位：内部脉冲当量值：-32768 ~ 32767，出厂值为 0。

说明：回参考点时，坐标轴找到零脉冲后，并不作为参考点，而是继续走过一个参考点

开关偏差值，才将其坐标设置为参考点。

（3）单向定位偏移值。

单位：内部脉冲当量值：－32768～32767，出厂值为 0。

说明：工作台 G60 单向定位时，在接近定位点从快移速度转换为定位速度时，减速点与定位点之间的偏差。

（4）快速加减速度时间常数。

单位：毫秒值：0～150，出厂值为 16。

说明：本参数设置在快移过程中加速度的变化速度，一般设置为 32、64、100 等。时间常数越大，加速度变化越平缓。

（5）加工加减速度时间常数。

单位：毫秒值：0～150，出厂值为 16。

说明：本参数设置在加工过程中加速度的变化速度，一般设置为 32、64、100 等。时间常数越大，加速度变化越平缓。

3）伺服参数（F3），分别对轴 0 和轴 2 进行设置

是否带反馈（45：带反馈；46：不带反馈）：45；

最大跟踪误差（微米）：0；

电动机每转脉冲数：2 500；

步进电动机拍数：0；

反馈电子齿轮分子（不带反馈为 0）：1；

反馈电子齿轮分母（不带反馈为 0）：1；

参考点零脉冲输入使能（1：启用；0：禁止）：1；

是否是步进电动机（1：是；0：不是）：0。

参数说明：

电动机每转脉冲数：数值范围：0～65 535，出厂值为 2 500。

4.4.4　串口通信

用户端串口软件的作用，用户端串口软件界面如图 4－22 所示。

（1）串口通信：用于开启串口通信功能。

（2）串口设置：用于设置串口通信中所用到的各种参数。

（3）停止串口：用于停止串口通信功能。

（4）边传边加工：当加工代码过大时，在用户端发送部分加工代码，在数控装置端边接收边加工。

（5）上传 G 代码：用于将用户选择的 G 代码程序传输到数控装置端。

（6）下载 G 代码：用于将数控装置端的 G 代码程序接收到用户计算机。

（7）上传 PLC：用于将用户选择的 PLC 文件传送到数控装置端。

（8）下载 PLC：用于将数控装置端的 PLC 文件接收到用户所指定的文件夹中。

（9）上传参数：用于将用户选择的系统参数文件传送到数控装置端。

（10）下载参数：用于将数控装置端的系统参数文件接收到用户所指定的文件夹中。

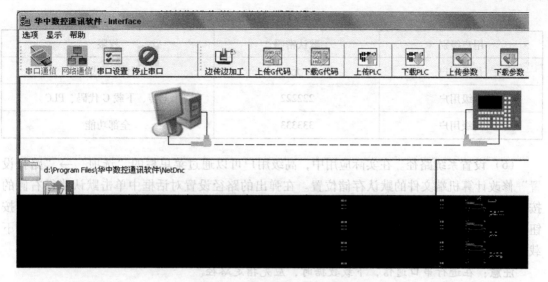

图 4 – 22　用户端串口软件界面

相关操作步骤如下：

1. 启动数控系统

用通信电缆（2、3 交叉，5 平行）连接数控系统面板上的通信口和计算机串口，启动数控系统。

注意： 务必在数控系统和计算机都断电的情况下，插拔串口通信电缆，以防烧坏串口。

2. 串口通信软件的使用

（1）找到通信软件中"华中数控通信软件（7.10 及以后版本）"文件夹中的"华中数控通信软件 NeMDnc"软件安装包，双击其中的"Setup. exe"，按软件的提示信息进行安装。

（2）安装完成后，自动放置桌面快捷方式图标，如图 4 – 23 所示。

（3）在桌面上双击图示的图标，运行通信软件，其快捷方式如图 4 – 23 所示。

（4）用户登录软件时，默认的是普通用户权限；选择串口通信方式时，只能上传 G 代码。

（5）更改用户权限，如图 4 – 24 所示。

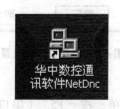

图 4 – 23　桌面快捷方式

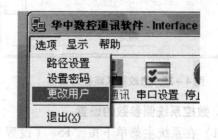

图 4 – 24　更改用户权限

用户可以在菜单栏"选项"→"更改用户"里更换用户级别，以取得更多操作权限，在弹出的对话框中选择用户级别，输入密码后单击"确定"按钮，如果密码正确，则会显示相应的用户视图。用户级别如表 4 – 11 所示。

表 4 - 11　用户级别

用户级别	默认密码	权限
普通用户	无	上传 G 代码
中级用户	222222	上传、下载 G 代码、PLC
高级用户	333333	全部功能

（6）设置系统路径。在实际应用中，高级用户可以通过菜单栏的"选项"→"路径设置"修改计算机端文件的默认存储位置。在弹出的路径设置对话框中单击默认路径右侧的按钮，在弹出的浏览窗口中选择合适路径（通信前一定要指定路径），然后单击"确定"按钮，系统自动在此路径下生成 parm（参数）、plc、prog（G 代码程序）三个文件夹来存储下载的文件，如图 4 - 25 所示。

注意：在进行串口通信，下载数据时，应先指定路径。

3. 通信软件中串口参数的设置

单击图 4 - 22 中的"串口设置"，出现如图 4 - 26 所示的串口参数设置窗口，设置波特率为 115 200（或选择其他波特率），其他设置同图 4 - 26 一致，如果计算机上有多个串口，也可以选择其他串口进行通信（一般采用 COM1 口），修改后单击"确定"按钮即可。

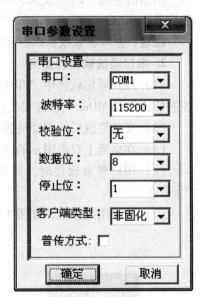

图 4 - 25　修改默认路径对话框　　　　　　　图 4 - 26　串口参数设置窗口

4. 数控系统侧参数的设置

（1）在系统主菜单下按"F5"（设置）键，进入设置子菜单，按"F5"（串口参数）键，进入参数设置界面。

（2）端口号——串口连接的端口号（1、2），默认值为 1。

（3）波特率——串口传输时的速度（300、9 600、19 200、38 400、…、115 200），默认上次设置的参数，数控系统上的波特率要和计算机上的设置相同，一般设置为 115 200。

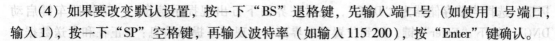

（4）如果要改变默认设置，按一下"BS"退格键，先输入端口号（如使用 1 号端口，输入 1），按一下"SP"空格键，再输入波特率（如输入 115 200），按"Enter"键确认。

5. 在数控系统侧建立串口连接

为了方便用户操作，操作全部在用户端，在数控系统侧只需要建立连接即可。

（1）在数控系统主菜单下按"F7"（DNC 通讯）键，出现"串口通信将退出系统，继续吗（Y/N）？Y"的提示信息。

（2）根据提示按"Y"键或"Enter"键，退出数控系统，进入 DNC 软件界面，出现"等待客户端指令…，退出系统请按 X 键"的提示。

（3）如果系统接收到用户端的指令，将根据不同的指令进行不同的通信操作，可以发送接收数据。

6. 下载 G 代码

（1）指定保存数据的路径。

（2）在软件界面中单击"下载 G 代码"，将数控系统中的 G 代码文件全部下载到计算机端的文件夹。

（3）数控系统接收到客户端发过来联络信号后，显示"正在发送数据…"；软件界面的计算机和数控系统间可以看到传送速率。

7. 上传 G 代码

（1）在软件界面中单击"上传 G 代码"，在弹出的对话框中找到要发送到数控系统的 G 代码文件，选中后单击打开。

（2）这时，如果系统接收到客户端发过来的联络信号，将开始发送工作。

（3）发送过程中，数控系统将显示"正在接收数据…如果停止请按 X 键"。

8. 下载参数

下载参数就是将数控系统中的参数下载到计算机中进行备份，以防丢失或误操作时参数被改变。传输过程同下载 G 代码的过程相同。

9. 上传参数

上传参数就是将用户备份在计算机中的参数传送到数控系统端。单击"上传参数"，弹出浏览窗口，找到要传送的参数所在的地址，单击要传送的文件，再单击"确定"按钮，参数就开始传输到数控系统中，并自动分配。传输过程同上传 G 代码的过程相同。

10. 下载 PLC

下载 PLC 就是将数控系统中的 PLC 程序下载到计算机中进行备份。由于 PLC 文件较大，传输时间要稍微长一些，其传输过程同下载 G 代码的过程相同，CPP 文件为应用程序，可以用记事本打开查看。

11. 上传 PLC

上传 PLC 就是将用户编写的 PLC 程序传送到数控系统端，必须上传编译成功的 ms–dos 文件。

12. 边传边加工

当加工代码过大时，在客户端发送部分加工代码，在数控装置端边接收边加工。

（1）在数控系统侧，按下"自动"键，启动自动方式。

（2）在主菜单界面按"F1"（程序）键，再按"F1"（选择程序）键，按向右移动光标键，选择当前存储器为"DNC"，此时在界面下方出现提示信息："请按回车键启动DNC"。按下"Enter"键，回到位置显示界面，出现如下提示信息："正在和发送数据方取得联络信号"。

（3）在计算机侧通信软件界面中，单击"边传边加工"，在弹出的浏览窗口中，选择要加工的程序，如选择 O0140，单击打开即可。

（4）在数控系统侧按下"循环启动"按键，DNC 加工开始；在加工过程中可以按下"进给保持"按键，暂停 DNC 运行。如果想停止加工，按"F6"（停止运行）键，出现提示信息："已暂停加工，你是否想取消当前运行程序（Y/N）Y?"按"Y"取消，按"N"继续运行。

注意：如果传输的程序较小，瞬间传输结束，数控系统提示：接收完毕。

4.5 数控系统技能训练——FANUC 数控系统参数调试

数控系统正常运行的重要条件是必须保证各种参数的正确设定，不正确的参数设置与更改可能造成严重的后果。因此，必须理解参数的功能，熟悉设定值，详细内容参考《参数说明书》。

FANUC CNC 系统出厂时已设定了标准参数，但需根据使用的机床设定 FANUC CNC 系统的参数。（其他各参数在使用时进行设定。）

注意：对于 FANUC CNC 系统，其参数是很多的。掌握每一位参数的设定是困难的。事实上，对 FANUC CNC 系统参数，并不是对其输入某个数值才称为设定参数，大部分的位型参数默认为"0"是有效的。

4.5.1 参数的类型

（1）将参数按数据类型分类，如表 4 - 12 所示。

表 4 - 12　按数据类型分类

数据类型	有效数据范围	备　　注
位型	0 或 1	
位轴型		
字节型	- 128 ~ 127 或 0 ~ 255	
字节轴型		
字型	- 32 768 ~ 32 767 或 0 ~ 65 535	部分参数数据类型为无符号数；可以设定的数据范围决定于各参数
字轴型		
双字型	0 ~ ±99 999 999	
双字轴型		
双数型	小数点后带数据	

（2）将参数按用途分类，如表 4 – 13 所示。

表 4 – 13 按用途分类

用途分类	用途	示 例
路径型	与路径相关的设定	参数 0001 #7 #6 #5 #4 #3 #2 #1 #0 #1：FCV　编程格式 0：0 系列标准格式 1：15 系列格式
轴型	与控制轴相关的设定	参数 1420　各轴的快速移动速度
字轴型	与主轴相关的设定	参数 0982　属于各主轴的绝对路径号

4.5.2 参数的输入方法

可以使用控制面板上的钥匙开关，防止错误地修改参数，按以下步骤写入 FANUC CNC 系统参数。

（1）将 CNC 控制器置于 MDI 方式或急停状态。

确认 CNC 位置页面显示运转方式为 MDI，或在页面中央下方，EMG 在闪烁。

在系统启动时，如没有装入顺序程序，自动进入该状态。

调试机床时，可能会频繁修改伺服参数，为安全起见，应在急停状态下进行参数的设定或修改。另外，在设定参数后对机床的动作进行确认时，应有所准备，以便能迅速按"急停"按钮。

（2）按几次【OFS/SET】功能键，显示"设定（手持盒）"页面，如图 4 – 27 所示。

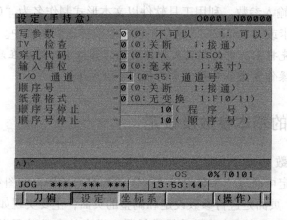

图 4 – 27 "设定（手持盒）"页面

（3）将"写参数"设定为 1，打开写参数的权限。

注意：（1）出现 100 号报警后系统页面切换到报警页面。

（2）可以设定参数 3111#7（NPA）为 1，这样出现报警时系统页面不会切换到报警页面。通常，发生报警时必须让操作者知道，因此上述参数应设成 0。

（3）在解除急停（运转准备）状态下，同时按【CAN】和【RESET】时，可解除 100 号报警。

（4）在 MDI 方式下，按几次【SYSTEM】功能键，进入"参数"页面，如图 4 - 28 所示。

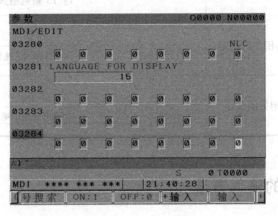

图 4 - 28　"参数"页面

（5）参数设定方法，如表 4 - 14 所示。

表 4 - 14　参数设定方法

光标位置处数据置 1	【ON：1】	位型参数
光标位置处数据置 0	【OFF：1】	
输入数据叠加在原值上	【+输入】	
输入数据	【输入】	

（6）用 I/O 设备输入参数。利用工具软件以文本形式制作名为"CNC - PARA. TXT"的参数文件。利用存储卡或者 RS232C 等通信手段将参数传送到系统中。

注意：通常可以先将系统中的参数文件传送到计算机中，然后在此参数文件上修改后传回。参数传送的具体操作方法参考第 9 章的数据备份方法。

4.5.3　系统的基本参数及设定

1. 系统的基本参数

系统基本参数设定可通过"参数设定支援"页面进行操作，如图 4 - 29 所示。

"参数设定支援"页面是进行参数设定和调整的页面，主要实现如下目的：

（1）通过在机床启动时汇总需要进行最低限度设定的参数并予以显示，便于机床执行启动操作。

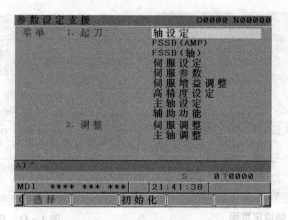

图 4 – 29　"参数设定支援"页面

（2）通过简单显示伺服调整页面、主轴调整页面、加工参数调整页面，便于进行机床的调整。

（3）各项概要，如启动、调整、初始化。

1）启动

设定在启动机床时需要设定的参数。启动内容如表 4 – 15 所示。

表 4 – 15　启动内容

名称	内　　　容
轴设定	设定轴、主轴、坐标、进给速度、加/减速参数等 CNC 参数
FSSB（AMP）	显示 FSSB 放大器设定页面
FSSB（轴）	显示 FSSB 轴设定页面
伺服设定	显示伺服设定页面
伺服参数	设定伺服电流控制、速度控制、位置控制、反间隙加速等参数
伺服增益调整	自动调整速度环增益
高精度设定	设定伺服的时间常数、自动加/减速等 CNC 参数
主轴设定	显示主轴设定页面
辅助功能	设定 DI/DO、串行主轴等 CNC 参数

2）调整

用来显示调整伺服、主轴及高速高精度加工的页面。调整内容如表 4 – 16 所示。

表 4 – 16　调整内容

名称	内　　　容
伺服调整	显示伺服调整页面
主轴调整	显示主轴调整页面

3）初始化

单击【初始化】，可以对参数设定标准值。可对轴设定、伺服参数、高精度和辅助功能等项目内的参数进行初始化设定，如图 4 – 30 ~ 图 4 – 33 所示。

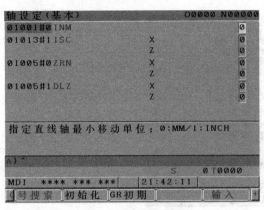

图 4 - 30　轴设定页面

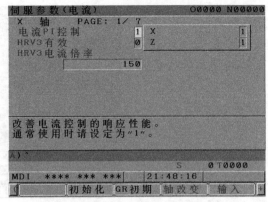

图 4 - 31　伺服参数页面

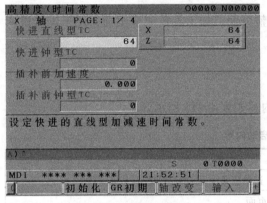

图 4 - 32　高精度页面

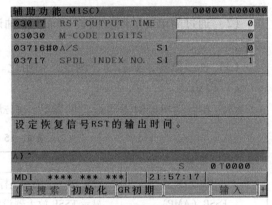

图 4 - 33　辅助功能页面

执行初始化的项目会显示【初始化】，如果单击【初始化】，可以将该项目中的所有参数设为标准值。也可以进入某个项目中针对个别参数进行初始化，如果该参数显示为非标准值而又提供标准值，则该参数将会被变更。

2. 系统参数的设定

要虚拟运行或者运行伺服轴时，除了进行参数设定外，还需要设定表 4 - 17 所示的 PMC 信号（PMC 程序中已设好）。有关各信号的详情，请参阅连接说明书（功能篇）（B - 64303）。

表 4 - 17　PMC 信号

地址	符号	信号名称	信号值
G8.0	*IT	所有轴互锁信号	1
G8.4	*ESP	紧急停止信号	1
G8.5	*SP	自动运行停止信号	1
G10，G11	*JV	手动进给速度倍率信号	100%（通过倍率开关调节）
G12	*FV	进给速度倍率信号	100%（通过倍率开关调节）
G114	*+L1 ~ *+L5	硬件超程信号	1
G116	*-L1 ~ *-L5	硬件超程信号	1
G130	*IT1 ~ *IT5	各轴互锁信号	1（3003#0 ~ 3003#2 设为 1）互锁

3. 系统参数的设定操作

步骤 1：启动准备

当系统第一次通电时，需要进行全清处理。全清步骤如下：

注意：在初次调试时可进行全清，由于设备已经调试完好，如非必要，切勿全清！

（1）上电时同时按住 MDI 面板上【RESET】+【DEL】，直到系统显示 IPL 初始程序加载页面。

```
ALL FILE INITIALIZE OK?
    (NO = 0, YES = 1)
```

选择 1。

```
ALL FILE INITIALIZING：END
ADJUST THE DATE/TIME (2011/11/20 14：42：20)？(NO = 0, YES = 1)
```

选择 0。

```
IPL MENU
    0. END IPL
    1. DUMP MEMORY
    3. CLEAR FILE
    4. MEMORY CARD UTILITY
    5. SYSTEM ALARM UTILITY
    6. FILE SRAM CHECK UTILITY
    7. MACRO COMPILER UTILITY
    8. SYSTEM SETTING UTILITY
```

输入 0，按下【INPUT】键，选择了 "END IPL"，并退出 IPL MENU 画面，系统执行全清操作。

（2）全清后 CNC 页面的显示语言为英语，用户可动态地进行语言切换。

①按【OFS/SET】功能键一次，单击【＋】两次，选择【LANG.】，按下后系统显示语言选择页面，利用方向键，选择显示的语言种类为 SIMPLIFIED CHINESE – 中文（简体字），如图 4 – 34 所示，单击【OPRT】（操作），显示操作菜单，单击【APPLY】（确定）。语言切换成简体中文，设定完毕。

②修改系统显示语言的另一种方法是：设置参数 3281 为 15（简体中文显示）。在英文显示状态下，按【OFF/SET】一次，再选择【SETTING】软键，设置 "PARAMETER WRITE" 为 1，再按【SYSTEM】键，输入 3281，再按软键【NO. SRH】找到参数 3281，在 MDI 键盘上键入 15，按下【INPUT】键，表示设置参数 3281 为 15（简体中文显示），然后重新启动数控系统，数控系统内的各功能页面均以简体中文显示。

（3）按下【MESSAGE】功能键，CNC 屏幕上一般会出现如下报警页面，如图 4 – 35 所示。

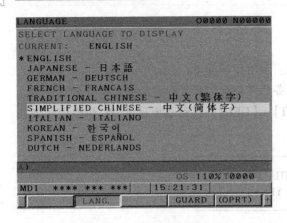

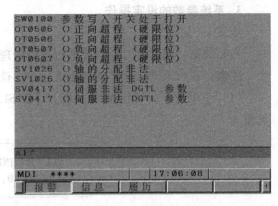

图 4-34　语言种类画面　　　　　　　　　　　图 4-35　报警页面

（4）上电全清所引起的报警原因及解决方法如表 4-18 所示。

表 4-18　上电全消引起的报警原因及解决方法

报警号		处 理 方 案
SW0100	原因	修改参数时需先打开写保护开关
	解决方法	设定（SETTING）页面第一项 PWE 或者写参数 = 0
OTO0506 ~ OTO0507	原因	梯形图中没有处理硬件超程信号
	解决方法	机床具备硬件超程信号，修改 PMC 程序
		机床不具备硬件超程信号，设定 3004#5 OTH = 1，重启一下系统
SV0417	原因	伺服参数设定不正确
	解决方法	根据伺服机构特征重新设定伺服参数，进行伺服参数初始化
SV1026	原因	系统和伺服驱动器之间的 FSSB 未设定/参数 1023 设置错误
	解决方法	进入 FSSB 设定，对放大器进行设定/设定正确的参数 1023
SV5136	原因	FSSB 放大器数目少，放大器没有通电或者 FSSB 没有连接，或者放大器之间连接不正确，FSSB 设定没有完成或根本没有设定
	解决方法	确认 FSSB 接口的连接正常，光纤连接正常

步骤 2：进行与轴设定相关的 CNC 参数的初始化设定。

（1）准备。

进入"参数设定支援"页面，单击【操作】，将光标移动至"轴设定"处，单击【选择】，出现"轴设定"页面，如图 4-36 所示。

（2）初始设定。

在参数设定页面上进行参数的初始设定。在参数设定页面上，参数被分为基本（图 4-37）、主轴（图 4-38）、坐标（图 4-39）、进给速度（图 4-40）及加/减速（图 4-41）五个组，并分别显示。

步骤 3：基本参数设定。

1）标准值设定

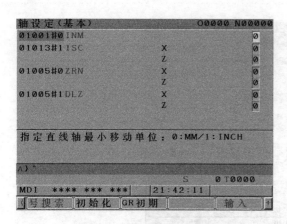

图 4-36　"轴设定"页面

图 4-37　"轴设定（基本）"页面

图 4-38　"轴设定（主轴）"页面

图 4-39　"轴设定（坐标）"页面

图 4-40　"轴设定（进给速度）"页面

图 4-41　"轴设定（加/减速）"页面

（1）按【PAGE↑】或【PAGE↓】键数次，显示"轴设定（基本）"页面，然后单击【GR 初期】，如图 4-42 所示。

（2）页面上出现"（基本）n 组标准参数值设定"提示信息。

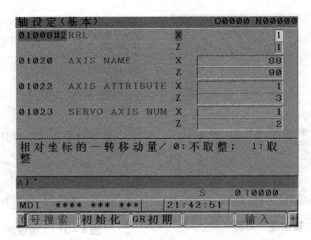

图 4 – 42 【GR 初期】功能页面

（3）单击【执行】。

至此，基本组参数的标准值设定完成。初始化完成后基本组参数如表 4 – 19 所示。

表 4 – 19 初始化完成后基本组参数

基本组参数	初始值		含　义
1008#0	X	0	旋转轴的循环显示功能设置为无效
	Z	0	
1008#2	X	1	如果设为旋转轴，则该轴按照参数 1260 所设的值进行循环显示
	Z	1	
1020	X	88	第一轴名
	Z	90	第二轴名
1023	X	1	X 轴作为基本坐标系的第一轴
	Z	2	Z 轴作为基本坐标系的第二轴
1829	X	500	X 轴停止时的位置偏差极限
	Z	500	Z 轴停止时的位置偏差极限

注意：无论从组内的哪个页面上单击【GR 初期】，对于组内的所有页面上的参数，均进行标准值设定，有的参数没有标准值，即使进行了标准值的设定，这些参数的值也不会被改变。

2）没有标准值的参数设定

标准值设定后，有的参数尚未设定标准值，需要手动进行这些参数的设定，具体操作步骤如下：

按【SYSTEM】键，再按【参数】软键，进入"参数"页面，键入参数号后，单击【号搜索】时，光标就移动到所指定的参数处。需要自设定的参数如表 4 – 20 所示。

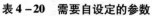

表 4 – 20　需要自设定的参数

基本组参数	初始值		含　义
1006#3	X	0	0i mate – TD 系统只要设定参数 DIAx（1006#3），CNC 就会将指令脉冲本身设定为 1/2，所以无须进行上述变更（不改变检测单位的情况下）。 　　另外，在将检测单位设定为 1/2 的情况下，将 CMR（指令倍乘比）和 DMR（柔性齿轮比）都设定为 2 倍
	Z	0	
1006#5	X	0	手动返回参考点方向为正方向
	Z	0	
1825	X	3 000	X、Z 轴伺服位置环增益，若进行直线和圆弧等插补（切削加工）的机械，需要为所有轴设定相同的值。若是只进行定位即可的机械，可为每个轴设定不同的值。环路增益设定值越大，其位置控制的响应就越快，但设定值过大将会影响伺服系统的稳定。 　　位置偏差量（积存在错误计数器中的脉冲）和进给速度的关系为 　　位置偏差量 = 进给速度/（60 × 环路增益）
	Z	3 000	
1826	X	500	到位宽度值为 500 μm，指伺服电动机所指位置在 500 μm 之内时，CNC 在进行到位检测并控制电动机减速，未到位时，不会开始下一个程序段的执行
	Z	500	
1828	X	20 000	根据位置偏差量 = 进给速度/（60 × 环路增益）进行计算得到
	Z	20 000	

至此，基本参数设定完毕。

步骤 4：进给速度组参数设定。

进给速度同机床的结构有很大的关系，故进给速度组的参数都无标准值，具体操作步骤如下：

按【SYSTEM】键，再按【参数】软键，进入"参数"页面，键入参数号后，单击【号搜索】时，光标就移动到所指定的参数处。按表 4 – 21 设定进给速度组参数。

表 4 – 21　进给速度组参数

进给速度组参数	初始值		含　义
1410		2000	空运行速度，根据实训设备选择 2 000 mm/min
1420	X	1 500	快移速度，根据实训设备选择 1 500 mm/min
	Z	1 500	
1423	X	1 000	JOG 速度，根据实训设备选择 1 000 mm/min
	Z	1 000	
1424	X	1 500	JOG 快移速度，根据实训设备选择 1 500 mm/min
	Z	1 500	

续表

进给速度组参数	初始值		含　义
1425	X	500	参考点返回速度，根据实训设备选择 500 mm/min
	Z	500	
1428	X	3 000	回参考点速度，根据实训设备选择 3 000 mm/min
	Z	3 000	
1430	X	15 000	最大切削速度，根据实训设备选择 15 000 mm/min
	Z	15 000	

至此，进给速度组参数设定完毕。

注意：（1）以上参数设定完成后，数控系统重新上电，参数设定完成。

（2）FANUC CNC 系统能够模拟运行，可以通过在 JOG 方式下运行各轴，观察系统显示器中轴坐标是否有变化来验证 CNC 参数设置是否成功。

（3）在本项设置菜单中还有很多没有分析到的参数，这些参数将在伺服参数设定和主轴参数设定中进行讲解。

4.5.4　伺服参数设定

1. FSSB 的初始设定

FANUC 0i Mate–TD 数控系统通过高速串行伺服总线（FSSB，FANUC Servo Bus）连接 CNC 控制器和伺服放大器，这些放大器和分离式检测器接口单元叫作从控装置。四合一放大器可控制三个进给轴和一个主轴。FSSB 配置示例如图 4–43 所示。

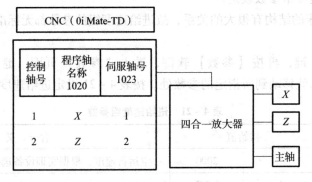

图 4–43　FSSB 配置示例

使用 FSSB 的系统中，需要设定 1023、1905、1936、1937、14340～14349、14376～14391 等参数，将 FSSB 上所连接的放大器分配给对应的机床坐标轴。

可利用 FSSB 设定页面、输入轴和放大器的关系，对 1936、1937、14340～14349、14376～14391 等轴设定的参数进行自动计算，即自动设定参数。

在进行自动设定之前需设定参数 1902#2 = 0、1902#0 = 0，重新上电。

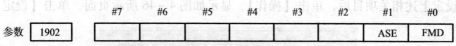

#1：ASE　FSSB的设定方式为自动设定方式（参数1902#0-0）

　　　　　0：自动设定未完成
　　　　　1：自动设定已经完成
#0：FMD　0：FSSB的设定方式为自动设定方式
　　　　　1：FSSB的设定方式为手动设定方式

1）FSSB（AMP）设定——建立驱动器号与轴号之间的对应关系

进入"参数设定支援"页面，单击【操作】，将光标移动至"FSSB（AMP）"处，如图4-44所示，单击【选择】，出现放大器设定页面，如图4-45所示。

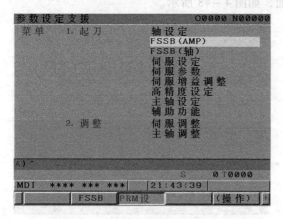

图 4-44　FSSB（AMP）选择页面

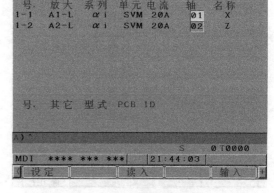

图 4-45　放大器设定页面

通过图4-44和图4-45可知，如果FSSB总线及线上所连接的硬件正常，CNC自动识别驱动器号，且自动按照从控装置号顺序分配给各轴。例如，1号从控装置分配给轴1。如果默认这些设置，按以下步骤设定即可。如果需要改变这些默认设置，则需在轴选项中改变轴号。

放大器设定页面上显示如下项目。

（1）号——从控装置号。

（2）放大——放大器类型。

（3）轴——控制轴号，通过修改轴号改变放大器号与轴号之间的对应关系。

（4）名称——控制轴名称。

（5）作为放大器信息，显示下列项目：

单元——伺服放大器单元种类。

系列——伺服放大器系列。

电流——最大电流值。

（6）作为分离式检测器接口单元信息，显示下列项目（若不带分离式检测器接口单元，则下列项目中将不会显示任何内容）：

其他——在表示分离式检测器接口单元的开头字母"M"之后，显示从靠近CNC一侧数起的表示第几台分离式检测器接口单元的数字。

形式——分离式检测器接口单元的形式，以字母予以显示。

PCB ID——以4位十六进制数显示分离式检测器接口单元的ID（身份标识号码）。

在设定上述相关项目后，单击【操作】，显示如图 4-46 所示页面，单击【设定】。

图 4-46　设定显示页面

2）FSSB（轴）设定——建立驱动器号与分离式检测接口单元号和相关伺服功能之间的对应关系

进入"参数设定支援"页面，单击【操作】，将光标移动至"FSSB（轴）"处，如图 4-47 所示，单击【选择】，出现轴设定页面，如图 4-48 所示。

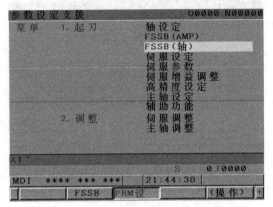

图 4-47　FSSB（轴）选择页面

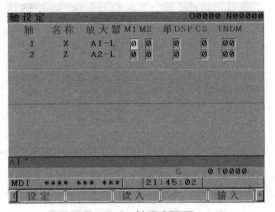

图 4-48　轴设定页面

轴设定页面上显示如下项目：

（1）轴——控制轴号。

（2）名称——控制轴名称。

（3）放大器——连接在各轴上的放大器类型。

（4）M1——用于分离式检测器接口单元 1 的连接器号。表示全闭环的接口所连接的插座对应的轴，如果是半闭环控制，则不用设定。

（5）M2——用于分离式检测器接口单元 2 的连接器号。表示全闭环的接口所连接的插座对应的轴，如果是半闭环控制，则不用设定。

（6）单 DSP。

以一个 DSP 控制一个轴时，显示保持在 SRAM 上的一个 DSP 进行控制的轴数。

（7）CS——CS 轮廓控制轴。

显示保持在 SRAM 上的值，在 CS 轮廓控制轴上显示主轴号。

（8）TNDM。

Tandem（TNDM）是在单个坐标轴上进行的串联运动控制，即在一个坐标轴上安装两个伺服电动机，使得该方向上移动力量倍增的功能，称为 Tandem（TNDM）控制，进行位置控制的轴称为主动轴，附加提供转矩的轴称为从动轴。

3）CNC 重启动

通过以上操作进行自动计算，设定参数 1023、1905、1936、1937、14340～14349、

14376～14391。此外，表示各参数的设定已经完成的参数 ASE（1902#1）变为 1，进行电源 OFF/ON 操作时，按照各参数进行轴设定。

当 FSSB 的设定进行变更时，将参数 1902#1（ASE）设定为 0，再进行一次上述操作。

电源接通时，进行伺服放大器与伺服电动机的组合确认。

组合不正确时，会发出报警 SV0466，即"电动机/放大器不匹配"。

2. 伺服参数的初始设定

1）伺服系统的构成分析

FANUC 伺服系统是一个全数字的伺服系统，系统中的轴卡是一个子 CPU 系统，由它完成用于伺服控制的位置、速度、电流三环（也称 PID）的运算控制，并将 PWM 控制信号传给伺服放大器，用于控制伺服电动机的变频。

FANUC 伺服系统的控制框图如图 4-49 所示，它主要由以下几个部分组成：

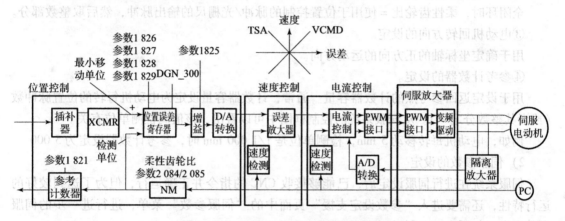

图 4-49 FANUC 伺服系统的控制框图

（1）位置控制部分。位置控制部分是伺服系统的核心部分，它包括插补器、位置误差寄存器和参考计数器三部分。插补器完成坐标的插补运算，将系统给定的运动指令转换成以一定规律输出的脉冲串，该脉冲串和来自电动机反馈的脉冲都输入到位置误差寄存器中，两者的脉冲相位是相反的，位置误差寄存器的值即为指令位置与电动机实际位置的位置差，该值的大小直接影响电动机的速度。参考计数器用于回零控制，由它和机床的减速开关（本实训系统的减速开关是通过钮子开关来模拟的）来确定机床的零点位置。

（2）速度控制部分。速度控制是 PID 控制的中间环，用于实现电动机的速度控制，它的指令来自位置指令的输出，反馈来自电动机的实际速度。

（3）电流控制部分。电流控制是伺服控制的内环，用于稳定电动机的电流，它的输入是速度控制的输出，反馈来自电动机电流。除此以外，电流控制完成交流电动机的三相电流的转换控制。

伺服参数的作用就在于调整出合理的 PID 控制参数，达到最优的控制性能。

从伺服系统的控制框图上分析，需要注意几个概念（以下概念的解释都建立在半闭环系统的基础上）。在伺服调试的初步阶段，需要进入"参数设定支援"页面中的"伺服设定"菜单中进行伺服设定，以确定这些参数的设定值。

①指令倍乘比（CMR）。

设定从 CNC 到伺服系统的移动量的指令倍率

$$CMR = 指令单位/检测单位$$

该参数的设定值确认方法为:

指令倍乘比为 1/27 ~ 1/2 时,设定值 = 1/指令倍乘比 + 100,有效数据范围为 102 ~ 127。

指令倍乘比为 1 ~ 48 时,设定值 = 2 × 指令倍乘比,有效数据范围为 2 ~ 96。

通常,指令单位 = 检测单位(CMR = 1),因此,将该值设为 2。

②柔性齿轮比(DMR)。

用于确定机床的检测单位,即反馈给位置误差寄存器的一个脉冲所代表的机床位移量。

半闭环时,柔性齿轮比 = 电动机每旋转一周所需的位置脉冲数/100 万,然后取整数部分。

注意:柔性齿轮比的分子、分母,其最大设定值(约分后)均为 32 767。

全闭环时,柔性齿轮比 = 使用于位置控制的脉冲/光栅尺的输出脉冲,然后取整数部分。

③电动机回转方向的设定。

用于确定坐标轴的正方向的运动方向。

④参考计数器的设定。

用于设定返回参考点的计数器容量。通常,计数器容量设定为电动机每转的位置脉冲数(或者其整数分之一)。从伺服系统的控制框图中可以看出,该值同检测单位有关。

例如,电动机每转移动 5 mm,检测单位是 1/1 000 mm 时,参考计数器设定为 5 000。

2)伺服参数的设定

伺服系统在进行伺服设定后,已能够接收 CNC 的指令并正确运行,但为了达到较好的运行特性,还需要进入"参数设定支援"页面中的"伺服参数"菜单,进行进一步的伺服参数设定,如图 4 - 50 所示。

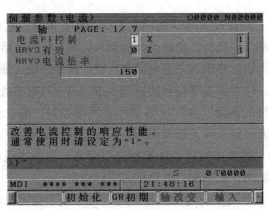

图 4 - 50 "伺服参数"页面

用户一般只需对伺服参数进行初始化操作即可。由于需要设定的参数较多,有关参数的详情可以参阅《参数说明书》。

电动机的一转移动量以及电动机种类的设定可利用数字伺服参数的初始化设定。

3)伺服增益的调整

(1)速度控制增益。各轴的速度控制增益可通过"参数设定支援"页面中的"伺服增益调整"菜单进行自动优化设定和手动调整，如图 4 - 51 所示。

（2）位置环增益。位置环增益可在"参数设定支援"页面中的"伺服调整"页面中进行设定，或者直接在参数 1825 中设定。进行直线与圆弧插补时，需将所有轴设定相同的值。只进行定位时，各轴可以设定不同的值。环路增益越大，则位置控制的响应越快，在同样的速度下位置偏差量越小。但如果太大，伺服系统不稳定。设定页面如图 4 - 52 所示。

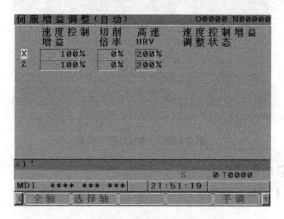

图 4 - 51　"伺服增益调整"页面

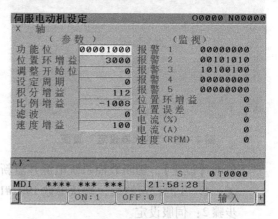

图 4 - 52　伺服电动机调整

3. 伺服参数的设定操作

步骤 1：FSSB 的设定。

本实训设备的 FSSB 连接及伺服轴号分配如图 4 - 53 所示。

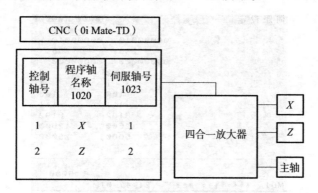

图 4 - 53　FSSB 连接及伺服轴号分配

（1）按下"急停"按钮后，接通数控系统电源。

（2）设定参数 1902#1、1902#0 为 0，重新上电。

（3）进行 FSSB 的放大器设定。

进入"参数设定支援"画面，单击【操作】按钮，将光标移动至"FSSB（AMP）"处，单击【选择】，出现"放大器设定"页面，如图 4 - 54 所示。

当光标显示位于放大器设定页面的"轴"栏时，输入与各机床轴对应的控制轴号。

画面右侧的"名称"栏显示的是控制轴名称（参数 1020）。

单击【设定】，切断电源并重新启动数控系统。

（4）进行 FSSB 的轴设定。进入"参数设定支援"画面，单击【操作】，选择"FSSB

（轴）"，单击【选择】，出现"轴设定"页面，如图 4 – 55 所示。

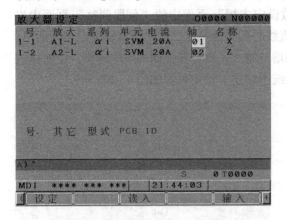

图 4 – 54 "放大器设定"页面

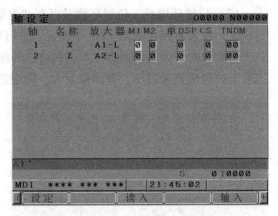

图 4 – 55 "轴设定"页面

单击【设定】，切断数控系统电源并重新启动数控系统。

（5）FSSB 的设定结束，确认参数 1902#1（ASE）变为 1。

步骤 2：伺服设定。

1）准备

在急停状态下进入"参数设定支援"页面，单击【操作】，将光标移动至"伺服设定"处，单击【选择】，出现"伺服设定"页面。单击【+】，按【切换】按键，系统上显示"伺服设定"页面，如图 4 – 56 所示。

图 4 – 56 "伺服设定"页面

"伺服设定"页面中参数设置如表 4 – 22 所示。

表 4 – 22 "伺服设定"页面中参数设置（参考值）

项目	参数号	设定值（参考值）
初始化设定位	2000	00000010（X、Z）
电动机代码	2020	256（X、Z）
AMR	2001	00000000（X、Z）
指令倍乘比	1820	2（X、Z）

续表

项目	参数号	设定值（参考值）
柔性齿轮比 （N/M）M	2084	1（X、Z）
	2085	100（X、Z）
方向设定	2022	111（X、Z）
速度反馈脉冲数	2023	8 192（X、Z）
位置反馈脉冲数	2024	12 500（X、Z）
参考计数器容量	1821	5 000（X、Z）

2）初始设定

（1）初始化设定位。

初始化设定位	00000000

初始化设定正常结束后，下次再进行 CNC 电源的 OFF/ON 操作时，自动地设定为 DGRP（#1）= 1、PRMC（#3）= 1。

初始化设定位	00000010

（2）电动机代码设定。设定电动机代码，本设备上使用的是 βis 系列伺服电动机，其电动机代码如表 4 – 23 所示。

表 4 – 23　电动机代码

电动机型号	轴	电动机代码
βis 4/4000	X、Z 轴伺服电动机，4 000 r/min	256

（3）ARM 设定。此系数相当于伺服电动机的级数参数。若是 αis/αiF/βis 电动机，务必将其设定为 00000000。

（4）指令倍乘比的设定。设定从 CNC 到伺服系统的移动量的指令倍率。通常，指令单位 = 检测单位，因此将其设定为 2。

（5）柔性齿轮比的设定。由于该柔性齿轮比参数的设定与丝杠螺距有关，所以本实训设备可以不设置此参数。下面通过一组示例来说明该参数的设置方法。

例 1　一半闭环检测结构的数控机床，X 轴电动机与丝杠齿轮比为 1:1，丝杠螺距为 10 mm，检测单位为 1 μm，电动机每旋转一周（10 mm）所需的脉冲数位 10/0.001 = 10 000，柔性齿轮比设定如表 4 – 24 所示。

表 4 – 24　柔性齿轮比设定

项目	设定值
柔性齿轮比分子：N	1
柔性齿轮比分母：M	100

（6）方向的设定。电动机的旋转方向一般默认为电动机顺时针方向旋转为正方向、逆时针方向旋转为负方向（以电动机背面看电动机转子的转向），结合本实训设备其方向设定如表 4 – 25 所示。

表 4 – 25　方向设定

轴	旋转方向
X、Z 轴伺服电动机，4 000 r/min	– 111

（7）速度反馈脉冲数、位置反馈脉冲数的设定。由于本实训设备为半闭环检测结构，反馈脉冲数设定如表 4 – 26 所示。

表 4 – 26　反馈脉冲数设定

轴	设定值
速度反馈脉冲数	8192
位置反馈脉冲数	12500

（8）参考计数器容量的设定。由于该参考计数器容量参数的设定与丝杠螺距和检测单位有关，且其设置是否正确关系到回参考点功能正确与否。下面通过一组示例来说明该参数的设定。

例 2　一半闭环检测结构的数控机床，X 轴电动机与丝杠齿轮比为 1∶1，丝杠螺距为 5 mm，检测单位为 1 μm，参考计数器容量设定如表 4 – 27 所示。

表 4 – 27　参考计数器容量设定

项目	参考计数器容量
丝杠螺距：5 mm	5 000
检测单位：0.001 mm	

（9）设定完成后的页面如图 4 – 57 所示。

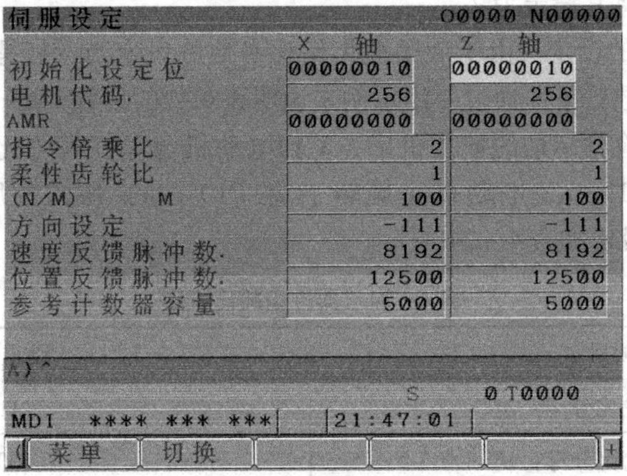

图 4 – 57　伺服设定完成页面

（10）CNC 重新上电。至此，伺服初始设定结束。在 JOG 方式下各轴已能正确运行，运动的方向和定位精度已得到保证。但在机床中往往为了得到更好的加工性能，还需要进行伺服参数的调整。

（11）按照以上顺序操作，显示"伺服设定"页面，确认初始化设定位（从右边数第二位）为 1，完成设定。

初始化设定位	00001010

注意：系统发生 SV0417 报警是由于伺服参数没有正确地初始化，此时可根据系统诊断页面中的 DGN280（诊断 280 参数）的提示，排除故障。需要再次进行初始化操作，详细的处理方法请参阅《伺服电动机参数说明书》。

步骤 3：确认放大器与电动机的连接。

（1）在急停状态下，接通数控系统的电源。

（2）解除急停的状态，确认伺服放大器的电磁接触器能够动作。

用伺服放大器的 LED 显示伺服放大器的状态，确认伺服准备完成状态。Ai 伺服放大器的 LED 由"－"变为"0"。伺服准备未完成时，显示报警 SV0401。

（3）伺服准备完成信号 SA 输出的确认。

（4）使用位置跟踪功能（follow up），确认伺服电动机送出反馈信号。

①解除急停，完成伺服准备。

伺服准备状态有效一次后，位置跟踪功能才能生效。

②使伺服放大器处于急停状态。

③按下【POS】功能键数次，显示"相对坐标"页面，如图 4－58 所示。

图 4－58　"相对坐标"页面

单击【归零】→【所有轴】，将所有轴的相对位置值清零。

④确认位置反馈信号。

用手转动伺服电动机的轴，由当前位置的显示值进行如下确认：

①伺服电动机与控制轴的组合是否正确？

②电动机每转的移动量是否正确？

③旋转方向与当前位置显示的符号是否正确？

④轴的组合不正确时，请再确认 FSSB 设定页面。

⑤移动量与旋转方向不正确时，请再确认伺服参数设定页面的设定。

步骤 4：伺服参数的设定。

在急停状态下，进入"参数设定支援"页面，单击【操作】，将光标移动至"伺服参数"处，单击【初始化】，执行标准值设定。

步骤 5：伺服增益调整。

在急停状态下，进入"参数设定支援"页面，单击【操作】，将光标移动至"伺服增益调整"处，单击【操作】、【选择】进入"伺服增益调整（自动）"页面，执行伺服速度控制增益调整，如图 4-59 所示。

（1）各轴增益的自动优化调整。

单击【选择轴】，进入轴选择菜单，选择 X 轴，选择 MDI 方式，单击【调整始】，电动机开始速度控制增益优化调整，如图 4-60 所示。

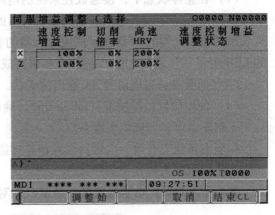

图 4-59　"伺服增益调整"页面　　　　图 4-60　"伺服增益调整"页面

（2）调整结束后，可自动得到一组数据。

这组数据代表伺服系统根据电动机所带的机械特性在各种运行速度下所应有的最优速度环增益值，如图 4-61 所示。如果自动优化调整后的效果不能达到要求，还可以通过手调功能单独调整。

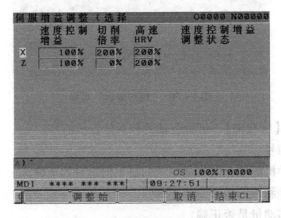

图 4-61　"伺服增益调整"完成页面

按照图 4 - 62 所示流程图检验伺服参数设定的正确性。

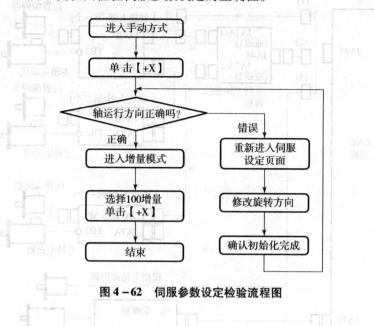

图 4 - 62 伺服参数设定检验流程图

4.5.5 主轴参数设定

1. 主轴的参数

主轴参数是数控系统与主轴伺服系统进行匹配的参数，只有正确匹配了主轴参数，数控系统才能正确、有序地控制主轴精确地按照数控系统所发出的命令运行。

主轴的控制与连接如下：

1）主轴的控制

主轴的控制方法有三种，如表 4 - 28 所示，但控制主轴的转速基本相同。

表 4 - 28 主轴的控制方案

名称	功 能
串行接口	用于连接 FANUC 公司的主轴电动机/放大器，在主轴放大器和 CNC 之间进行串行通信，交换转速和控制信号（本实训设备便是采用的串行接口控制主轴转速）
模拟接口	用模拟电压通过变频器控制主轴电动机转速
12 位二进制	用 12 位二进制代码控制主轴电动机转速

2）主轴的连接

主轴的连接如图 4 - 63 所示。

由于本实训设备中采用的是串行接口控制，其主轴串行接口控制原理如图 4 - 64 所示。

本实训设备使用的数控系统为 FANUC 0i Mate - TD 数控系统，该系统最多可控制 1 个串行主轴。在使用串行主轴时需设置相关的主轴参数，8133#5（SSN）设定为 0（表示使用主轴串行输出），参数 3716#0（A/S）设定为 1（表示使用串行主轴），参数 3717 设定为 1（表示显示主轴功能参数）。

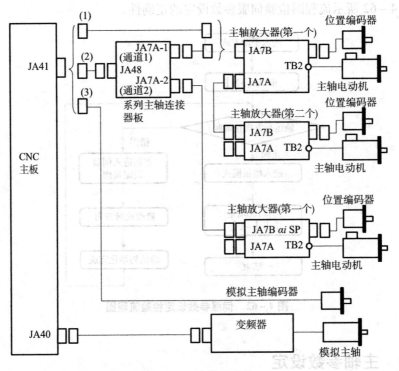

图 4 - 63　主轴的连接

2. 主轴参数设定操作

串行主轴初始设定步骤如下：

1）准备

在急停状态下，按【SYSTEM】功能键三下，进入"参数设定支援"页面，单击【操作】，将光标移动至"主轴设定"处，单击【选择】，出现"主轴设定"页面，如图 4 - 65 所示。

2）操作

（1）电动机型号的输入。

可以在"主轴设定"页面下的"电动机型号"栏中直接在 MDI 键盘上键入电动机代码（如 336 表示 βis3/10 000 伺服电动机），然后按下【INPUT】功能键，就将刚键入的电动机代码写入"电动机型号"参数栏内了。或者将光标移至"电动机型号"栏内，单击【代码】，在系统的下方便显示电动机型号代码页面，选择与实际电动机相对应的电动机代码即可。此外，要从电动机型号代码页面返回到上一页面，单击【返回】，就可回到上一页面了。

切换到电动机型号代码页面时，显示电动机代码所对应的电动机名称和放大器名称。将光标移动至希望设定的代码编号处，单击【选择】，就可以将电动机代码输入"电动机型号"栏内。若电动机代码表中没有想要的电动机代码时，则需直接输入电动机代码。

（2）数据的设定。

在所有项目中输入数据后，单击【设定】，CNC 即设定启动主轴所需的参数值。

正常完成参数的设定后，【设定】将被隐藏起来，并且控制主轴参数自动设定的参数 4019#7（SPLD）置为 1。改变数据时，再次显示【设定】，控制主轴参数自动设定的参数

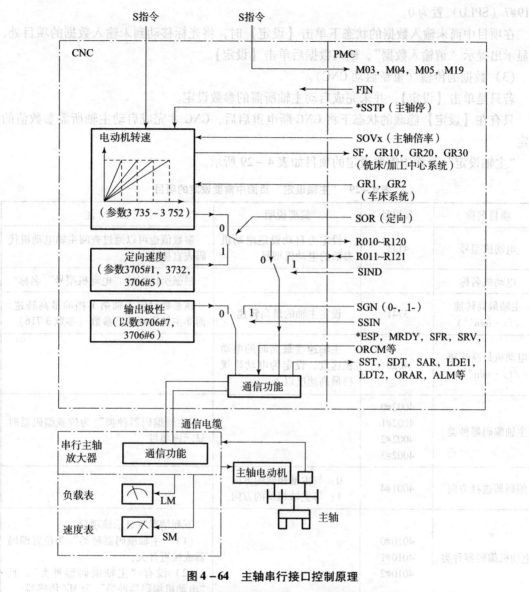

图 4 - 64　主轴串行接口控制原理

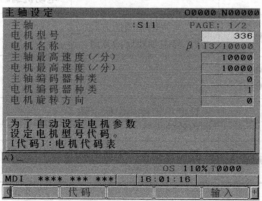

图 4 - 65　"主轴设定"页面

4019#7（SPLD）置为 0。

在项目中尚未输入数据的状态下单击【设定】时，将光标移动到未输入数据的项目处，会显示出提示"请输入数据"，输入数据后单击【设定】。

（3）数据的传输（重新启动 CNC）。

若只是单击【设定】，并未完成启动主轴所需的参数设定。

只有在【设定】隐藏的状态下将 CNC 断电重启后，CNC 才完成启动主轴所需参数值的设定。

"主轴设定"页面中需要设定的项目如表 4 - 29 所示。

表 4 - 29 "主轴设定"页面中需要设定的项目

项目名称	参数号	简要说明	备 注
电动机型号	4133	设定为自动设定电动机参数的电动机型号	参数值也可以通过查阅主轴电动机代码表直接输入
电动机名称			根据所设定的"电动机型号"名称
主轴最高转速 /(r·min⁻¹)	3741	设定主轴的最高转速	该参数设定主轴第 1 挡的最高转速，而非主轴钳制速度参数（参数 3 716）
电动机最高转速 /(r·min⁻¹)	4020	主轴速度最高时的电动机速度，设定为电动机规格最高速度以下	
主轴编码器种类	4002#0 4002#1 4002#2 4002#3		"主轴编码器种类"为位置编码器时显示该项目
编码器选择方向	4001#4	0：与主轴相同的方向 1：与主轴相反的方向	
电动机编码器种类	4010#0 4010#1 4010#2		下列情况下显示该项目： （1）"主轴编码器种类"为位置编码器或接近开关； （2）没有"主轴编码器种类"，且"电动机编码器种类"为 MZ 传感器
电动机旋转方向	4000#0	0：与主轴相同的方向 1：与主轴相反的方向	
接近开关检出脉冲	4004#2 4004#3		
主轴侧齿轮数	4171	设定主轴传动中的主轴侧齿轮的齿数	
电动机侧齿轮数	4172	设定主轴传动中的电动机侧齿轮的齿数	

主轴电动机代码表可在"参数设定支援"页面的"主轴设定"菜单中单击【代码】，显示主轴电动机代码并设定，也可查表后输入主轴电动机代码。

对于串行主轴的调试比较简单，以上步骤完成后一般可正常使用，如有故障请注意以下事项：

（1）在 PMC 中，主轴急停信号（G71.1），主轴停止信号（G29.6），主轴倍率（当 G30 为全 1 时，倍率为 0）没有处理。另外在 PMC 中 SIND 信号处理不当也将造成主轴不输出。SIND 信号（G33.7）控制相对于主轴电动机的速度指令输出，为 0 时，CNC 计算出的速度指令输出；为 1 时，由 PMC 侧设定的速度指令输出。

（2）没有设置串行主轴功能选择参数，即主轴没有设定。

（3）当 4001#0 MRDY（G70.7）误设造成主轴没有输出，此时主轴放大器上出现 01# 错误。

（4）没有使用定向功能而设定参数 3732，将有可能造成主轴在地速旋转时不平稳。

（5）设置 3708#0（SAR）信号不当可能造成刚性攻螺纹不输出。

（6）当 3705#2 SGB（铣床专用）误设时，CNC 调用参数 3751/3752 设定的速度运行。但由于此时 3751/3752 没有设定，故主轴没有输出。

（7）此外应注意 FANUC 的串行主轴的相序，连接错误将导致主轴旋转异常；主轴内部传感器损坏，放大器产生 31# 报警。

习　题

一、填空题

1. 数控系统由 _____、_____、检测装置、伺服单元、驱动装置和可编程控制器（PLC）等组成。

2. 数控机床通常是由程序载体、_____、_____、辅助装置、检测与反馈装置等组成的。

3. 数控系统主要经历了两个阶段：_____ 和 _____。

4. 在数控机床中，程序载体的作用是 _____。

5. 数控机床按照系统划分，根据实训基地可分为 _____、_____、HNC－21（华中）。

6. 数控机床按运动方式来划分，可以分为 _____、_____、_____ 三种类型。

二、判断题

1. （　　）CNC 系统仅由软件部分完成。

2. （　　）若 CNC 装置有两个及以上的微处理机，则其一定属于多微处理机结构。

3. （　　）CNC 系统的中断管理主要靠硬件完成。

4. （　　）CNC 系统的外设指的是输入设备，如 MDI 键盘、纸带阅读机等。

5. （　　）德国的 SIEMENS 和日本的 FUNUC 公司的数控系统对我国数控技术的影响较大。

三、选择题

1. 脉冲当量的大小决定了加工精度，下面脉冲当量中对应的加工精度更高的是（　　）。

　A. 1 μm/脉冲　　　B. 1 mm/脉冲　　　C. 10 μm/脉冲　　　D. 0.01 mm/脉冲

2. 单微处理机 CNC 装置中，微处理机通过（　　）与存储器、输入输出控制等各种接口相连。

　A. 总线　　　　　　　　　　　　B. 输入/输出接口电路

C. 主板　　　　　　　　　　　D. 专用逻辑电路

3. 世界上第一台数控机床是（　　）年试制成功的。

A. 1951　　B. 1952　　　C. 1954　　　　D. 1958

4. 数控机床的核心部分是（　　）。

A. 控制介质　　B. 数控装置　　C. 伺服系统　　　　D. 测量装置

5. 我国从（　　）年开始研究数控机械加工技术，并于当年研制成功我国第一台电子管数控系统样机。

A. 1952　　　　B. 1958　　　C. 1954　　　D. 1959

6. 数控机床电气控制系统的核心是（　　）。

A. CNC 装置　　B. PLC 装置　　C. SPWM 装置

四、简答题

1. 简述数控系统及其组成。

2. 简述数控系统的类型（写两种分类方法以上）。

3. 简述数控系统的结构组成。

习 题 答 案

一、填空题

1. 数控装置（CNC），输入输出装置（I/O）

2. CNC，伺服装置

3. NC，CNC

4. 用于存取程序

5. SIEMENS（西门子），FANNUC（法兰克），三菱，GS928（广数）（任写）

6. 点位运动方式，直线运动方式，轮廓运动方式

二、判断题

1. ×　　2. ×　　3. ×　　　4. ×　　　5. √

三、选择题

1. A　　2. A　　3. B　　4. B　　5. B　　6. A

四、简答题

1. 数控系统采用数控技术实现数控机床的数字控制。它主要由计算机数控装置、数控加工程序、输入/输出装置、主轴单元、伺服单元、驱动装置、可编程控制器（PLC）及电气逻辑控制装置、辅助装置、测量装置组成。

2. （1）按被控机床运动轨迹分类：①点位控制数控系统；②直线控制数控系统；③轮廓控制数控系统。

（2）按伺服系统分类：①开环控制数控系统；②闭环控制数控系统。

（3）按照数控系统的功能水平分类：①经济型（低档型）；②普及型（中挡型）；③高档型。

3. CNC 装置由硬件和软件两大部分组成。硬件装置由微处理器（CPU）、存储器、位置控制、输入输出接口、PLC、图形、电源等模块组成。软件主要是指系统软件，包括管理软件和控制软件。

第 5 章　可编程控制器

本章主要内容

了解可编程控制器的概念、发展、特点及应用，熟悉可编程控制器的组成及工作原理，掌握可编程控制器的编程语言种类。

学习目标

（1）掌握 PLC 的组成及工作原理。

（2）掌握梯形图的编程方法。

5.1　PLC 的概述

可编程逻辑控制器（本书简称 PLC）是在继电器控制和计算机控制的基础上开发出来的，并逐渐发展成以微处理器为核心，把自动控制技术、计算机技术和通信技术融为一体的新型工业自动控制装置。PLC 已成为工业自动化三大技术支柱（PLC、机器人和 CAD/CAM）之一，被喻为"工业控制的灵魂"。随着科技的飞速发展，越来越多的机器和现场操作都趋向于使用人机界面，PLC 控制器强大的功能及复杂的数据处理也呼唤一种功能与之匹配而操作简便的人机界面的出现，触摸屏的应运而生无疑是 21 世纪自动化领域里的一个巨大的革新。这部分重点介绍 PLC 的组成、功能及应用。

5.1.1　PLC 的定义

20 世纪 60 年代中期，美国通用汽车公司为了适应生产工艺不断更新的需要，提出了一种设想：把计算机的功能完善、通用灵活等优点和继电接触器控制系统的简单易懂、操作方便、价格低廉等优点结合起来，制造出一种新型的工业控制装置，并提出了新型电气控制装置的 10 条招标要求。其中包括：工作特性比继电接触器控制系统可靠；占位空间比继电接触器控制系统小；价格上能与继电接触器控制系统竞争；必须易于编程；易于在现场变更程序；便于使用、维护、维修；能直接推动电磁阀、接触器及与之相当的执行机构；能向中央数据处理系统直接传输数据；等等。美国数字设备公司（DEC）根据这一招标要求，于 1969 年研制成功了第一台可编程控制器 PDP14，并在汽车自动装配线上试用成功。这项技术的应用，在工业界产生了巨大的影响，从此可编程控制器在世界各地迅速发展起来。

5.1.2 PLC 的发展

现代 PLC 的发展有两个主要趋势: 其一是向体积更小、速度更快、功能更强和价格更低的微小型方面发展; 其二是向大型网络化、高可靠性、好的兼容性和多功能方面发展。

1. 小型、廉价、高性能

小型化、微型化、高性能、低成本是可编程控制器的发展方向。作为控制系统的关键设备, 小型、超小型 PLC 的应用日趋增多。据统计, 美国机床行业应用超小型 PLC 几乎占据了市场的 1/4。许多 PLC 厂家都在积极研制开发各种小型、微型 PLC。如日本三菱公司的 FX2N-48MR 能提供 24 个输入点、24 个输出点, 既可单机运行, 也可联网实现复杂的控制。

2. 大型、多功能、网络化

PLC 主要是朝 DCS 方向发展, 使其具有 DCS 系统的一些功能。网络化和通信能力强是 PLC 发展的一个重要方面, 向下可将多个 PLC、I/O 框架相连; 向上与工业计算机、以太网、MAP 网等相连构成一个多级分布式自动化控制系统。这种多级分布式控制系统除了控制功能外, 还可以实现在线优化、生产过程的实时调度、统计管理等功能, 是一种多功能综合系统。

3. 与智能控制系统相互渗透和结合

PLC 与计算机的结合, 使它不再是一个单独的控制装置, 而成为控制系统中的一个重要组成部分。随着微电子技术和计算机技术的进一步发展, PLC 将更加注重与其他智能控制系统的结合。PLC 与计算机的兼容, 可以充分利用计算机现有的软件资源。通过采用速度更快、功能更强的 CPU, 容量更大的存储器, 可以更充分地利用计算机资源。PLC 与工业计算机、DCS 系统、嵌入式计算机等系统的渗透与结合, 必将进一步拓宽 PLC 的应用领域和空间。

4. 高可靠性

由于控制系统的可靠性日益受到人们的重视, 一些公司将自诊断技术、冗余技术、容错技术广泛应用到现有产品中, 推出了高可靠性的冗余系统, 并采用热备用或并行工作、多数表决的工作方式。

5.1.3 PLC 的特点

PLC 的特点主要包括以下几个方面:

(1) 抗干扰能力强, 可靠性高。

高可靠性是电气控制设备的关键性能。为了能使 PLC 在恶劣环境中正常工作不受影响, 或在恶劣条件消失后自动恢复正常, 各 PLC 生产厂商在硬件和软件方面均采取了多种措施, 采用现代大规模集成电路技术和严格的生产制造工艺, 使 PLC 除了本身具有较强的自诊断能力, 能及时给出错误信息, 停止运行等待修复外, 还具有了很强的抗干扰能力。硬件方面, PLC 主要模块均采用大规模或超大规模集成电路, 大量开关动作由无触点的电子存储器完成, I/O 系统设计有完善的通道保护和信号调理电路。从屏蔽、滤波、隔离、电源调整与保护、模块式结构等方面提高了 PLC 的抗干扰能力。软件方面，设置故障检测、信息保护与恢复、警戒时钟 WDT（看门狗）、加强对程序的检查和校验等，也大大提高了 PLC 的工作可靠性。以上措施保证了 PLC 能在恶劣的环境中可靠工作，使平均故障间隔时间（MTBF）指标高，故障修复时间短。目前，各生产厂家的 PLC 平均无故障安全运行时间都远大于国际电工委员会（IEC）规定的 10 万小时的标准。

（2）通用性强，控制程序可变，适应面广。

目前，PLC 品种齐全的硬件装置，可以组成能满足各种要求的控制系统。用户在硬件确定之后，在生产工艺流程改变或生产设备更新的情况下，不必改变 PLC 的硬件设备，只需改编程序就可以满足要求。因此，PLC 广泛地应用于工厂自动化控制中。

（3）编程简单，使用方便。

目前，大多数 PLC 均采用类似于继电器－接触器控制电路的"梯形图"编程形式，继承了传统控制电路的清晰直观，对使用者来说，不需要具备计算机的专门知识，很容易被一般工程技术人员所理解和掌握。PLC 控制系统采用软件编程来实现控制功能，其外围只需将信号输入设备（按钮、开关等）和接收输出信号执行控制任务的输出设备，如接触器、电磁阀等执行元件，与 PLC 的输入输出端子相连接，安装简单，工作量少。

（4）体积小、质量轻、功耗低、维护方便。

PLC 是将微电子技术应用于工业设备的产品，其结构紧凑、坚固、体积小、质量轻、功耗低。以松下电工 FP0 型 PLC 为例：其外形尺寸仅为 60 mm × 105 mm × 90 mm，质量 1.5 kg，功耗小于 25 V·A，易于装入机电设备内部，具有很好的抗干扰能力。在用户的维修方面，由于 PLC 的故障率很低，并且有完善的诊断和显示功能，PLC 或外部的输入装置和执行机构发生故障时，可以根据 PLC 上发光二极管或编程器上提供的信息，迅速查明原因；如果是 PLC 本身，可用更换模块的方法，迅速排除 PLC 的故障，因此维修极为方便。

（5）设计、施工、调试周期短。

由于 PLC 采用了软件来取代继电器－接触器控制系统中大量器件，控制柜的设计安装工作量大为减少。另外，PLC 的用户程序大都可以在实验室模拟调试，模拟调试好后再将 PLC 控制系统安装到现场，进行联机统调，使得调试方便、快速、安全，因此大大缩短了应用设计和调试周期。

PLC 与继电器－接触器控制系统的比较如表 5-1 所示。

表 5-1　PLC 与继电器－接触器控制系统的比较

比较项目	继电器－接触器控制系统	PLC 控制系统
控制逻辑	硬接线逻辑，连线多而复杂，灵活性、扩展性差，体积大	存储逻辑，连线少，控制灵活，易于扩展，功耗小，体积小
工作方式	按"并行"方式工作。通电后，几个继电器同时动作	按"串行"方式工作。PLC 循环扫描执行程序，按照语句书写顺序自上而下进行逻辑运算
控制速度	通过触点的机械动作实现控制，动作速度为几十毫秒，易出现触点抖动	由半导体电路实现控制作用，每条指令执行时间在微秒级，不会出现触点抖动

比较项目	继电器－接触器控制系统	PLC 控制系统
限时控制	由时间继电器实现，精度差，易受环境湿度和温度变化的影响，调整时间困难	用半导体集成电路实现，精度高，时间设置方便，不受环境的影响
计数控制	一般不具备计数功能	能实现计数功能
设计与施工	设计、施工、调试必须顺序进行，周期长，修改困难	在系统设计后，现场施工与程序设计可同时进行，周期短，调试修改方便
可靠性与可维护性	寿命短，可靠性与可维护性差	寿命长，可靠性高；有自诊断功能，易于维护
价格	使用机械开关、继电器及接触器等，价格便宜	使用大规模集成电路，初期投资较高

5.1.4 PLC 的应用

目前，PLC 在国内外已广泛应用于钢铁、石油、化工、电力、建材、机械制造、汽车、轻纺、交通运输、环保以及文化娱乐等各行各业。随着 PLC 性能价格比的不断提高，其应用范围不断扩大，大致可归结为如下几类：

1. 开关量的逻辑控制

这是 PLC 最基本、最广泛的应用领域，它取代传统的继电接触器控制系统，实现逻辑控制、顺序控制，可用于单机控制、多机群控制、自动化生产线的控制等，如注塑机、印刷机械、包装机械、切纸机械、组合机床、磨床，包括生产线、电镀流水线等。

2. 位置控制

目前大多数的 PLC 厂商都提供拖动步进电动机或伺服电动机的单轴或多轴位置控制模板。这一功能可广泛用于各种机械，如金属切削机床、金属成形机床、装配机械、机器人和电梯等。

3. 过程控制

过程控制是指对温度、压力、流量等连续变化的模拟量的闭环控制。PLC 通过模拟量 I/O 模板，实现模拟量与数字量之间的 A/D、D/A 转换，并对模拟量进行闭环 PID（Proportional-Integral-Derivative）控制。现代的大、中型 PLC 一般都有闭环 PID 控制功能。这一功能可用 PID 子程序来实现，也可用专用的智能 PID 模板来实现。

4. 数据处理

现代的 PLC 具有数学运算（包括矩阵运算、函数运算、逻辑运算），数据传递，转换，排序和查表，位操作等功能，也能完成数据的采集、分析和处理。这些数据可通过通信接口传送到其他智能装置，如计算机数值控制（CNC）设备，进行处理。

5. 通信联网

PLC 的通信包括 PLC 相互之间、PLC 与上位机、PLC 与其智能设备间的通信。PLC 系统与通用计算机可以直接通过通信处理单元、通信转接器相连构成网络，以实现信息的交换，并可构成"集中管理、分散控制"的分布式控制系统，满足工厂自动化（FA）系统发展的需要。各 PLC 系统过程 I/O 模板按功能能各自放置在生产现场分散控制，然后采用网络连接构成信息集中管理的分布式网络系统。

6. 在计算机集成制造系统（CIMS）中的应用

近年来，计算机集成制造系统广泛应用于生产过程中。一般的 CIMS 系统多采用 3~6 级控制结构（如德国的 MTV 公司的 CIMS 系统采用三级结构）：

第一级为现场级，包括各种设备，如传感器和各种电力、电子、液压和气动执行机构生产工艺参数的检测。

第二级为设备控制级，它接收各种参数的检测信号，按照要求的控制规律实现各种操作控制。

第三级为过程控制级，完成各种数学模型的建立和过程数据的采集处理。

以上三级属于生产控制级，也称 EIC 综合控制系统。EIC 综合控制系统是一种先进的工业过程自动化系统，它包括三个方面的内容：电气控制，以电动机控制为主，包括各种工业过程参数的检测和处理；仪表控制，实现以 PID 为代表的各种回路控制功能，包括各种工业过程参数的检测和处理；计算机系统，实现各种模型的计算、参数的设定、过程的显示和各种操作运行管理。PLC 就是实现 EIC 综合控制系统的整机设备，由此可见，PLC 在现代工业中的地位是十分重要的。

PLC 以其可靠性高、抗干扰能力强、编程简单、使用方便、控制程序可变、体积小、质量轻、功能强和价格低廉等特点，在机械制造、冶金、生产线控制、仓储物流等领域得到了广泛的应用，如图 5-1 和图 5-2 所示。

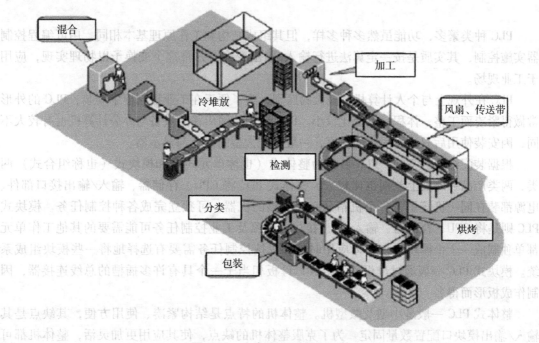

图 5-1　生产线 PLC 控制系统

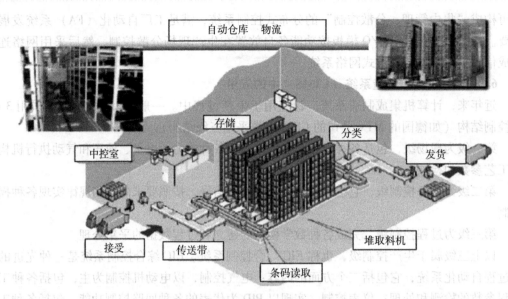

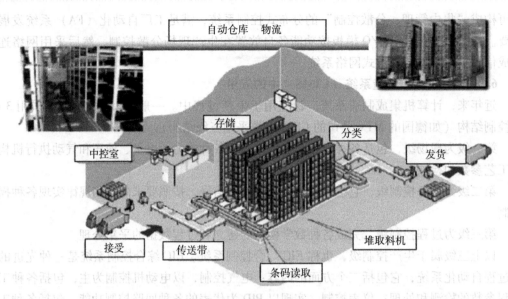自动仓库　物流

存储

分类

中控室

发货

接受

传送带

堆取料机

条码读取

图 5 - 2　仓储物流 PLC 控制系统

PLC 程序既有生产厂家的系统程序，又有用户自己开发的应用程序。系统程序即提供运行平台，也为 PLC 程序可靠运行及信息之间转换提供必要的公共处理。用户程序由用户按控制要求设计。

5.2　PLC 的组成及工作原理

PLC 种类繁多，功能虽然多种多样，但其组成结构和工作原理基本相同。用可编程控制器实施控制，其实质是按一定算法进行输入/输出变换，并将这个变换予以物理实现，应用于工业现场。

PLC 在外观上与个人计算机有较大的区别，为了便于在工业控制柜中安装，PLC 的外形常做得紧凑而工整，体积一般都比较小。PLC 使用的输出输入设备与办公计算机也有较大不同，因安装使用后只运行固定的程序，一般不配大型的键盘与显示器。

根据装配结构的不同，PLC 可分为整体式（也称单元式）和模块式（也称组合式）两类，两类产品在外观上差别也比较大。整体式 PLC 将 CPU、存储器、输入/输出接口部件、电源都装在同一机箱里，一个机箱是一个完整的机器，可独立完成各种控制任务。模块式 PLC 则是将 CPU、存储器、输入/输出接口、电源及工业控制任务可能需要的其他工作单元都单独制成一个个模块，在具体应用时，可以按控制任务需要有选择地将一些模块组成系统。模块式 PLC 一般通过母板插接组成，母板相当于一个具有许多插槽的总线连接器，因制作成板形而得名。

整体式 PLC 一般是小型及微型机。整体机的特点是结构紧凑、使用方便，其缺点是其输入/输出模块口配置数量固定。为了克服整体机的缺点，使其应用更加灵活，整体机都可配接各种扩展模块（扩展输入/输出端子）及功能模块（扩展特种功能）。配接模块时主机称为基本单元，模块称为扩展单元。

5.2.1　PLC 的组成

PLC 是以微处理器为核心用作工业控制的专用计算机，不同类型的 PLC 结构和工作原理大致相同，硬件结构与微机相似。其基本结构如图 5－3 所示。

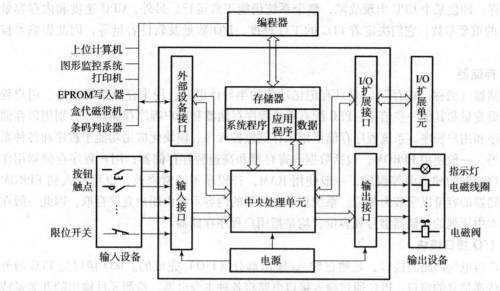

图 5－3　PLC 的基本结构

由图 5－3 可以看出，PLC 采用了典型的计算机结构，主要包括中央处理单元（CPU）、存储器（RAM 和 ROM）、输入/输出接口电路、编程器、电源、I/O 扩展接口、外部设备接口等。其内部采用总线结构进行数据和指令的传输。PLC 系统由输入变量、PLC、输出变量组成。外部的各种开关信号、模拟信号以及传感器检测的各种信号均作为 PLC 的输入变量，它们经 PLC 外部输入端子输入到内部寄存器中，PLC 内部逻辑运算或其他各种运算处理后送到输出端子，作为 PLC 的输出变量对外围设备进行各种控制。另外，PLC 主机内各部分之间均通过总线连接。总线分为电源总线、控制总线、地址总线和数据总线。各部件的作用如下：

1. CPU

CPU 是 PLC 的核心，主要由运算器、控制器、寄存器及实现它们之间联系的数据、控制及状态总线构成，还包括外围芯片、总线接口及有关电路。CPU 起着总指挥的作用，是 PLC 的运算和控制中心。它主要完成以下功能：

（1）在系统程序的控制下：①诊断电源、PLC 内部电路工作状态；②接收、诊断并存储从编程器输入的用户程序和数据；③用扫描方式接收现场输入装置的状态或数据，并存入输入映像寄存器或数据寄存器。

（2）在 PLC 进入运行状态后：①从存储器中逐条读取用户程序；②按指令规定的任务，产生相应的控制信号，去启闭有关控制电路，分时分渠道地去执行数据的存取、传送、组合、比较和变换等动作；③完成用户程序中规定的逻辑或算术运算等任务。

（3）根据运算结果：①更新有关标志位的状态和输出映像寄存器的内容；②实现输出

控制、制表、打印或数据通信等。

PLC 常用的 CPU 主要采用通用微处理器、单片机或双极型位片式微处理器。其中单片机型号比较常见，如 8031、8096 等。其发展趋势是芯片的工作速度越来越快，如位数越来越多（有 8 位、16 位、32 位、48 位等），RAM 的容量越来越大，集成度越来越高，为了进一步提高 PLC 的可靠性，对一些大型 PLC 还采用双 CPU 构成冗余系统或采用三 CPU 的表决式系统。

这样，即使某个 CPU 出现故障，整个系统仍能正常运行。另外，CPU 速度和内存容量是 PLC 的重要参数，它们决定着 PLC 的工作速度、I/O 数量及软件容量等，因此影响着控制规模。

2. 存储器

存储器（简称"内存"），是具有记忆功能的半导体电路，用来存放系统程序、用户程序、逻辑变量和其他一些信息。PLC 配有系统程序存储器和用户程序存储器，分别用以存储系统程序和用户程序。系统程序存储器用来存储监控程序、模块化应用功能子程序和各种系统参数等，一般使用 EPROM，包括数据表寄存器和高速暂存存储器；用户程序存储器用作存放用户编制的梯形图等程序，一般使用 RAM，若程序不经常修改，也可写入到 EPROM中；存储器的容量以字节为单位。系统程序存储器的内容不能由用户直接存取，因此一般在产品样本中所列的存储器型号和容量，均是指用户程序存储器。

3. I/O 接口模块

PLC 与电气回路的接口，是通过输入/输出部分（I/O）完成的。I/O 接口是 PLC 与外围设备传递信息的窗口。PLC 通过输入接口电路将各种主令电器、检测元件输出的开关量或模拟量通过滤波、光电隔离、电平转换等处理转换成 CPU 能接收和处理的信号。输出接口电路是将 CPU 送出的弱电控制信号通过光电隔离、功率放大等处理转换成现场需要的强电信号输出，以驱动被控设备（如继电器、接触器、指示灯等）。I/O 模块可以制成各种标准模块，根据输入、输出点数来增减和组合，还配有各种发光二极管来指示各种运行状态，根据输入输出量不同可分为开关量输入（DI）、开关量输出（DO）、模拟量输入（AI）、模拟量输出（AO）等模块。

（1）输入接口电路。输入接口电路是将现场输入设备的控制信号转换成 CPU 能够处理的标准数字信号。其输入端采用光电耦合电路，可以大大减少电磁干扰。

（2）输出接口电路。输出接口电路采用光电耦合电路，将 CPU 处理过的信号转换成现场需要的强电信号输出，以驱动接触器、电磁阀等外部设备的通断电，有继电器输出型、晶闸管输出型、晶体管输出型三种。

（3）I/O 模块的外部接线方式。I/O 模块的外部接线方式根据公共点使用情况不同分为汇点式、分组式和分隔式三种。一般常用分组式，其I/O 点分为若干组，每组的 I/O 电路有一个公共点，它们共用一个电源。

各组之间是分隔开的，可以分别使用不同的电源，如图 5 - 4 所示。图 5 - 4 中 X0、X1、X2等是 PLC 内部与输入端子相连的输入继电器，每个输入继电器与一个输入端子（输入元件，如行

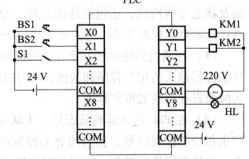

图 5 - 4　I/O 模块的外部接线示意图

程开关、转换开关、按钮开关、传感器等）相连，通过输入端子收集输入设备的信息或操作指令。图 5-4 中输出部分的 Y0、Y1、Y2 等均为 PLC 内部与输出端子相连的输出继电器，用于驱动外部负载。PLC 控制系统常用的外部执行元件有电磁阀、继电器线圈、接触器线圈、信号灯等。其驱动电源可由 PLC 的电源组件提供（如直流 24 V），也有用独立的交流电源（如交流 220 V）供给的。

4. 电源

PLC 电源是指将外部的交流电经过整流、滤波、稳压转换成满足 PLC 中 CPU、存储器、输入/输出接口等内部电路工作所需要的直流电源或电源模块。许多 PLC 的直流电源采用直流开关稳压电源，不仅可以提供多路独立的电压供内部电路使用，而且还可为输入设备提供标准电源。为避免电源干扰，输入、输出接口电路的电源回路彼此相互独立。电源输入类型有交流电源（220 V 或 110 V）和直流电源（常用的为 24 V）。

5. 编程工具

编程器用作用户程序的编制、编辑、调试和监视，还可以通过其键盘去调用和显示 PLC 的一些内部状态和系统参数，它经过接口与 CPU 联系，完成人机对话。编程工具分两种：一种是手持编程器，只需通过编程电缆与 PLC 相接即可使用；另一种是带有 PLC 专用工具软件的计算机，它通过 RS-232 通信口与 PLC 连接，若 PLC 用的是 RS-422 通信口，则需另加适配器。

5.2.2 PLC 的工作原理

PLC 有两种基本的工作模式，即运行（RUN）模式与停止（STOP）模式。在运行模式时，PLC 通过反复执行用户程序来实现控制功能。为了使 PLC 的输出及时地响应随时可能变化的输入信号，用户程序不是只执行一次，而是不断地重复执行，直至 PLC 停机或切换到 STOP 模式。PLC 重复执行用户程序都是以循环扫描方式完成的。

1. 扫描的概念

所谓扫描，就是 CPU 依次对各种规定的操作项目进行访问和处理。PLC 运行时，用户程序中有许多操作需要执行，但 CPU 每一时刻只能执行一个操作而不能同时执行多个操作。因此，CPU 只能按程序规定的顺序依次执行各个操作，这种需要处理多个作业时依次按顺序处理的工作方式称为扫描工作方式。

扫描是周而复始、不断循环的，每扫描一个循环所用的时间称为扫描周期。

循环扫描工作方式是 PLC 的基本工作方式，具有简单直观、方便用户程序设计，先扫描的指令执行结果马上可被后面扫描的指令利用，可通过 CPU 设置定时器监视每次扫描时间是否超过规定，避免进入死循环等优点，为 PLC 的可靠运行提供了保证。

2. 可编程控制器的工作过程

PLC 的工作过程基本上就是用户程序的执行过程，它是在系统软件的控制下，依次扫描各输入点状态（输入采样），按用户程序解算控制逻辑（程序执行），然后顺序向各输出点发出相应的控制信号（输出刷新）。除此之外，为提高工作可靠性和及时接收外部控制命令，每个扫描周期还要进行故障自诊断（自诊断），处理与编程器、计算机的通信请求（与外设通信）。PLC 的扫描工作方式如图 5-5 所示。

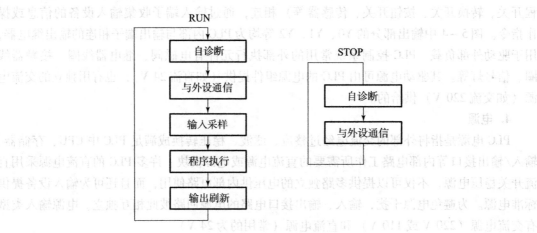

图 5 - 5   PLC 的扫描工作方式

1) 自诊断

PLC 每次扫描用户程序前，对 CPU、存储器、I/O 模块等进行故障诊断，发现故障或异常情况则转入处理程序，保留现行工作状态，关闭全部输出，停机并显示出错误信息。

2) 与外设通信

在自诊断正常后，PLC 对编程器、上位机等通信接口进行扫描，如有请求便响应处理。以与上位机通信为例，PLC 将接收上位机发来的指令并进行相应操作，如把现场的 I/O 状态、PLC 的内部工作状态、各种数据参数发送给上位机，以及执行启动、停机、修改参数等命令。

3) 输入采样

完成前两步工作后，PLC 扫描各输入点，将各点状态和数据（开关的通/断、A/D 转换值、BCD 码数据等）读入到寄存输入状态的输入映像寄存器中存储，这个过程称为采样。在一个扫描周期内，即使外部输入状态已发生改变，输入映像寄存器中的内容也不改变。

4) 程序执行

PLC 从用户程序存储器的最低地址（0000H）开始顺序扫描（无跳转情况），并分别从输入映像寄存器和输出映像寄存器中获得所需的数据进行运算、处理，再将程序执行的结果写入输出映像寄存器中保存，但这个结果在全部程序执行完毕之前不会送到输出端口上。

5) 输出刷新

在执行完用户所有程序后，PLC 将输出映像寄存器中的内容送到寄存输出状态的输出锁存器中，再去驱动用户设备，称为输出刷新。

PLC 重复执行上述五个步骤，按循环扫描方式工作，实现对生产过程和设备的连续控制。直至接收到停止命令、停电、出现故障等才停止工作。

设上述五步操作所需时间分别为 T_1、T_2、$\cdots$、T_5，则 PLC 的扫描周期为五步操作时间之和，用 T 表示：

$$T = T_1 + T_2 + T_3 + T_4 + T_5$$

不同型号的 PLC，各步工作时间不同，根据使用说明书提供的数据和具体的应用程序可计算出扫描时间。

总之，采用循环扫描的工作方式，是 PLC 区别于微机和其他控制设备的最大特点，使用者对此应给予足够的重视。

PLC 内部没有传统的实体继电器，仅是一个逻辑概念，因此被称为"软继电器"。这些"软继电器"实质上是由程序的软件功能实现的存储器，它有"1"和"0"两种状态，对应于实体继电器线圈的"ON"（接通）和"OFF"（断开）状态。在编程时，"软继电器"可向 PLC 提供无数常开（动合）触点和常闭（动断）触点。

PLC 进入工作状态后，首先通过其输入端子，将外部输入设备的状态收集并存入对应的输入继电器，如图 5 - 6 中的 X0 就是对应于按钮 SB 的输入继电器，当按钮被按下时，X0 被写入"1"，当按钮被松开时，X0 被写入"0"，并由此时写入的值来决定程序中 X0 触点的状态。输入信号采集后，CPU 会结合输入的状态，根据语句排序逐步进行逻辑运算，产生确定的输出信息，再将其送到输出部分，从而控制执行元件动作。

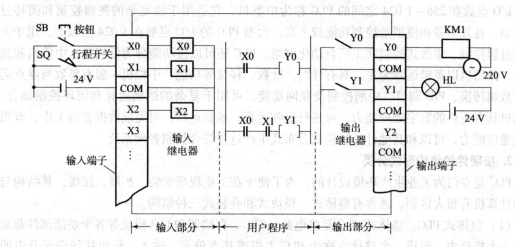

图 5 - 6　PLC 的工作原理示意图

在图 5 - 6 中，若 SB 按下，SQ 未被压动，则 X0 被写入"1"，X1 被写入"0"，则程序中出现的 X0 的常开触点合上，而 X1 的常开触点仍然是断开状态。由此在进行程序运算时，输出继电器 Y0 运算得接触器线圈 KM1 得电，为"1"，而 Y1 运算得"0"。最终，外部执行元件中，指示灯 HL 不亮。关于 PLC 的工作机制，需要注意以下两点：

（1）扫描周期的长短主要取决于以下几个因素：一是 CPU 执行指令的速度；二是执行每条指令占用的时间；三是程序中指令条数的多少。显然，程序越长，扫描周期越长，响应速度越慢。

（2）PLC 输入端子的状态改变要到下一个循环周期才能反映出来，被称为输入/输出滞后现象。这在一定程度上降低了系统的响应速度，但对于一般的开关量控制系统来说是允许的，这不但不会造成不利影响，反而可以增强系统的抗干扰能力。因为输入采样只在输入刷新阶段进行，PLC 在一个工作周期的大部分时间是与外设隔离的。而工业现场的干扰常常是脉冲式的、短时的，由于系统响应慢，要几个扫描周期才响应一次，因瞬时干扰而引起的误动作就会减少，从而提高了它的抗干扰能力。但是对一些快速响应系统则不利，这就要求精心编制程序，必要时采用一些特殊功能，以减少因扫描周期造成的响应滞后。

5.2.3 PLC 的分类

1. 按 I/O 点数和功能分类

PLC 用于对外部设备的控制，外部信号的输入、PLC 运算结果的输出都要通过 PLC 输入、输出端子进行接线，输入、输出端子的数目之和被称为 PLC 的输入、输出点数，简称 I/O 点数。

根据 I/O 点数的多少可将 PLC 分成小型机、中型机和大型机三种类型。

PLC 的 I/O 点数小于 256 点为小型机，它是以开关量控制为主，具有体积小、价格低的优点，用于开关量控制、定时/计数控制、顺序控制和少量模拟量控制场合，代替继电器 - 接触器控制，适用于单机或小规模生产过程控制场合。

I/O 点数在 256 ~ 1 024 之间的 PLC 称为中型机，它适用于较复杂的逻辑控制和闭环过程控制，且开关量和模拟量控制功能较丰富。大型 PLC 的 I/O 点数在 1 024 点以上，用于大规模过程控制、集散式控制和工厂自动化网络。PLC 还可以按功能分为低档机、中档机和高档机。低档机以逻辑运算为主，具有计时、计数、移位等功能。中档机一般有整数与浮点运算、数制转换、PID 调节、中断控制及联网功能，可用于复杂的逻辑运算和闭环控制场合。高档机具有更强的数字处理能力，可进行矩阵运算、函数运算，可完成数据管理工作，有很强的通信能力，可以和其他计算机构成分布式生产过程综合控制管理系统。

2. 按硬件的结构形式分类

PLC 是专门为工业生产环境设计的，为了便于在工业现场安装、扩展、接线，其结构与普通计算机有很大区别，通常有整体式、模块式和叠装式三种结构。

（1）整体式 PLC。整体式 PLC 是将电源、CPU、存储器和 I/O 模块等各个功能部件都集成在一个机壳内，形成一个整体，称为 PLC 主机或基本单元。输入、输出接线端子及电源进线分别在机箱的上下两侧，并且有相应的发光二极管显示输入、输出状态。如三菱的 FX 系列 PLC，其外形图如图 5 - 7 所示。

图 5 - 7   三菱的 FX 系列 PLC 的外形图

整体式 PLC 结构紧凑、体积小、价格低，小型 PLC 一般采用整体式结构。一个完整的 PLC 控制系统包括 PLC 主机以及相关扩展单元和各种特殊功能模块。PLC 基本单元内包含 CPU 模块、电源模块、I/O 模块和编程设备接口等，扩展单元内只有 I/O 模块和电源模块，基本单元与扩展单元之间用扁平电缆连接。

（2）模块式 PLC。输入/输出点数较多的大、中型 PLC 和部分小型 PLC 采用模块式结构，模块式又称积木式，也就是把各个组成部分做成独立的模块，如 CPU 模块、输入模块、输出模块、电源模块等，按照搭接积木的方式，并根据各 PLC 厂家规定的模块排列顺序将各模块插在模块插座上。有些厂家的 PLC，其模块插座是直接焊接在框架中的总线连接板上（该连接板也称基板或机架），PLC 厂家备有不同槽数的基板供用户选用，如三菱公司的 Q 系列 PLC 就属于这种结构，如图 5-8 所示中选用的为 8 槽的主基板，如果系统需要增加 I/O 点数时则必须选用合适的扩展基板；并且 CPU 模块和 PS 模块必须安装在主基板上，而不能安装在扩展基板上，主基板与扩展基板之间采用专用的扩展电缆连接。

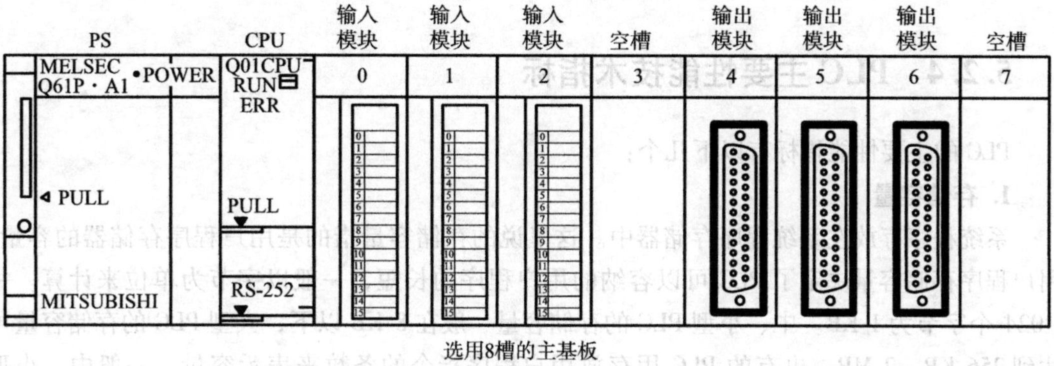

PS	CPU	输入模块	输入模块	输入模块	空槽	输出模块	输出模块	输出模块	空槽
MELSEC Q61P·A1	•POWER Q01CPU RUN ERR	0	1	2	3	4	5	6	7
◀ PULL	PULL ▼								
MITSUBISHI	RS-252								

选用8槽的主基板

图 5-8　三菱 Q 系列模块式 PLC 示意图

有些厂家的 PLC 模块插座是焊接在模块的右侧，各模块之间采用模块上自带的专用扁平电缆连接，如欧姆龙公司的 CJ1 系列 PLC 属于此结构，如图 5-9 所示。不同厂家的 PLC 模块在硬件组态时必须按照一定的顺序进行排列，特别是 CPU 模块和 PS 模块顺序不能调换，否则系统出错，排列时我们根据实践经验，往往将输入模块、输出模块分开排列在一起，并留有一定的空槽，方便用户扩展之用。

模块插座处

图 5-9　模块式 PLC

模块式 PLC 的优点是各模块可单独插拔，维修时更换模块方便，用户对硬件配置的选择灵活、易扩展。采用模块式结构形式的还有 SIEMENS 的 S5 系列、S7-200、400 系列，OMRON 的 C500、C1000H 及 C2000H 等。

（3）叠装式 PLC。整体式和模块式两种结构各有特色，整体式 PLC 结构紧凑、安装方便、体积小，易与被控设备组成一体，但有时系统所配置的输入输出不能被充分利用，且不同 PLC 的尺寸大小不一致，不易安装整齐；模块式 PLC 点数配置灵活，但尺寸较大，很难与小型设备连成一体。为此开发了叠装式 PLC，它吸收了整体式和模块式 PLC 的优点，其基本单元、扩展单元等高等宽，它们不用基板，仅用扁平电缆连接，紧密拼接后组成一个整齐的体积小巧的长方体，而且输入、输出点数的配置也相当灵活。带扩展功能的 PLC，扩展后的结构即为叠装式 PLC。如图 5-10 所示的西门子 PLC 即为叠装式 PLC。

PLC 按照 I/O 点数和功能划分具有一定的联系。一般大型、超大型 PLC 都是高档机。

图 5-10　叠装式 PLC

机型和机器的结构形式及内部存储器的容量一般也有一定的联系，大型机一般都是模块式，并有很多的内存容量。

5.2.4　PLC 主要性能技术指标

PLC 的主要性能指标有以下几个：

1. 存储容量

系统程序存放在系统程序存储器中。这里说的存储容量指的是用户程序存储器的容量，用户程序存储容量决定了 PLC 可以容纳的用户程序的长短，一般以字节为单位来计算。每 1 024 个字节为 1 KB。中、小型 PLC 的存储容量一般在 8 KB 以下，大型 PLC 的存储容量可达到 256 KB ~ 2 MB。也有的 PLC 用存放用户程序指令的条数来表示容量，一般中、小型 PLC 存储指令的条数为 2K 条。

2. 输入/输出点数

I/O 点数指输入点及输出点数之和。I/O 点数越多，外部可接入的输入器件和输出器件就越多，控制规模就越大。因此 I/O 点数是衡量 PLC 规模的指标。国际上目前流行将 I/O 点数在 256 点以下的 PLC 称为小型 PLC，64 点及 64 点以下的称为微型 PLC，总点数在 256 ~ 2 048 点的为中型 PLC，总点数在 2 048 点以上的为大型 PLC 等。

3. 扫描速度

扫描速度是指 PLC 执行程序的速度，一般以执行 1 KB 所用的时间来衡量扫描速度。有些品牌的 PLC 在用户手册中给出执行各条程序所用的时间，可以通过比较各种 PLC 执行类似操作所用的时间来衡量扫描速度的快慢。

4. 编程的指令种类和数量

编程指令的种类和数量涉及 PLC 能力的强弱。一般说来编程指令种类及条数越多，处理能力、控制能力就越强。

5. 扩展能力

大部分 PLC 可以用 I/O 扩展单元进行 I/O 点数的扩展，有的 PLC 可以使用各种功能单元进行功能扩展。

6. 智能单元的数量

为了完成一些特殊的控制任务，PLC 生产厂家都为自己的产品设计了专用的智能单元，如模拟量控制单元、定位控制单元、速度控制单元以及通信工作单元等。智能单元种类的多少和功能的强弱是衡量 PLC 产品水平高低的重要指标。各个生产厂家都非常重视智能单元的开发，近年来智能单元的种类日益增多，功能也越来越强。

5.3　PLC 的编程语言

　　PLC 控制系统通常是以程序的形式来体现其控制功能的，所以 PLC 工程师在进行软件设计时，必须按照用户所提供的控制要求进行程序设计，即使用某种 PLC 的编程语言，将控制任务描述出来。目前世界上各个 PLC 生产厂家所采用的编程语言各不相同，但在表达的方式上却大体相似，基本上可以分为五类：梯形图语言、助记符语言、布尔代数语言、逻辑功能图和某些高级语言。其中梯形图和助记符语言已被绝大多数 PLC 厂家所采用。

　　梯形图语言是一种图形式的 PLC 编程语言，它沿用了电气工程师们所熟悉的继电器控制原理图的形式，如继电器的触点，线圈，串、并联术语和图形符号等，同时还吸收了计算机的特点，加进了许多功能强而又使用灵活的指令，因此对电气工程师们来说，梯形图形象、直观、编程容易。

　　助记符语言，就是使用帮助记忆的英文缩写字符来表示 PLC 的各种指令，它与微机的汇编语言十分相似，在使用简易编程器进行程序输入、检查、编辑、修改时常使用助记符语言。助记符语言在小型及微型 PLC 中也是常用的编程语言。

5.3.1　梯形图

　　梯形图编程语言，习惯上叫梯形图。梯形图在形式上沿袭了传统的继电器控制电路形式，或者说，梯形图编程语言是在电气控制系统中常用的继电器、接触器逻辑控制基础上简化了符号演变而来的，它形象、直观、实用，电气技术人员容易接受，是目前用得最多的一种 PLC 编程语言。梯形图的画法如图 5 – 11 所示。

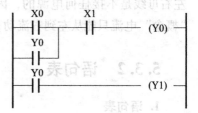

图 5 – 11　梯形图的画法

　　梯形图中的输入触点只有两种：常开触点（ –||– ）和常闭触点（ –|/|– ），这些触点可以是 PLC 的外接开关对应的内部映像触点，也可以是 PLC 内部继电器触点，或内部定时、计数器的触点。每一个触点都有自己特殊的编号，以示区别。同一编号的触点可以有常开和常闭两种状态，使用次数不限。因为梯形图中使用的"继电器"对应 PLC 内的存储区某字节或某位，所用的触点对应于该位的状态，可以反复读取。PLC 有无数个常开和常闭触点，梯形图中的触点可以任意地串联、并联。

　　梯形图的格式要求如下：

　　（1）梯形图按行从上至下编写，每一行从左往右顺序编写。PLC 程序执行顺序与梯形图的编写顺序一致。

　　（2）图左、右两边垂直线称为起始母线、终止母线。每一逻辑行必须从起始母线开始画起，终止于继电器线圈或终止母线，PLC 终止母线也可以省略。

　　（3）梯形图的起始母线与线圈之间一定要有触点，而线圈与终止母线之间则不能有任何触点。

　　总之，梯形图是使用得最多的图形编程语言，被称为 PLC 的第一编程语言。梯形图的编程方式与传统的继电器－接触器控制系统电路图非常相似，直观形象，很容易被工程熟悉继电器控制的电气人员所掌握，特别适用于开关量逻辑控制，不同点是它的特定元件和构图规则。这种表达方式特别适用于比较简单的控制功能的编程。例如，图 5－12（a）所示的继电器控制电路，图 5－12（b）所示的 PLC 完成其功能的梯形图。

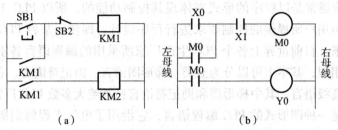

图 5－12　交流接触－继电器控制电路和 PLC 梯形图
（a）继电器控制电路；（b）梯形图

梯形图是由触点、线圈和应用指令等组成的。触点代表逻辑输入条件，如按钮、行程开关、接近开关和内部条件等。线圈代表逻辑输出结果，用来控制外部的指示灯、交流接触器和内部的输出标志位等。

梯形图的编程方法的要点：梯形图按自上而下、从左到右的顺序排列。每个继电器线圈为一个逻辑行，即一层阶梯。每一逻辑行起于左母线，然后是触点的各种连接，最后终止于继电器线圈，右母线有无均可。整个图形呈阶梯状。梯形图是形象化的编程手段。梯形图的左右母线是不接任何电源的，因而梯形图中没有真实的物理电流，而只有"概念"电流。"概念"电流只能从左到右流动，层次的改变只能先上后下。

5.3.2　语句表

1. 语句表

语句表编程语言又称助记符语言，类似于计算机汇编语言，是更简单的编程语言。它采用助记符指令（又称语句），并以程序执行顺序逐句编写成语句表，语句表可直接键入简易编程器。语句表与梯形图完成同样控制功能，两者之间存在一定对应关系，如图 5－13 所示。由于简易编程器既没有大屏幕显示梯形图，也没有梯形图编程功能，所以小型 PLC 采用语句表编程语言更为方便、实用。由于不同型号 PLC 的助记符与指令格式、参数等表示方法各不相同，因此它们的语句表也不相同。

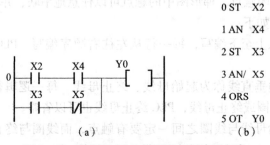

```
0 ST   X2
1 AN   X4
2 ST   X3
3 AN/  X5
4 ORS
5 OT   Y0
```

图 5－13　某型号 PLC 梯形图与相应语句表
（a）梯形图；（b）语句表

助记符语言常用一些助记符来表示 PLC 的某种操作。它类似于微机中的汇编语言，但比汇编语言更直观易懂。用助记符语言编写的程序较难阅读，其中逻辑关系很难一眼看出，所以在设计时一般使用梯形图语言。如果使用手持编程器，必须将梯形图转换成助记符语言后再写入 PLC。下面以三菱公司 FX 系列的指令语句来说明。

LDX0　逻辑行开始，输入 X0 常开接点

ORY0　并联 Y0 的自保接点

ANDX1　串联 X1 的常开接点

OUTY0　输出 Y0 逻辑行结束

LDY0　输入 Y0 常开接点逻辑行开始

OUTY1　输出 Y1 逻辑行结束

2. 指令表

PLC 指令表编程语言是与汇编语言类似的一种助记符编程语言，同样是由操作码和操作数组成的。因此，由指令组成的程序叫作指令表程序。利用指令表编写的程序较难阅读，程序中的逻辑关系很难一眼看出，所以，在程序设计中较少使用，在设计时一般采用梯形图语言编程。当然，在无计算机的情况下，适合采用 PLC 手持编程器对用户程序进行编制。如果使用的是梯形图编写的程序，在使用手持编程器时，必须将梯形图语音转换成指令表后写入到 PLC中。指令表编程语言与梯形图编程语言图一一对应，在 PLC 编程软件下可以相互转换。

指令语句表是由若干条语句组成的程序，语句是程序的最小独立单元。每个操作都由一条或几条语句执行。PLC 的语句表达形式与一般微机编程语言的语句表达式相类似，也是由操作码和操作数两部分组成的。操作码用助记符表示（如 LD 表示"取"、AND 表示"与"等），用来说明要执行的功能。操作数一般由标识符和参数组成。标识符表示操作数的类型，如表明是输入继电器、输出继电器、定时器、计数器、数据寄存器等。参数表明操作数的地址或一个预先设定值。

5.3.3　顺序功能图

顺序功能图也称控制系统流程图，英文缩写为 SFC。SFC 是一种根据系统工作的动作过程进行编程的语言。编程时将顺序流程动作的过程分成步和转换条件，根据转移条件对控制系统的功能流程顺序进行分配，一步一步地按照顺序动作。每一步代表一个控制功能任务，用方框表示。在方框内含有用于完成相应控制功能任务的梯形图逻辑。在顺序功能图中可以用别的语言嵌套编程。步、转换和动作是顺序功能图中的三种主要元件，如图 5 – 14 所示。这种编程语言使程序结构清晰，易于阅读及维护，大大减轻编程的工作量，缩短编程和调试时间，用于系统规模较大，程序关系较复杂的场合。

SFC 编程方法的优点：在程序中可以很直观地看到设备的动作顺序。不同的人员都比较容易理解其他人利用 SFC 方法编写的程序，因为程序是按照设备的动作顺序进行编写的；在设

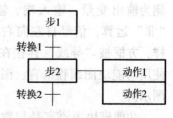

图 5 – 14　顺序功能图

备故障时，编程人员能够很容易地查找出故障所处的工序，从而不用检查整个冗长的梯形图

程序；不需要复杂的互锁电路，更容易设计和维护系统。

它是一种位于其他编程语言之上的图形语言，用来编制顺序控制程序。图 5-15 所示为一个采用顺序功能图（SFC）语言编程的例子。图 5-15（a）所示为该任务的示意图，要求控制电动机正反转，实现小车往返行驶，控制小车的行程位置。图 5-15（b）所示为按钮 SB 控制启停，SQ11～SQ13 分别为三个限位开关。5-15（c）所示为按照动作要求画出的流程图。可以看到：整个程序完全按图照动作的先后顺序直接编程，直观简单，思路清晰，很适合顺序控制的场合。

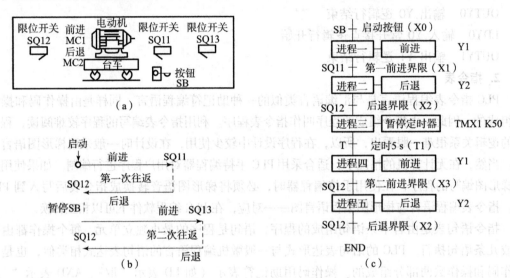

图 5-15　顺序功能图语言示意图
(a) 任务示意图；(b) 动作示意图；(c) 流程图

应当指出的是，对于目前大多数 PLC 来说，SFC 还仅仅作为组织编程的工具使用，尚需要用其编程语言（如梯形图）将它转换为 PLC 可执行的程序。因此，通常只是将 SFC 作为 PLC 的辅助编程工具，而不是一种独立的编程语言。

5.3.4　功能块图

功能块图是一种类似于数字逻辑电路的编程语言，用类似与门、或门的方框来表示逻辑运算关系，方块左侧为逻辑运算的输入变量，右侧为输出变量，输入端、输出端的小圆圈表示"非"运算，信号自左向右流动。类似于电路一样，方框被"导线"连接在一起，国内很少有人使用功能块图编程语言。图 5-16 所示为功能块图示例。

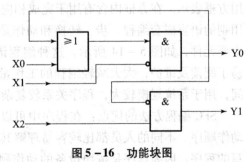

图 5-16　功能块图

功能模块图语言是与数字逻辑电路类似的一种 PLC 编程语言，有数字电路基础的人很容易掌握。功能块图的编程方法与数字电路中的门电路的逻辑运算相似，采用功能模块图的形式来表示模块所具有的功能，不同的功能模块有不同的功能。图 5 – 17 所示为西门子 S7 – 300 系列 PLC 的三种编程语言。

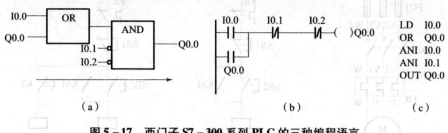

图 5 – 17　西门子 S7 – 300 系列 PLC 的三种编程语言
（a）逻辑功能图；（b）梯形图；（c）指令表

5.3.5　其他语言

1. 其他高级语言

随着 PLC 的快速发展，PLC 可与其他工业控制器组合完成更为复杂的控制系统。为此很多类型 PLC 都支持高级编程语言，如 Basic、Pascal、C 语言等。这种编程方式称为结构文本（Structure Text，ST），主要用于 PLC 与计算机联合编程或通信等场合。

2. 结构化文本语言

结构化文本语言是用结构化的描述文本来描述程序的一种编程语言。它是类似于高级语言的一种编程语言。与梯形图相比，它能实现复杂的数学运算，编写的程序非常简洁和紧凑。在大中型的 PLC 系统中，常采用结构化文本来描述控制系统中各个变量的关系，主要用于其他编程语言较难实现的用户程序编制。

尽管可编程控制器已获得广泛的应用，但是到目前为止，仍没有一种可以让各个厂家生产的 PLC 相互兼容的编程语言，且指令系统也是各自成体系，有所差异。如美国 A – B 公司的 PLC 采用梯形图编程方式；西门子公司 PLC 采用结构化编程方式。本章主要以日本三菱公司生产的 Q 系列可编程序控制器为例，详细介绍 PLC 的指令系统和梯形图、指令表、顺序功能图编程方法。其他方法不再累述。

5.4　技　能　篇

在电力拖动自动控制系统中，各种生产机械均由电动机来拖动。在可编程控制器出现以前，继电器接触器控制在工业控制领域中占主导地位，这种控制方式能够实现对电动机的启动、正反转、调速、制动等运行方式的控制，以满足生产工艺要求，实现生产过程自动化。

下面以小型三相异步电动机的启停控制为例，说明接触器继电器装置和可编程控制器装置的控制特点。图 5 – 18（a）所示为三相异步电动机启停控制的主电路。图 5 – 18（b）和图 5 – 18（c）分别所示为电动机全压启动和延时启动控制电路。

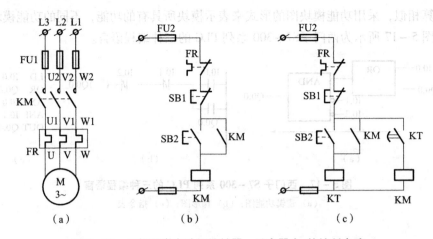

图 5 – 18　三相异步电动机接触器 – 继电器启/停控制电路

(a) 主电路；(b) 全压启动控制电路；(c) 延时启动控制电路

在图 5 – 18 (b) 中，按下启动按钮 SB2，三相电动机直接启动时，交流接触器线圈 KM 得电，其主触点闭合，电动机启动；按下停止按钮 SB1，线圈 KM 失电，电动机停止。

在图 5 – 18 (c) 中，三相电动机需要延时启动时，按下启动按钮 SB2，延时继电器延时一段时间后接触器线圈 KM 得电，其主触点闭合，电动机启动；KT 得电并自保，按下停止按钮 SB1，线圈 KM 失电，电动机停止。与直接启动一样，两个简单的控制系统输入设备和输出设备相同，即都是通过启动按钮 SB2 和停止按钮 SB1 控制接触器线圈 KM，但因控制要求发生了变化，控制系统必须重新设计，重新配线安装。

随着科技的进步、信息技术的发展，各种新型的控制器件和控制系统不断涌现。PLC 可编程控制器就是一种在继电器控制和计算机控制的基础上开发出来的新型自动控制装置。采用可编程控制器对三相电动机进行直接启动和延时启动，使工作变得轻松愉快。

采用可编程控制器进行控制，硬件接线更加简单清晰，主电路仍然不变，用户只需要将输入设备（如启动按钮 SB2、停止按钮 SB1、热继电器触点 FR）接到 PLC 的输入端口，输出设备（如接触器线圈 KM）接到 PLC 的输出端口，再接上电源、输入软件程序就可以了。用三菱 FX2N 可编程控制器控制电动机启停的硬件接线图和软件程序，如图 5 – 19 所示。直接启动的硬件接线图与延时启动的完全相同，只是软件程序不同罢了。

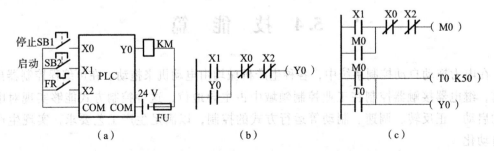

图 5 – 19　用 PLC 实现的三相异步电动机启/停控制

(a) 输入/输出接线图；(b) 全压启动控制 PLC 程序；

(c) 延时启动控制 PLC 程序

　　由上可知，PLC 是通过用户程序实现逻辑控制的，这与接触器－继电器控制系统采用硬件接线实现逻辑控制的方式不同。PLC 的外部接线只起到信号传送的作用，因而用户可在不改变硬件接线的情况下，通过修改程序实现两种方式的电动机启/停控制。由此可见，采用可编程控制器进行控制通用灵活，极大地提高了工作效率。同时，可编程控制器还具有体积小、可靠性高、使用寿命长、编程方便等一系列优点。

习　题

一、填空题

1. PLC 的最大特点之一，就是采用简单易学的＿＿＿语言。

2. PLC 是通过一种顺序循环扫描工作方式来完成控制的，每个周期包括＿＿＿、＿＿＿、输出处理三个阶段。

3. PLC 需要通过电缆与微机或＿＿＿编程器连接。

4. PLC 一般＿＿＿（能，不能）为外部传感器提供 24 V 直流电源。

5. 说明下列指令意义：LD AND ＿＿＿。

6. 选择 PLC 型号时，需要估算＿＿＿＿＿，并据此估算出程序的存储容量，是系统设计的最重要环节。

7. 从组成结构形式上划分，PLC 可分为＿＿＿和＿＿＿两类。

8. PLC 提供的编程语言有＿＿＿、＿＿＿、逻辑功能图、高级语言。

二、判断题

1. （　　）可编程序控制器都是模块式结构。

2. （　　）梯形图不是数控加工编程语言。

三、简答题

1. 简述可编程控制器的定义。

2. 可编程控制器的特点有哪些？

习 题 答 案

一、填空题

1. 梯形图

2. 输入处理，程序执行

3. RS232 数据

4. 能

5. 逻辑取指令，逻辑与指令

6. 输入输出点数

7. 整体式，模块式

8. 梯形图，指令表

二、判断题

1. ×　　2. √

三、简答题

1. 可编程控制器是一种数字运算操作的电子系统，专为在工业环境应用而设计的。它采用一类可编程的存储器，用于其内部存储程序，执行逻辑运算、顺序控制、定时、计数与算术操作等面向用户的指令，并通过数字或模拟式输入/输出控制各种类型的机械或生产过程。可编程控制器及其有关外部设备，都按易与工业控制系统连成一个整体，易于扩充其功能的原则设计。

2.①PLC 的软件简单易学；②使用和维护方便；③运行稳定可靠；④设计施工周期短。

第 6 章　三菱 FX2N 系列 PLC

💠 本章主要内容

　　了解三菱 FX2N 系列 PLC 的基本组成，熟悉三菱 PLC 编程元件，熟悉三菱 PLC 基本指令。

💠 学习目标

　　（1）掌握三菱 PLC 基本指令的使用。
　　（2）会用梯形图编写简单的程序。
　　（3）会使用三菱编程软件进行简单功能的编程。

6.1　三菱 PLC 的概述

　　FX 系列 PLC 是由三菱公司近年来推出的高性能小型 PLC，以逐步替代三菱公司原 F、F1、F2 系列 PLC 产品。其中，FX2 是 1991 年推出的产品，FX0 是在 FX2 之后推出的超小型 PLC，近几年来又陆续推出了将众多功能凝集在超小型机壳内的 FX0S、FX1S、FX0N、FX1N、FX2N、FX2NC 等系列 PLC，具有较高的性能价格比，应用广泛。FX2N 为箱体式结构的 PLC，在 FX 系列中属于功能最强、运行速度最快的 PLC。其基本指令执行时间高达 0.08 μs，超过了许多大、中型 PLC；用户存储器容量可扩展到 16 KB，且 I/O 点数最大可扩展到 256 点。它除了数字量输入/输出模块以外，还有多种模拟量输入/输出模块、高速计数器模块、脉冲输出模块、位置控制模块、RS232C 等串行通信模块或功能扩展板、模拟定时器扩展板等供选择，使用这些特殊功能模块和功能扩展板，可实现模拟量控制、位置控制和联网通信等功能。

6.1.1　三菱 FX2N 系列 PLC

　　PLC 的型号及其含义和各种工业产品都具有系列及型号一样，可编程控制器也有系列及型号。如日本三菱公司生产的 A 系列及 FX 系列可编程控制器，A 系列是中、大型机，模块式结构；FX 系列则是微型、小型机，整体式结构。FX 系列又有 FX1、FX2、FX2C、FX0、FX0N、FX2N、FX2NC 等系列，各系列均含有各类基本单元、扩展单元及功能模块。以下介绍 FX2N 系列 PLC 基本单元的型号。FX2N 系列 PLC 基本单元型号含义如图 6-1 所示。

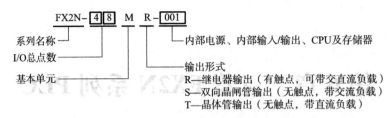

图 6 – 1 FX2N 系列 PLC 基本单元型号含义

FX2N 系列 PLC 基本单元共有 16 种，如表 6 – 1 所示。

表 6 – 1 FX2N 系列 PLC 基本单元

FX2N 系列基本单元			输入点数	输出点数	输入/输出总点数
AC 电源 DC 输入					
继电器输出	晶闸管输出	晶体管输出			
FX2N – 16MR – 001		FX2N – 16MT – 001	8	8	16
FX2N – 32MR – 001	FX2N – 32MS – 001	FX2N – 16MT – 001	16	16	32
FX2N – 48MR – 001	FX2N – 48MS – 001	FX2N – 16MT – 001	24	24	48
FX2N – 64MR – 001	FX2N – 64MS – 001	FX2N – 16MT – 001	32	32	64
FX2N – 80MR – 001	FX2N – 80MS – 001	FX2N – 16MT – 001	40	40	80
FX2N – 128MR – 001	FX2N – 128MS – 001	FX2N – 16MT – 001	64	64	128

　　PLC 是专为工业生产环境设计的控制装置，具有较强的抗干扰能力，但是，也必须严格按照技术指标规定的条件安装使用。PLC 一般要求安装在环境温度为 0 ~ 55 ℃，相对湿度小于 85%，无粉尘、油烟，无腐蚀性及可燃性气体的场合。为了达到这些条件，PLC 不要安装在发热器件附近，不能安装在结露、雨淋的场所，在粉尘多、油烟大、有腐蚀性气体的场合安装时要采取封闭措施，在封闭的电气柜中安装时，要注意解决通风问题。另外 PLC 要安装在远离强烈振动源及强烈电磁干扰源的场所，否则需采取减振及屏蔽措施。PLC 的安装固定常有两种方式：①直接利用机箱上的安装孔，用螺钉将机箱固定在控制柜的背板或面板上；②利用 DIN 导板安装，需先将 DIN 导板固定好，再将 PLC 及各种扩展单元卡在 DIN 导板上。安装时还要注意在 PLC 周围留足散热及接线的空间。

　　目前我国市场上可编程序控制器供应商超过 40 家，可分为欧美品牌、日本品牌、韩国品牌、中国台湾地区及国内品牌几个集群。最早进入我国市场的是日本品牌，如三菱（MITSUBISHI）、欧姆龙（OMRON）、日立（HITACHI）于 20 世纪 80 年代就进入我国市场。之后是德国的西门子（SIEMENS），其代表产品如 S7 – 200。韩国及我国台湾的产品虽然进入大陆市场稍晚，但凭借其积极的产品定位、市场策略，使其在低端市场依然表现抢眼，代表品牌有 LS（L. G）、台达（DELTA）。

　　近几年我国大陆的可编程序控制器产品正如雨后春笋般发展起来，有实力的自动化企业相继推出自己的产品，如和时利、浙江中控等。还有一些企业在消化、吸收国外产品的基础上推出了改进型产品，这些产品使用的编程软件都与相应的国外产品兼容，在性能上有所提高。

　　从网上做初步统计，目前国内生产可编程序控制器的公司超过 20 家，其中编程软件与三菱兼容的部分厂家和产品如表 6 - 2 所示。

表 6 - 2　部分国内生产可编程序控制器的厂家及其主要产品

公司名称	品牌	系列	代表型号	使用编程软件
深圳市汇川技术股份有限公司	汇川	H_{2U}	$H_{2U} - 2416MT$	兼容三菱编程软件
山东三龙电子科技实业公司	三龙	SL - FX2N	SL2N - 28MR - 4AD/2DA - 02	
深圳市公元科技有限公司	公元	GXIS	GXIS - 30MR	
		GXIN	GXIN - 60MR	
深圳市三凌机电科技开发有限公司	三凌	FX1S	$FX_{1S} - 30MR/MT - 001$	
		FX1N	$FX_{1S} - 40MR/MT - 001$	
		FX2N	$FX_{2N} - 26MR - 2AD$	
			$FX_{2N} - 26MR - 2AD - 2DAPLC$	
		SL	SLIN - 40MR - B	
黄石市科威自控有限公司	科威	LP	LP - 24M24R	
		EP	EP - 08M08R	
		EC	EC - 08M08R - 04N04E	
			EC - 16M16R	

6.1.2　三菱 FX PLC 的基本组成

　　FX 系列 PIC 是由基本单元、扩展单元及特殊功能单元构成的。基本单元包括 CPU、存储器、I/O 接口部件和电源，它是 PLC 的主要组成部分。扩展单元是扩展 I/O 点数的装置，内部有电源；扩展模块用于增加 I/O 点数和改变 I/O 点数的比例，内部无电源，由基本单元和扩展单元供给。扩展单元和扩展模块内无 CPU，必须与基本单元一起使用。特殊功能单元是一些特殊用途的装置，如进行模拟量控制的 A/D、D/A 转换模块，高速计数模块（HC）、过程控制模块（PID）等特殊功能单元。下面以 FX2N 系列为例具体介绍 PIC 的组成。

　　FX2N 是 FX 系列中功能最强、速度最快的微型可编程控制器。其基本单元如表 6 - 3 所示，扩展单元如表 6 - 4 所示，扩展模块如表 6 - 5 所示。用户存储器容量可扩展到 16 KB。I/O 点最大可扩展到 256 点。它有 27 条基本指令，其基本指令的执行速度超过了很多大型 PLC。PLC 有很多特殊功能模块，如模拟量输入/输出模块、高速计数模块、脉冲输出模块、位置控制模块，如表 6 - 6 所示，还有多种 RS - 232C/RS - 422/RS - 485 串行通信模块或功能扩展模块。使用特殊功能模块和功能扩展模板，可实现模拟量控制、位置控制和联网通信等功能。

表 6 – 3　FX2N 系列 PLC 基本单元

型　　号			输入点数	输出点数	扩展模块可用点数
继电器输出	可控硅输出	晶体管输出			
FX2N – 16MR – 001	FX2N – 16MS – 001	FX2N – 16MT – 001	8	8	24 ~ 32
FX2N – 32MR – 001	FX2N – 32MS – 001	FX2N – 32MT – 001	16	16	24 ~ 32
FX2N – 48MR – 001	FX2N – 48MS – 001	FX2N – 48MT – 001	24	24	48 ~ 64
FX2N – 64MR – 001	FX2N – 64MS – 001	FX2N – 64MT – 001	32	32	48 ~ 64
FX2N – 80MR – 001	FX2N – 80MS – 001	FX2N – 80MT – 001	40	40	48 ~ 64
FX2N – 128MR – 001		FX2N – 128MT – 001	64	64	48 ~ 64

表 6 – 4　FX2N 系列 PLC 扩展单元

型　　号			输入点数	输出点数	扩展模块可用点数
继电器输出	可控硅输出	晶体管输出			
FX2N – 32ER	FX2N – 32ES	FX2N – 32ET	16	16	24 ~ 32
FX2N – 48ER		FX2N – 48ET	24	24	48 ~ 64

表 6 – 5　FX2N 系列 PLC 扩展模块

型　　号				输入点数	输出点数
输入	继电器输出	可控硅输出	晶体管输出		
FX2N – 16EX	—	—	—	16	—
FX2N – 16EX – C	—	—	—	16	—
FX2N – 16EX – C	—	—	—	16	—
—	FX2N – 16EYR	FX2N – 16EYS	—	—	16
—	—	—	FX2N – 16EYT	—	16
—	—	—	FX2N – 16YET – C	—	16

表 6 – 6　FX2N 系列 PLC 特殊功能模块

种类	型　　号	功能概要
特殊功能单元	FX2N – 10GM	1 轴用定位单元
	FX2N – 20GM	2 轴用定位单元
	FX2N – 1RM – E – SET	旋转角度检测单元
模拟量输入模块	FX2N – 2AD	2 通道模拟量输入
	FX2N – 4AD	4 通道模拟量输入
	FX2N – 4AD – PT	4 通道温度传感器信号输入（pt100）
	FX2N – 4AD – TC	4 通道温度传感器信号输入（热电偶）

续表

种类	型　号	功能概要
模拟量输出模块	FX2N – 2AD	2 通道模拟量输出
	FX2N – 2AD	4 通道模拟量输出
功能扩展板	FX2N – 8AV – BD	电位器扩展板 8 点
	FX2N – 232AV – BD	RS – 232 通信扩展板
	FX2N – 422AV – BD	RS – 422 通信扩展板
	FX2N – 485AV – BD	RS – 485 通信扩展板
	FX2N – CNV – BD	连接通信适配器用的板卡

　　FX2N 系列 PLC 有 3 000 多点辅助继电器、1 000 多点状态继电器、200 多点定时器、200 多点 16 位加计数器、35 点 32 位加/减计数器、8 000 多点 16 位数据寄存器、128 点跳步指针、15 点中断指针。这为应用程序的设计提供了丰富的资源。

6.1.3　实物认识

1. 认识 FX2N 系列 PLC 面板

　　图 6 – 2 所示为三菱 FX2N 系列 PLC 面板，主要包含型号（Ⅰ区）、状态指示灯（Ⅱ区）、模式转换开关与通信接口（Ⅲ区）、PLC 的电源端子与输入端子（Ⅳ区）、输入指示灯（Ⅴ区）、输出指示灯（Ⅵ区）、输出端子（Ⅶ区）。

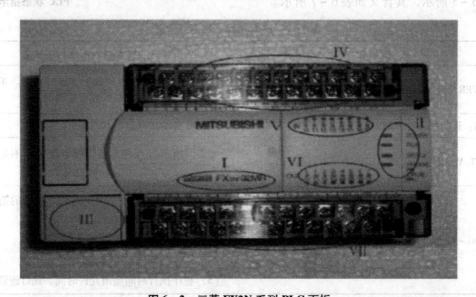

图 6 – 2　三菱 FX2N 系列 PLC 面板

　　FX 系列 PLC 的面板由三部分组成，即外部接线端子、指示部分和接口部分，各部分的组成及功能如下：

　　（1）外部接线端子：如图 6 – 2 中Ⅳ和Ⅶ，外部接线端子包括 PLC 电源（L、N），输入用直流电源（24 +、COM）,输入端子（X）,输出端子（Y）和机器接地等。其中,L、N 是 PLC 的电源输入端子,额定电压为 AC 100 ~ 240 V（电压允许范围 AC 85 ~ 264 V）, 50/60 Hz;24 +、COM 是机器为输入回路提供的直流 24 V 电源,为减少接线,其正极在机器内已与输入回路连接。当某输入点需给定输入信号时,只需将 COM 通过输入设备接至对应的输入点。一旦 COM 与对应点接通,该点就为 ON,此时对应输入指示灯就点亮。接地端子用于 PLC 的接地保护,它们位于机器两侧可拆卸的端子板上,每个端子均有对应的编号,主要用于电源、输入信号和输出信号的连接。

（2）指示部分:图 6 - 2 中 I、I、V 和 Ⅵ,指示部分包括各输入/输出点的状态指示、机器电源指示（POWER）、机器运行状态指示（RUN）、用户程序存储器后备电池指示（BATT. V）和程序错误或 CPU 错误指示（PROG - E、CPU - E）等,用于反映 I/O 点和机器的状态。

（3）接口部分:图 6 - 2 中的 Ⅱ 区,主要包括编程器接口、存储器接口扩展接口和特殊功能模块接口等。在机器面板上,还设置了一个 PLC 运行模式转换开关 SW（RUN/STOP）,RUN 使机器处于运行状态（RUN 指示灯亮）; STOP 使机器处于停止运行状态（RUN 指示灯灭）。当机器处于 STOP 状态时,可进行用户程序的录入、编辑和修改。接口的作用是完成基本单元与编程器、外部存储器、扩展单元和特殊功能模块的连接,在 PLC 技术应用中会经常用到。

2. FX2N 系列 PLC 的状态指示灯

FX2N 系列 PLC 提供 4 盏状态指示灯来体现 PLC 当前的工作状态,如图 6 - 3 所示,其含义如表 6 - 7 所示。

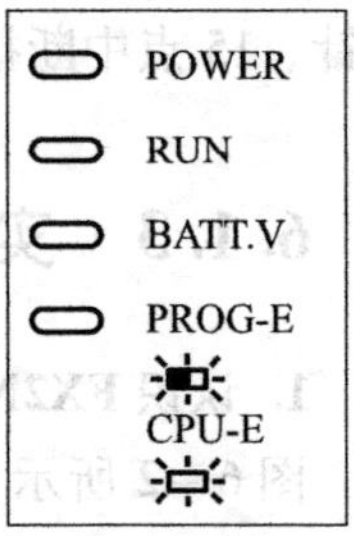

图 6 - 3　FX2N 系列 PLC 状态指示灯

表 6 - 7　PLC 的状态指示灯含义

指示灯	指示灯的状态与当前运行的状态
POWER:电源指示灯（绿灯）	PLC 接通 220 V 交流电源后,该灯点亮。正常时仅有该灯点亮,表示 PLC 处于编辑状态
RUN:运行指示灯（绿灯）	当 PLC 处于正常运行状态时,该灯点亮
BATT. V:内部锂电池电压低指示灯（红灯）	如果该指示灯点亮,说明锂电池电压不足,应更换
PROG - E（CPU - E）:程序出错指示灯（红灯）	如果该指示灯闪烁,说明出现以下类型的错误: （1）程序语法错误; （2）锂电池电压不足; （3）定时器或计数器未设置常数; （4）干扰信号使程序出错; （5）程序执行时间超出允许时间,此灯连续亮

3. FX2N 系列 PLC 的模式转换开关与通信接口

模式转换开关用来改变 PLC 的工作模式,PLC 电源接通后,将转换开关拨到 RUN 位置上,则 PLC 的运行指示灯（RUN）发亮,表示 PLC 正处于运行状态;将转换开关拨到 STOP 位置上,则 PLC 的运行指示灯（RUN）熄灭,表示 PLC 正处于停止状态,如图 6 - 4 所示。

图 6 - 4　FX2N 系列 PLC 模式切换接口

通信接口用来连接手持式编程器或计算机，通信线一般有手持式编程器通信线和计算机通信线两种。通信线与 PLC 连接时，务必注意通信线接口内的"针"与 PLC 上的接口正确对应后才可将通信线接口用力插入 PLC 的通信接口，避免损坏接口，如图 6 - 5 所示。

图 6 - 5　PLC 通信线接口

4. FX2N 系列 PLC 的电源端子、输入端子与输入指示灯

如图 6 - 6 所示，输入接口侧主要由 PLC 外部电源端子、输入端子和输入指示灯组成。

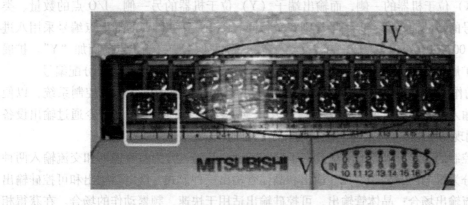

图 6 - 6　FX2N 系列 PLC 输入端子

外部电源端子：图 6 - 6 所示方框内的端子为 PLC 的外部电源端子（L、N、地），通过这部分端子外接 PLC 的外部电源（AC 220 V）。

输入公共端子 COM：在外接传感器、按钮、行程开关等外部信号元件时必须接的一个公共端子。

+24 V 电源端子：PLC 自身为外部设备提供 24 V 的直流电源，多用于三端传感器。

X 端子：输入（IN）继电器的接线端子，是将外部信号引入 PIC 的必经通道。输入指示灯：PLC 的输入（IN）指示灯，PLC 有正常输入时，对应输入点的指示灯亮。

5. FX2N 系列 PLC 的输出端子与输出指示灯

PLC 的输出端子与输出指示灯如图 6 – 7 所示。

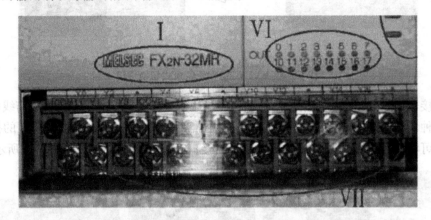

图 6 – 7　FX2N 系列 PLC 输入端子与输出指示灯

输出公共端子 COM：PLC 输出公共端子，它是在 PLC 连接交流接触器线圈、电磁阀线圈、指示灯等负载时必须连接的一个端子。

Y 端子：PLC 的输出（OUT）继电器的接线端子，它是将 PLC 指令执行结果传递到负载侧的必经通道。

输出指示灯：当某个输出继电器被驱动后，则对应的 Y 指示灯就会点亮。

6. FX2N 系列 PIC 的输入/输出回路

I/O 点的类别、编号及使用说明。I/O 端子是 PLC 与外部输入、输出设备连接的通道。输入端子（X）位于机器的一侧，而输出端子（Y）位于机器的另一侧。I/O 点的数量、类别随机器型号的不同而不同，但编号规则完全相同。FX2N 系列 PLC 的 I/O 点编号采用八进制，即 000 ~ 007、010 ~ 017、020 ~ 027 等，输入点前面加 "X"，输出点前面加 "Y"。扩展单元和 I/O 扩展模块，其 I/O 点编号应紧接基本单元的 I/O 编号之后，依次分配编号。

I/O 点的作用是将 I/O 设备与 PLC 进行连接，使 PLC 与现场设备构成控制系统，以便从现场通过输入设备（元件）得到信息（输入），或将经过处理后的控制命令通过输出设备（元件）送到现场（输出），从而实现自动控制的目的。

为适应控制的需要，PLC 的 I/O 具有不同的类别。其输入分为直流输入和交流输入两种形式；输出分为继电器输出、可控硅输出和晶体管输出三种形式。继电器输出和可控硅输出适用于大电流输出场合；晶体管输出、可控硅输出适用于快速、频繁动作的场合。在获得相同驱动能力的情况下，采用继电器输出形式价格较低。

7. 输入回路及接线

输入回路的连接如图 6 – 8 所示。输入回路的实现是将 COM 通过输入元件（如按钮、转换开关、行程开关、继电器的触点、传感器等）连接到对应的输入点上，再通过输入点 X 将信息送到 PLC 内部。一旦某个输入元件状态发生变化，对应输入继电器 X 的状态也就随之变化，PLC 在输入采样阶段即可获取这些信息。

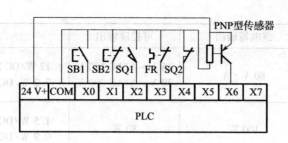

图 6 – 8　输入回路的连接

8. 输出回路及接线

输出回路就是 PLC 的负载驱动回路，输出回路的连接如图 6 – 9 所示。通过输出点，将负载和负载电源连接成一个回路，这样负载就由 PLC 输出点的 ON/OFF 进行控制，输出点动作负载得到驱动。负载电源的规格应根据负载的需要和输出点的技术规格进行选择。

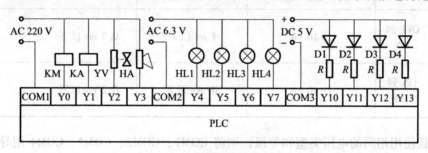

图 6 – 9　输出回路的连接

在实现输入/输出回路时，应注意如下事项：

I/O 点的共 COM 问题。一般情况下，每个 I/O 点应有两个端子，为了减少 I/O 端子的个数，PLC 内部已将其中一个 I/O 继电器的端子与公共端 COM 连接。输出端子一般采用每 4 个点共 COM 连接，如表 6 – 8 所示。

表 6 – 8　三种输出形式的技术规格

项目		继电器输出	可控硅输出	晶体管输出
机型		FX2N 基本单元 扩展单元 扩展模块	FX2N 基本单元 扩展模块	FX2N 基本单元 扩展单元 扩展模块
内部电源		AC 250 V， DC 30 V 以下	AC 85 ~ 242 V	DC 5 ~ 30 V
电路绝缘		机械绝缘	光控晶闸管绝缘	光耦合器绝缘
动作显示		继电器螺线管通电时， LED 灯亮	光控晶闸管驱动时， LED 灯亮	光耦合器驱动时， LED 灯亮
最大 负载	电阻 负载	2 A/1 点、8 A/4 点 公用、8 A/8 点公用	0.3 A/1 点 0.8 A/4 点	0.5 A/1 点、0.8 A/4 点（Y0、Y1 以外），0.3 A/1 点（Y0、Y1 以外）

续表

项目		继电器输出	可控硅输出	晶体管输出
	感性负载	80 V · A	15 V · A/AC 100 V 30 V · A/AC 200 V	12 W/DC 24 V（Y0、Y1 以外） 7.2 W/DC 24 V（Y0、Y1）
	灯负载	100 W	30 W	1.5 W/DC 24 V（Y0、Y1 以外） 0.9 W/DC 24 V（Y0、Y1）
开路漏电流		—	1 mA/AC 100 V 2 mA/AC 200 V	0.1 mA/DC 30 V
最小负载		DC 5 V 2 mA （参考值）	0.4 V · A/AC 200 V 1.6 V · A/AC 200 V	
响应时间	OFF 到 ON	约 10 ms	1 ms 以下	0.2 ms 以下
	ON 到 OFF	约 10 ms	10 ms 以下	0.2 ms 以下

若负载使用相同的电压类型和等级，则将 COM1、COM2、COM3、COM4 用导线短接起来就可以了。在负载使用不同电压类型和等级时，Y0 ~ Y3 共用 COM1，Y4 ~ Y7 共用 COM2，Y10 ~ Y13 共用 COM3，Yl4 ~ Y17 共用 COM4，Y20 ~ Y27 共用 COM5。对于共用一个公共端子的同一组输出，必须用同一电压类型和同一电压等级，但不同的公共端子组可使用不同的电压类型和电压等级。

输出点的技术规格。不同的输出类别有不同的技术规格。应根据负载的类别、大小，负载电源的等级、响应时间等选择不同类别的输出形式，详见表 6 - 8。

6.2 三菱 FX2N 系列 PLC 编程元件与实例应用

6.2.1 FX2N 系列可编程控制器主要编程元件

FX2N 系列可编程控制器编程元件的名称由字母和数字组成。其中输入继电器与输出继电器是以八进制编码的。

1. 输入继电器（X）

FX2N 系列 PLC 的输入继电器用 X 表示，下标的尾数只有 0 ~ 7。在其编号中没有 "8" "9" 这样的数字，如 X7 和 X10 是两个相邻的整数。FX2N 系列可编程控制器的输入、输出继电器元件号如表 6 - 9 所示。

表 6 – 9 FX2N 系列可编程控制器的输入、输出继电器元件号

型号	FX2N – 16M	FX2N – 32M	FX2N – 48M	FX2N – 64M	FX2N – 80M	FX2N – 128M	扩展时
输入	X0 ~ X7 8 点	X0 ~ X17 16 点	X0 ~ X27 24 点	X0 ~ X37 32 点	X0 ~ X47 40 点	X0 ~ X77 64 点	X0 ~ X270 184 点
输出	X0 ~ X7 8 点	X0 ~ X17 16 点	X0 ~ X27 24 点	X0 ~ X37 32 点	X0 ~ X47 40 点	X0 ~ X77 64 点	X0 ~ X270 184 点

输入继电器是 PLC 接收外部输入的开关量信号的窗口。PLC 通过光耦合器，将外部信号的状态读入并存储在输入映像寄存器内。外部输入电路接通时对应的映像寄存器为 ON（1 状态）。输入端可接外部的动合、动断触点；而输入继电器有一对动合、动断触点，触点在编程中可以多次反复使用。

注意：输入继电器（X）只能由外部信号所驱动。

2. 输出继电器（Y）

FX2N 系列 PLC 的输出继电器用 Y 表示，下标的尾数只有 0 ~ 7。FX2N 系列可编程控制器的输出继电器是可编程控制器向外部负载发送信号的窗口。从控制电路来看是将输入信号进行逻辑组合运算后的信号传送给输出模块，再由它驱动外部负载。如果 Y0 的线圈"通电"，继电器 Y0 的动合、动断触点对应动作，使外部负载相应变化。其动合、动断触点可以多次反复使用。

3. 辅助继电器（M）

PLC 内部有许多辅助继电器，其作用相当于继电接触器控制线路中的中间继电器。和输出继电器一样，辅助继电器只能由程序来驱动，每个辅助继电器有无限对动合、动断触点。但辅助继电器的触点仅供内部编程使用，不能直接驱动外部负载。辅助继电器的表示符号为 M。

在 FX2N 系列的 PLC 中，辅助继电器又分为三类：

（1）通用辅助继电器。通用辅助继电器按十进制编号。通用辅助继电器的编号分别为 M0 ~ M499 共 500 点。通用辅助继电器在编程中的使用方法和普通输出继电器一样，只是它不能用来直接驱动输出电路。通用辅助继电器梯形图如图 6 – 10 所示。

（2）断电保持辅助继电器。断电保持辅助继电器又分为断电保持辅助继电器和断电保持专用继电器。

断电保持辅助继电器的编号为 M500 ~ M1023 共 524 点，可用参数设置方法改为非断电保持用。PLC 在运行中若发生突然断电，输出继电器和通用辅助继电器全部变为断开状态，有些控制系统要求保持断电时的状态，断电保持辅助继电器就能满足这种要求。断电保持辅助继电器由 PLC 内部的锂电池作为后备电源来实现断电保持功能。

具有断电保持功能的辅助继电器梯形图如图 6 – 11 所示，在此电路中，X0 接通后，M600 动作，其后即使 X0 再断开，M600 的状态也能保持。因此，若因停电或 X0 断开，再运行时 M600 也能保持中断停之前的状态。但当 X1 的动断触点若断开 M600 就复位。

断电保持专用辅助继电器的编号为 M1024 ~ M3071（共 2 048 点），它的断电保持特性不可改变。

（3）特殊辅助继电器。FX2N 系列 PLC 特殊辅助继电器的编号为 M8000 ~ M8255，共

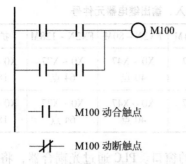

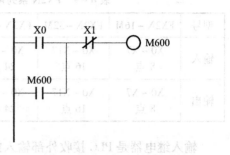

图 6-10　通用辅助继电器梯形图　　　　图 6-11　断电保持辅助继电器梯形图

256 点。它们各自具有特定的功能,下面将常用的特殊辅助继电器列举如下:

M8000 RUN(运行)监控,PLC 运行时接通。

M8001 RUN(运行)监控,PLC 运行时断开。

M8002 初始化脉冲,在 PLC 开始运行之初 ON 一个扫描周期。

M8003 初始化脉冲,在 PLC 开始运行之初 OFF 一个扫描周期。

M8011 10 ms 时钟脉冲,以 10 ms 为周期振荡,5 ms 为 ON、5 ms 为 OFF。

M8012 100 ms 时钟脉冲,以 100 ms 为周期振荡。

M8013 1 s 时钟脉冲,以 1 s 为周期振荡。

M8014 1 min 时钟脉冲,以 1 min 为周期振荡。

M8034 全输出禁止,在执行完当前扫描周期到 END 后,外部的输出全变为 OFF。

M8029 定时扫描。

注意: 未定义的特殊辅助继电器不可在用户程序中使用,辅助继电器的动合与动断触点在 PLC 内部可无限次地自由使用。

4. 定时器(T)

定时器可以对 PLC 内 1 ms、10 ms、100 ms 的时钟脉冲进行加法计算,当达到其设定值时,输出触点动作(动合触点闭合,动断触点断开)。FX2N 系列 PLC 中定时器编号如表 6-10 所示。

表 6-10　FX2N 系列 PLC 中定时器编号

定时器(T)	T0 ~ T199 200 点 100 ms 子程序用 T192 ~ T199	T200 ~ T245 40 点 10 ms	[T246 ~ T249] 4 点 1 ms 积算*	[T250 ~ T255] 6 点 100 ms 积算*

注: [ ] 内的元件为电池备用区;
　　* 为电池备用固定区,区域特性不能变更。

对定时器内数值的设定,可以采用用户程序存储器内的常数 K(十进制常数)直接设置,也可用数据寄存器 D 的内容进行间接设置。

FX2N 系列 PLC 中共有 256 个定时器。

T0 ~ T199 为 200 个 100 ms 普通定时器,每个定时器的定时范围为 0.1 ~ 3 276.7 s。

T200 ~ T245 为 46 个 10 ms 普通定时器,每个定时器的定时范围为 0.01 ~ 327.67 s。

T246 ~ T249 为 4 个 1 ms 累计定时器。

T250～T255 为 6 个 100 ms 累计定时器。

当 X0 接通时，T200 线圈被驱动，T200 的当前值计数器对 10 ms 时钟脉冲进行累积（加法）计数，即每过 10 ms 当前值加 1，该值与设定值 K123 不断进行比较，当两值相等时，输出触点接通。即定时线圈得电后，其触点计时开始，1.23 s 后动作。当 X0 动合触点接通时间小于 K 值时断开，下次 X0 动合触点接通时，累计时间又重新计算，如图 6-12 所示。在 X0 连续接通 1.23 s 后，T200 的触点才动作。

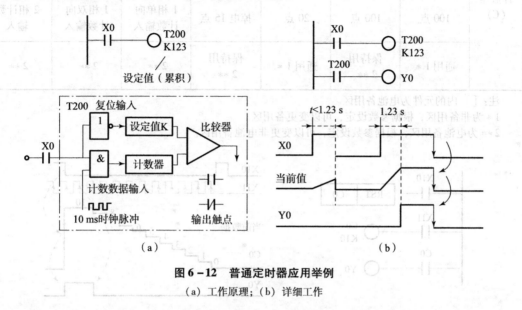

图 6-12　普通定时器应用举例

(a) 工作原理；(b) 详细工作

指定定时器的编号为 T0～T199 中的任意一个（如 T20），则每隔 100 ms 当前值增加。

同样设定值为 K123，从 X0 接通到定时结束时间间隔为 12.3 s。

此外，在 FX2N 系列 PLC 中还有两个内置的模拟电位器，可以通过它们给指定的定时器设定定时值。

模拟电位器的数值，对应相应的刻度以 0～255 的数值数据分别保存在特殊数据寄存器中。电位器右转可使现在值在 0～255 增加。

VR1 模拟电位器 1 将当前值保存于 D8030。

VR2 模拟电位器 2 将当前值保存于 D8031。

5. 计数器（C）

FX2N 系列 PLC 中共有 256 个计数器，其编号为 C0～C255。这些计数器分为三大类：C0～C199 为 200 个 16 位计数器；C200～C234 为 35 个 32 位计数器；C235～C255 为 21 个高速计数器，具体分配如表 6-11 所示。

（1）16 位计数器。FX2N 系列 PLC 中的 16 位计数器为 16 位加计数器，其设定值范围为 K1～K32767（十进制常数）。设定值设为 K0 和 K1 具有相同的意义，它们都在第一次计数开始输出点动作。16 位计数器分为一般通用型计数器和断电保持型计数器。C0～C99 为一般通用型计数器，C100～C199 为断电保持型计数器。加计数器的动作过程如图 6-13 所示。X11 为计数输入，X10 为复位输入，当 X10 = 0 时，X11 每接通一次，计数器的当前值加 1。图 6-13 所示计数器 C0 的设定值为 K10，当 X11 接通 10 次时，计数器的当前值由 9 变为

表 6-11　计数器分配

型号	FX2N-16M	FX2N-32M	FX2N-48M	FX2N-64M	FX2N-80M	FX2N-128M	扩展时
计数器（C）	16 位向上		32 位可逆		32 位高速可逆计数，最大 6 点		
	C0～C99	[C100～C199]	[C200～C219]	[C220～C234]	[C235～C245]	[C246～C99250]	[C251～C255]
	100 点	100 点	20 点	掉电 15 点	1 相单向计数输入	1 相双向计数输入	2 相计数输入
	通用 1*	保持用 2**	通用 1*	保持用 2**	2**	2**	2**

注：[ ] 内的元件为电池备用区。

1* 为非备用区，根据参数设定，可以变更备用区。

2** 为电池备用区，根据参数设定，可以变更非电池备用区。

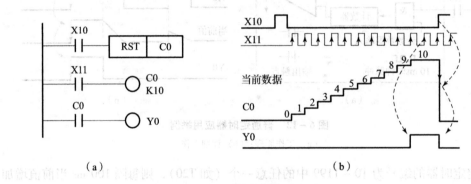

图 6-13　加计数器的动作过程

（a）梯形图；（b）详细动作

10，这时 C0 的输出点接通，动合触点闭合、动断触点断开。若 X11 再次接通，计数器的当前值也不再变化，且 C0 一直保持输出。

当计数器复位输入电路接通（复位输入 X10 接通）时，则执行 C0 的复位指令，计数器当前值变为 0，输出触点断开。

如果切断 PLC 电源，一般通用型计数器（C0～C99）的计数值被清除，而断电保持型计数器（C100～C199）则可存储停电前的计数值。当再来计数脉冲时，这些计数器按上一次的数值累计计数；当复位输入电路接通，计数器当前值被置为 0。

计数器除用常数 K 直接设定之外，还可由数据寄存器间接指定。例如，指定 D10 为计数器的设定值，若 D10 的存储内容为 123，则置入的设定值为 K123。

（2）32 位加/减计数器。FX2N 系列 PLC 中的 32 位计数器为 32 位加/减计数器，其设定值的设定范围在 -2 147 483 648～2 147 483 647（十进制常数）。利用特殊继电器 M8200～M8234 可以指定为加计数或减计数，对应的特殊辅助继电器（M8200～M8234 中的一个）接通，计数器进行减计数，反之为加计数。

32 位加/减计数器分为一般通用型计数器和断电保持型计数器，C200～C219 为一般通用型计数器，C220～C234 为断电保持型计数器。

计数器的设定值可以直接用常数置入，也可以由数据寄存器间接指定。用数据寄存器间接指定时，将连号的数据寄存器的内容视为一对，作为 32 位数据处理。如果指定 D0 作为计数器的设定值，D1 和 D0 两个数据寄存器的内容合起来作为 32 位设定值。加减计数器的动作过程如图 6－14 所示。X14 为计数的输入，其动合触点由 OFF→ON 时，C200 可实现加计数或减计数。

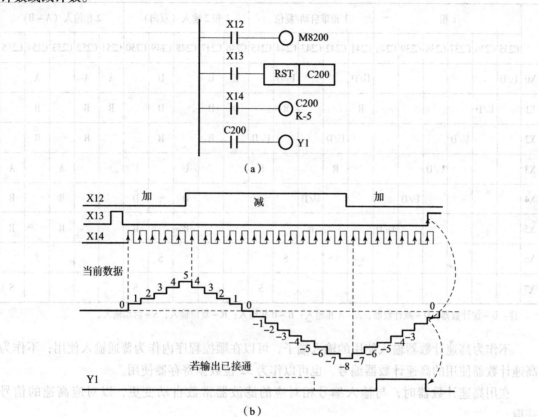

图 6－14 加减计数器的动作过程

（a）梯形图；（b）详细动作

当 X12 断开时，C200 为加计数器。X14 的触点由 OFF→ON 变化一次，C200 内的当前值加 1。当 X12 接通时，C200 为减计数器。X14 的触点由 OFF→ON 变化一次，C200 内的当前值减 1。

图 6－14（a）所示程序中 C200 的设定值为 －5，当计数器的当前值由 －6→－5 增加，触点接通；而由 －5→－6 减小时，其触点复位。如果从 2 147 483 647 起进行加计数（图 6－14 中的 X12 触点断开），当前值就成为 －2 147 483 648。同样若从 －2 147 483 648 起进行减计数，当前值就成了 2 147 483 647，这种动作称为环形计数或循环计数。当复位输入 X13 接通（ON），计数器的当前值为 0，输出触点也复位。

若复位输入 X13 接通，执行 RST 指令，计数器 C200 复位，当前值变为 0，其触点复位。

使用断电保持计数器（C200～C234）时，计数器的当前值、输出触点的动作状态、复位状态均能断电保持。

32 位计数器可当作 32 位数据寄存器使用，但不能用作 16 位应用指令中的软元件。

（3）高速计数器。FX 系列 PLC 中内置高速计数器，高速计数器的编号为 C235～C255，共 21 个。这些高速计数器均为 32 位计数器，按编号不同分别占用 X0～X7 8 个输入端子。各高速计数器对应的输入端子的应用如表 6-12 所示。

表 6-12　各高速计数器对应的输入端子的应用

| | 1相 | | | | | | 1相带启动/复位 | | | | | 1相2输入（双向） | | | | | 2相输入（A-B） | | | | |
	C235	C236	C237	C238	C239	C240	C241	C242	C243	C244	C245	C246	C247	C248	C249	C250	C251	C252	C253	C254	C255
X0	U/D						U/D			U/D		U	U		U		A	A		A	
X1		U/D					R			R		D	D		D		B	B		B	
X2			U/D					U/D			U/D		R		R			R		R	
X3				U/D				R			R			U		U			A		A
X4					U/D				U/D					D		D			B		B
X5						U/D			R					R		R			R		R
X6										S					S					S	
X7											S					S					S

注：U-加计数器；D-减计数器；A-A 相输入；B-B 相输入；R-复位输入；S-启动输入。

不作为高速计数器输入使用的输入端子，可以在顺控程序内作为普通输入使用；不作为高速计数器使用的高速计数器编号，也可以作为 32 位数据寄存器使用。

在用高速计数器时，与输入编号相对应的滤波器常数自动变更，以对应高速的信号获取。

高速计数器捕获高速脉冲的范围如下：

C251（2 相）：最高 30 kHz；C235、C236、C246（1 相）：最高 60 kHz。

C252～C255（2 相）：最高 5 kHz；C237～C245、C247～C250（1 相）：最高 10 kHz。高速计数器输入端子 X6、X7 不用于高速计数，只能用作启动输入信号。不同类型的计数器可同时使用，但它们的输入不能共用。

输入 X0～X7 不能同时用于多个计数器。例如，使用 C235，X0 被占用，就不可以再使用 C241、C244、C246、C247、C249、C251、C252、C254 等，因为这些输入信号也需要从X0 输入。

注意：不要用计数输入端作为计数线圈的驱动触点。

高速计数器可分为如下三类：

（1）单相单输入计数器。单相单输入计数器也称 1 相 1 输入计数器。在 FX 系列 PLC中，这类计数器的编号为 C235～C245 共 11 个。它们的计数方式和触点动作方式与普通的32 位计数器相同。当作为加计数器时，计数器达到设定值触点动作，并保持接通状态。作为减计数器时，计数器达到设定计数值则复位。

单相单输入计数器是加计数还是减计数，取决于对应的标志继电器 M8235 ~ M8245，当标志继电器输入接通时为减计数，断开时为加计数。

（2）单相双输入计数器。单相双输入计数器又称 1 相 2 输入计数器，FX 系列 PLC 中的编号为 C246 ~ C250，共 5 个。

这类计数器具有加计数输入端和减计数输入端，有的还具有复位输入端（C247、C248）或同时具有复位和启动输入端（C249、C250）。

（3）双相双输入计数器。双相双输入计数器又称 2 相输入计数器或 AB 相输入计数器，在 FX 系列 PLC 中的编号为 C251 ~ C255，共 5 个。

双相双输入计数器是 32 位加/减计数的二进制计数器，其计数的动作过程与前述的 32 位加/减计数器相同。这些计数器只有按表 6 - 12 中输入信号才能计数。

A 相、B 相的信号决定计数器是加计数还是减计数。当 A 相输入为 ON 状态时：B 相输入为 OFF→ON 则为加计数；B 相输入为 ON→OFF 则为减计数。

6. 状态元件（S）

状态元件是用于编制顺序控制程序的一种编程元件，它与后面介绍的 STL 指令（步进顺序梯形指令）一起使用。通用状态（S0 ~ S499）没有断电保持功能。S0 ~ S9 为初始状态用（10 点）；S10 ~ S19 为供返回原点用（10 点）；S20 ~ S499 为通用型（480 点）；S500 ~ S899 为有断电保持功能型（400 点）；S900 ~ S999 为供报警器用（100 点）。各状态元件的动合和动断触点在 PLC 内可自由使用，使用次数不限，不用步进顺序控制指令时，状态元件（S）可作为辅助继电器（M）在程序中使用。

7. 数据寄存器（D）

FX2N 系列 PLC 数据寄存器（D）的编号和属性如表 6 - 13 所示。

表 6 - 13　数据寄存器（D）的编号和属性

一般用途	停电保持用途	停电保持专用	特殊用	变址用
D0 ~ D199 共 200 点	D200 ~ D511 共 312 点	D5120 ~ D7999 共 7 488 点	D8000 ~ D8255 共 256 点	V0 ~ V7 Z0 ~ Z7 共 16 点

数据寄存器是存储数值数据用的软元件。数据寄存器的结构：单个数据寄存器都是 16 位，最高位为符号位（1 为负，0 为正），也可将相邻两个数据寄存器组合，构成 32 位数据寄存器，最高位为符号位（1 为负，0 为正）。

16 位数据寄存器能存储的数值范围： - 32 768 ~ +32 767。

32 位数据寄存器能存储的数值范围： - 2 147 483 648 ~ +2 147 483 647。

组成 32 位数据寄存器理论上说可随意取相邻的两个，大地址编号的为高 16 位，小地址编号的为低 16 位，当用 32 位指令时，只指定低位即可，如指定了 D10，则其高位自动分配为 D11，考虑到编程习惯及外围设备的监控功能，建议软元件编号的低位指定为偶数地址编号。数据寄存器的功能分为一般用途型、停电保持型及特殊用途型。

6.2.2 实例——积算型定时器

图 6-15 所示为积算型定时器工作示意图，当计时条件 X0 动合触点接通时，T251 定时器开始计时，在定时器计时过程中，如果 PLC 突然断电或计时条件突然断开，定时器当前值仍能保存，如当定时器 T251 当前值为 68 时突然断电或计时条件 X0 动合触点断开时，T251 寄存器中的内容保持 68 不变，如图 6-15（a）所示。等电源恢复或 X0 动合触点再次闭合时，T251 不是从 0 开始计时，而是从断电时的数据开始累计时，如图 6-15（b）所示。当定时器 T251 当前值与所设定的数值相等时，T251 动合触点闭合，Y2 线圈得电，这时即使 PLC 断电或 X0 动合触点断开也不会影响 T251 和 Y2 的状态，即 T251 当前值仍保持与设定值相等且 Y2 线圈仍保持得电状态，如图 6-15（c）所示。由于积算型定时器有断电能保持的功能，即记忆功能，所以这类定时器复位时必须运用专门的复位指令，如图 6-15（d）中的 RST 指令，其中 X1 为复位条件，只要 X1 动合触点瞬间接通就能保证 T251 复位。积算型定时器波形图如图 6-16 所示。

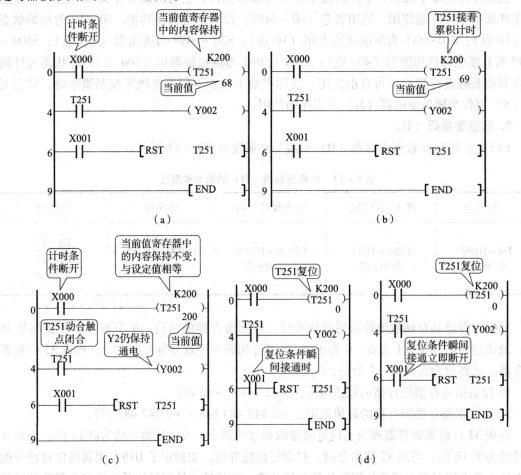

图 6-15 积算型定时器工作示意图

（a）停电时当前值保持不变；（b）重新上电时累计计时；

（c）当前值与设定值相等时；（d）定时器当前值复位

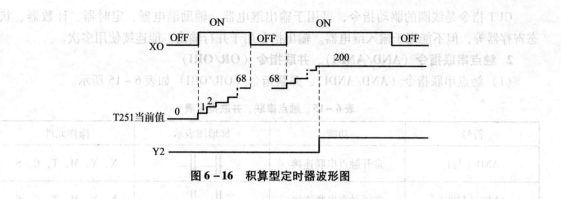

图 6 – 16　积算型定时器波形图

6.3　FX2N 系列可编程控制器基本指令与实例应用

6.3.1　FX2N 系列可编程控制器基本指令

基本逻辑指令是 PLC 中最基本的编程语言，掌握它就初步掌握了 PLC 的使用方法，现在我们针对 FX2N 系列，逐条学习其指令的功能和使用方法，每条指令及其应用实例都以梯形图和语句表两种编程语言对照说明。

1. 输入/输出指令（LD/LDI/OUT）

把 LD/LDI/OUT 三条指令的功能、梯形图表示形式、操作元件以列表的形式加以说明，如表 6 – 14 所示。

表 6 – 14　三条指令表

符号	功能	梯形图表示	操作元件
LD（取）	常开触点与母线相连	┤├	X，Y，M，T，C，S
LDI（取反）	常闭触点与母线相连	┤╱├	X，Y，M，T，C，S
OUT（输出）	线圈驱动	─( )	Y，M，T，C，S，F

LD 与 LDI 指令用于与母线相连的接点，此外还可用于分支电路的起点，如图 6 – 17 所示。

	地址	指令	数据
X000　　　　Y000 ├─┤ ├─────( )─┤	0000	LD	X000
	0001	OUT	Y000

图 6 – 17　LED 指令符号接线图

OUT 指令是线圈的驱动指令，可用于输出继电器、辅助继电器、定时器、计数器、状态寄存器等，但不能用于输入继电器。输出指令用于并行输出，能连续使用多次。

2. 触点串联指令（AND/ANDI）、并联指令（OR/ORI）

（1）触点串联指令（AND/ANDI）、并联指令（OR/ORI）如表 6 – 15 所示。

表 6 – 15　触点串联、并联指令表

符号	功能	梯形图表示	操作元件
AND（与）	常开触点串联连接		X，Y，M，T，C，S
ANDI（与非）	常闭触点串联连接		X，Y，M，T，C，S
OR（或）	常开触点并联连接		X，Y，M，T，C，S
ORI（或非）	常闭触点并联连接		X，Y，M，T，C，S

AND、ANDI 指令用于一个触点的串联，但串联触点的数量不限，这两个指令可连续使用。

OR、ORI 是用于一个触点的并联连接指令，如图 6 – 18 所示。

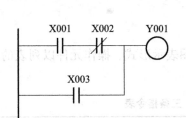

地址	指令	数据
0002	LD	X001
0003	ANDI	X002
0004	OR	X003
0005	OUT	Y001

图 6 – 18　ANDI 与 OR 符号连接图

（2）电路块的并联和串联指令（ORB、AND）如表 6 – 16 所示。

表 6 – 16　电路块的并联和串联指令

符号（名称）	功能	梯形图表示	操作元件
ORB（块或）	电路块并联连接		无
ANB（块与）	电路块串联连接		无

含有两个以上触点串联连接的电路称为"串联连接块"，串联电路块并联连接时，支路的起点以 LD 或 LDNOT 指令开始，而支路的终点要用 ORB 指令。ORB 指令是一种独立指令，其后不带操作元件号，因此，ORB 指令不表示触点，可以看成电路块之间的一段连接线。如需要将多个电路块并联连接，应在每个并联电路块之后使用一个 ORB 指令，用这种方法编程时并联电路块的个数没有限制；如果将所有要并联的电路块依次写出，然后在这些

电路块的末尾集中写出 ORB 的指令，此时 ORB 指令最多使用 7 次。

将分支电路（并联电路块）与前面的电路串联时使用 ANB 指令，各并联电路块的起点使用 LD 或 LDNOT 指令；与 ORB 指令一样，ANB 指令也不带操作元件，如需要将多个电路块串联连接，应在每个串联电路块之后使用一个 ANB 指令，用这种方法编程时串联电路块的个数没有限制，若集中使用 ANB 指令，最多使用 7 次，如图 6 - 19 所示。

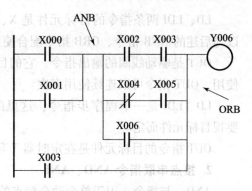

图 6 - 19　电路块的并联和串联
指令接线图

（3）程序结束指令（END）如表 6 - 17 所示。

表 6 - 17　程序结束指令

符号	功能	梯形图表示	操作元件
END（结束）	程序结束	—| 结束 |—	无

在程序结束处写上 END 指令，PLC 只执行第一步至 END 之间的程序，并立即输出处理。若不写 END 指令，PLC 将以用户存储器的第一步执行到最后一步，因此，使用 END 指令可缩短扫描周期。另外，在调试程序时，可以将 END 指令插在各程序段之后，分段检查各程序段的动作，确认无误后，再依次删去插入的 END 指令。

6.3.2　实例——FX2N 系列可编程控制器基本指令

FX2N 系列 PLC 的指令分为基本指令、步进指令和功能指令。本节主要介绍基本指令。

1. 逻辑取及线圈驱动指令 LD、LDI、OUT

LD，取指令表示一个与输入母线相连的动合触点指令，即动合触点逻辑运算起始。

LDI，取反指令。表示一个与输入母线相连的动断触点指令，即动断触点逻辑运算起始。

OUT，线圈驱动指令，也叫输出指令。

这三个指令的使用说明如图 6 - 20 所示。

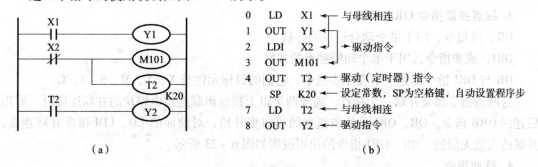

图 6 - 20　LD、LDI、OUT 指令的使用说明
（a）梯形图；（b）语句表

LD、LDI 两条指令的目标元件是 X、Y、M、S、T、C，用于将接点接到母线上。也可以与后述的 ANB 指令、ORB 指令配合使用，在分支起点也可使用。

OUT 是驱动线圈的输出指令，它的目标元件是 Y、M、S、T、C，对输入继电器 X 不能使用。OUT 指令可以连续使用多次。

LD、LDI 是一个程序步指令，这里的一个程序步即是一个字。OUT 是多程序步指令，要视目标元件而定。

OUT 指令的目标元件是在定时器 T 和计数器 C 时，必须设置常数 K。

2. 接点串联指令 AND、ANI

AND，与指令，用于单个动合触点的串联。

ANI，与非指令，用于单个动断触点的串联。

AND 与 ANI 都是一个程序步指令，它们串联接点的个数没有限制，也就是说这两条指令可以多次重复使用。AND、ANI 指令的使用说明如图 6-21 所示，这两条指令的目标元件为 X、Y、M、S、T、C。

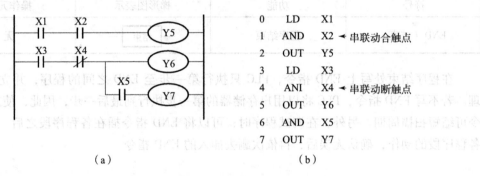

图 6-21 AND、ANI 指令的使用说明

(a) 梯形图；(b) 语句表

OUT 指令后，通过接点对其他线图使用 OUT 指令称为纵接输出或连续输出，如图 6-21 中的 OUT Y7。这种连续输出如果顺序不错，可以多次重复。但是如果驱动顺序换成图 6-22 所示的形式，则必须用后述的 MPS 指令，这时程序步增多，因此不推荐使用图 6-22 所示的形式。

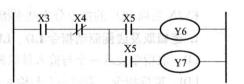

图 6-22 不推荐电路

3. 接点并联指令 OR、ORI

OR，或指令，用于单个动合触点的并联。

ORI，或非指令，用于单个动断触点的并联。

OR 与 ORI 指令都是一个程序步指令，它们的目标元件是 X、Y、M、S、T、C。

这两条指令都是并联一个接点。需要两个以上接点串联连接电路块的并联连接时，要用后述的 ORB 指令。OR、ORI 是从该指令的当前步开始，对前面的 LD、LDI 指令并联连接，并联的次数无限制。OR、ORI 指令的使用说明如图 6-23 所示。

4. 脉冲指令

(1) 指令助记符及功能。脉冲指令的助记符及功能、梯形图表示和可操作元件如

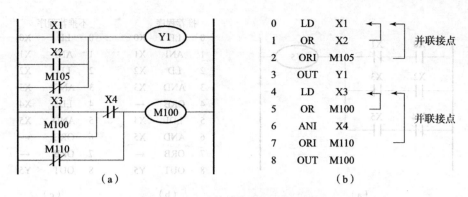

图 6 – 23　OR、ORI 指令的使用说明

(a) 梯形图；(b) 语句表

表 6 – 18 所示。

表 6 – 18　脉冲指令的助记符及功能、梯形图表示和可操作元件

指令助记符	功能	梯形图表示和可操作元件
LDP 取脉冲	上升沿检测运算开始	X、Y、M、S、T、C
LDF 取脉冲	下降沿检测运算开始	X、Y、M、S、T、C
ANDP 与脉冲	上升沿检测串联连接	X、Y、M、S、T、C
ANDF 与脉冲	下降沿检测串联连接	X、Y、M、S、T、C
ORP 或脉冲	上升沿检测并联连接	X、Y、M、S、T、C
ORF 或脉冲	下降沿检测并联连接	X、Y、M、S、T、C

（2）指令说明。

①LDP、ANDP、ORP 指令是进行上升沿检测的触点指令，仅在指定元件由 OFF→ON 上升沿变化时，使驱动的线圈接通 1 个扫描周期。

②LDF、ANDF、ORF 指令是进行下降沿检测的触点指令，仅在指定元件由 ON→OFF 下降上升沿变化时，使驱动的线圈接通 1 个扫描周期。

5. 串联电路块的并联连接指令 ORB

两个或两个以上的接点串联连接的电路叫串联电路块。串联电路块并联连接时，分支开始用 LD、LDI 指令，分支结果用 ORB 指令。ORB 指令与后述的 ANB 指令均为无目标元件指令，而两条无目标元件指令的步长都为一个程序步。ORB 有时也简称或块指令。ORB 指令的使用说明如图 6 – 24 所示。

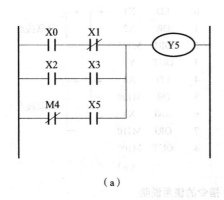

推荐程序

0	LD	X0
1	ANI	X1
2	LD	X2
3	AND	X3
4	ORB	←
5	LDI	X4
6	AND	X5
7	ORB	←
8	OUT	Y5

不推荐程序

0	LD	X0
1	ANI	X1
2	LD	X2
3	AND	X3
4	LDI	X4
5	AND	X5
6	ORB	←
7	ORB	←
8	OUT	Y5

（a）　　　　　　　　　　（b）　　　　　　　　　　（c）

图 6-24　ORB 指令的使用说明

（a）梯形图；（b）语句表一；（c）语句表二

ORB 指令的使用方法有两种：①在要并联的每个串联电路块后加 ORB 指令，详见图 6-24（b）语句表；②集中使用 ORB 指令，详见图 6-24（c）语句表。对于前者分散使用 ORB 指令时，并联电路块的个数没有限制，但对于后者集中使用 ORB 指令时，这种电路块并联的个数不能超过 8 个（重复使用 LD、LDI 指令的次数限制在 8 次以下），所以不推荐用后者编程。

6. 并联电路块的串联连接指令 ANB

两个或两个以上接点并联的电路称为并联电路块，分支电路并联电路块与前面电路串联连接时，使用 ANB 指令。分支的起点用 LD、LDI 指令，并联电路块结束后，使用 ANB 指令与前面电路串联。ANB 指令也简称与块指令，ANB 也是无操作目标元件，是一个程序步指令。ANB 指令的使用说明如图 6-25 和图 6-26 所示。

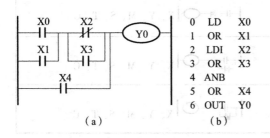

0	LD	X0
1	OR	X1
2	LDI	X2
3	OR	X3
4	ANB	
5	OR	X4
6	OUT	Y0

（a）　　　　　　　　　　（b）

图 6-25　ANB 指令的使用说明（一）

（a）梯形图；（b）语句表

0	LD	X0
1	ORI	X1
2	LD	X2
3	LDI	X3
4	AND	X4
5	ORB	
6	ANB	
7	OUT	Y1

（a）　　　　　　　　　　（b）

图 6-26　ANB 指令的使用说明（二）

（a）梯形图；（b）语句表

7. 多重输出指令 MPS、MRD、MPP

MPS，进栈指令。

MRD，读栈指令。

MPP，出栈指令。

这三条指令是无操作器件指令，都为一个程序步长。这组指令用于多输出电路，可将连接点先存储，用于连接后面的电路。

FX 系列 PLC 中 11 个存储中间运算结果的存储区域被称为栈存储器。使用进栈指令 MPS 时，当时的运算结果压入栈的第一层，栈中原来的数据依次向下一层推移；使用出栈指令 MPP 时，各层的数据依次向上移动一次。MRD 是最上层所存数据的读出专用指令。读出时，栈内数据不发生移动。MPS 和 MPP 指令必须成对使用，而且连续使用应少于 11 次。MPS、MRD、MPP 指令的使用说明如图 6 – 27 ~ 图 6 – 30 所示。图 6 – 27 所示为一层栈电路。图 6 – 28 所示为一层栈与 AND、ORB 指令配合。图 6 – 29 所示为二层栈电路。图 6 – 30 所示为四层栈电路。

需要注意的是，MPS、MPP 连续使用必须少于 11 次，并且 MPS 与 MPP 必须配对使用。

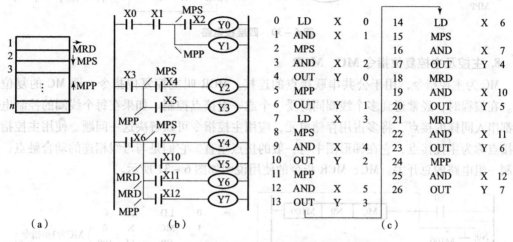

图 6 – 27　栈存储器与多重输出指令的使用说明

（a）栈存储器；（b）多重输出梯形图；（c）语句表

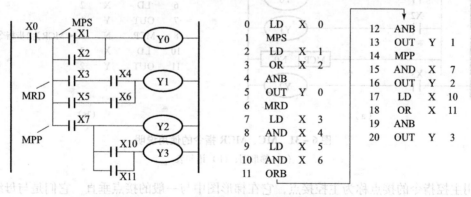

图 6 – 28　一层栈与 AND、ORB 指令配合

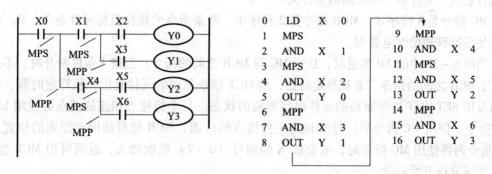

图 6 – 29　二层栈电路

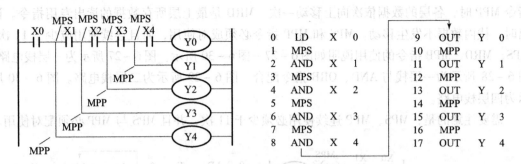

图 6-30　四层栈电路

8. 主控及主控复位指令 MC、MCR

MC 为主控指令，用于公共串联接点的连接，MCR 叫主控复位指令，即 MC 的复位指令。在编程时，经常遇到多个线圈同时受一个或一组接点控制。如果在每个线圈的控制电路中都串入同样的接点，将多占用存储单元，应用主控指令可以解决这一问题。使用主控指令的接点称为主控接点，它在梯形图中与一般的接点垂直。它们是与母线相连的动合触点，是控制一组电路的总开关。MC、MCR 指令的使用说明如图 6-31 所示。

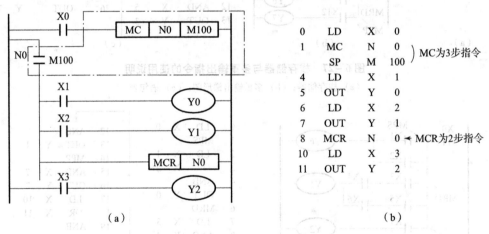

图 6-31　MC、MCR 指令的使用说明

（a）梯形图；（b）语句表

用主控指令的接点称为主控接点，它在梯形图中与一般的接点垂直。它们是与母线相连的动合触点，是控制一组电路的总开关。

MC 指令是 3 程序步，MCR 指令是 2 程序步，两条指令的操作目标元件是 Y、M，但不允许使用特殊辅助继电器 M。

当图 6-31 中的 X0 接通时，执行 MC 与 MCR 之间的指令；当输入条件断开时，不执行 MC 与 MCR 之间的指令。非积算定时器，用 OUT 指令驱动的元件复位。积算定时器、计数器以及用 SET/RST 指令驱动的元件保持当前的状态。与主控接点相连的接点必须用 LD 或 LDI 指令。使用 MC 指令后，母线移到主控接点的后面，MCR 使母线回到原来的位置。在 MC 指令内再使用 MC 指令时，嵌套级 N 的编号（0~7）顺次增大，返回时用 MCR 指令，从大的嵌套级开始解除。

9. 置位与复位指令 SET、RST

SET 为置位指令，使动作保持；RST 为复位指令，使操作保持复位。SET、RST 指令的使用说明如图 6 – 32 所示。由图 6 – 32（c）可见，当 X0 一接通，即使再变成断开，Y0 也保持接通。X1 接通后，即使再变成断开，Y0 也将保持断开。SET 指令的操作目标元件为 Y、M、S。而 RST 指令的操作元件为 Y、M、S、D、V、Z、T、C。这两条指令是 1~3 个程序步。用 RST 指令可以对定时器、计数器、数据寄存器、变址寄存器的内容清零。RST 复位指令对计数器、定时器的使用说明如图 6 – 33 所示。

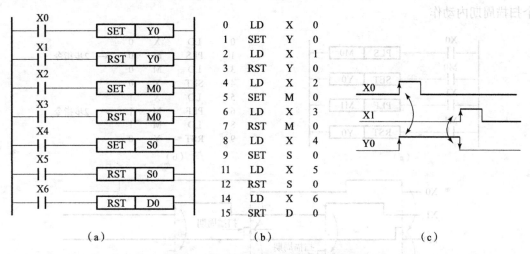

图 6 – 32　SET、RST 指令的使用说明

（a）梯形图；（b）语句表；（c）时序图

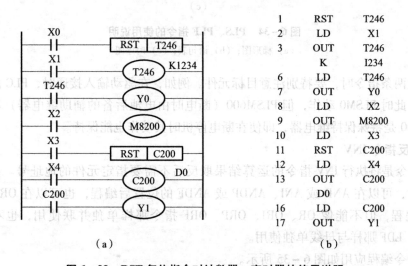

图 6 – 33　RST 复位指令对计数器、定时器的使用说明

（a）梯形图；（b）语句表

当 X0 接通，输出接点 T246 复位，定时器的当前值也成为 0。

输入 X1 接通期间，T246 接收 1 ms 时钟脉冲并计数，计到 1234 时 Y0 就动作。

32 位计数器 C200 根据 M8200 的开、关状态进行递加或递减计数，它对 X4 接点的开关次数计数。输出接点的置位或复位取决于计数方向及是否达到 D1、D0 中所存的设定值。

输入 X3 接通，输出接点复位，计数器 C200 当前值清零。

10. 脉冲输出指令 PLS、PLF

PLS 指令在输入信号上升沿产生脉冲输出，而 PLF 在输入信号下降沿产生脉冲输出，这两条指令都是 2 程序步，它们的目标元件是 Y 和 M，但特殊辅助继电器不能作目标元件。PLS、PLF 指令的使用说明如图 6-34 所示。使用 PLS 指令，元件 Y、M 仅在驱动输入接通后的一个扫描周期内动作（置 1）。而使用 PLF 指令，元件 Y、M 仅在驱动输入断开后的一个扫描周期内动作。

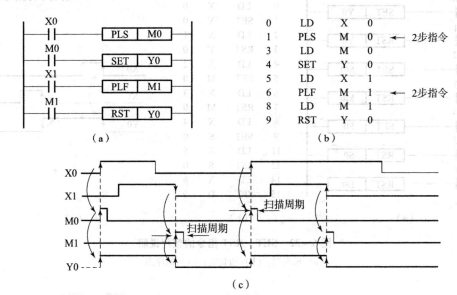

图 6-34 PLS、PLF 指令的使用说明

（a）梯形图；（b）语句表；（c）时序图

使用这两条指令时，要特别注意目标元件。例如，在驱动输入接通时，PLC 由运行→停机→运行，此时 PLSM0 动作，但 PLSM600（断电时由电池后备的辅助继电器）不动作，这是因为 M600 是特殊保持继电器，即使在断电停机时其动作也能保持。

11. 取反指令 INV

INV 指令是将执行 INV 指令的运算结果取反后不需要指定元件的地址号。在使用 INV 指令编程时，可以在 AND 或 ANI、ANDP 或 ANDF 的位置后编程，也可以在 ORB、ANB 指令回路中编程，但不能像 OR、ORI、ORP、ORF 指令那样单独并联使用，也不能像 LD、LDI、LDP、LDF 那样与母线单独使用。

取反指令编程应用如图 6-35 所示。

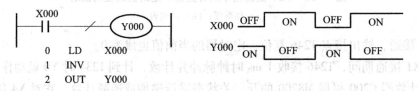

图 6-35 取反指令编程应用

图 6 – 36 所示为 INV 指令在包含 ORB 指令、ANB 指令的复杂回路中的编程。由图 6 – 36 可见，各个 INV 指令是将它前面的逻辑运算结果取反，程序输出的逻辑表达式为

$$Y000 = X000 \cdot \overline{(\overline{X001 \cdot X002} + X003 \cdot X004 + X005)}$$

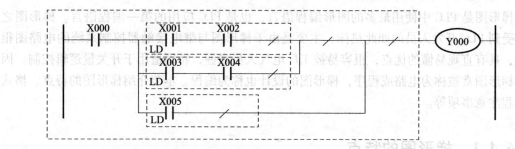

图 6 – 36　INV 指令在 ORB 指令、ANB 指令的复杂回路中的编程

12. 空操作指令 NOP 和程序结束指令 END

NOP 指令是一条无动作、无目标元件的一程序步指令。NOP 指令的使用说明如图 6 – 37 所示。空操作指令使该步序做空操作。用 NOP 指令替代已写入指令，可以改变电路。在程序中加入 NOP 指令，在改动或追加程序时可以减少步序号的改变。

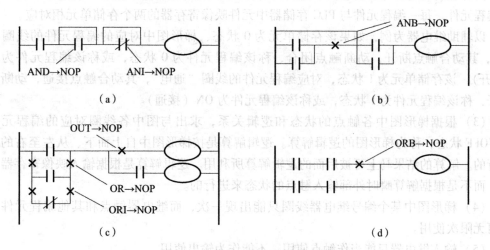

图 6 – 37　NOP 指令的使用说明

（a）接点短路；（b）短路前面全部电路；（c）切断电路；（d）切断前面全部电路

END 是一条无目标元件的 1 程序步指令。PLC 反复进行输入处理、程序运算、输出处理，若在程序最后写入 END 指令，则 END 以后的程序步就不再执行，而是直接进行输出处理。在程序调试过程中，按段插入 END 指令，可以顺序扩大对各程序段动作的检查。采用 END 指令将程序划分为若干段，在确认处于前面电路块的动作正确无误之后，依次删去 END 指令。要注意的是在执行 END 指令时，也刷新监视时钟。

6.4 梯形图的设计与编程方法

梯形图是 PLC 中使用最多的图形编程语言，也是 PLC 应用的第一编程语言。梯形图之所以受到 PLC 开发人员的如此热捧，主要是由于梯形图与继电接触器控制系统的电路图很相似，具有直观易懂的优点，很容易被工厂电气人员掌握，特别适用于开关量逻辑控制。因此，梯形图常被称为电路或程序，梯形图的设计也称为编程。本节介绍梯形图的特点、格式和编程注意事项等。

6.4.1 梯形图的特点

梯形图的特点包括以下几个方面：

（1）梯形图的左右母线并非实际电源的两端，因此，梯形图中流过的电流也不是实际的物理电流，而是"概念"电流，是用户程序执行过程中满足输出条件的形象表现形式。

（2）PLC 梯形图中的某些编程元件沿用了继电器这一名称，如输入继电器、输出继电器、内部辅助继电器等，但它们不是真实的物理继电器（硬件继电器），而是在软件中使用的编程元件。每一编程元件与 PLC 存储器中元件映像寄存器的两个存储单元相对应。

以辅助继电器为例，如果该存储单元为 0 状态，梯形图中对应的编程元件的线圈"断电"，其动合触点断开，动断触点闭合，称该编程元件为 0 状态，或称该编程元件为 OFF（断开）。该存储单元为 1 状态，对应编程元件的线圈"通电"，其动合触点接通，动断触点断开，称该编程元件为 1 状态，或称该编程元件为 ON（接通）。

（3）根据梯形图中各触点的状态和逻辑关系，求出与图中各线圈对应的编程元件的 ON/OFF 状态，称为梯形图的逻辑解算。逻辑解算是按梯形图中自上而下、从左至右的顺序进行的。解算的结果马上被后面的逻辑解算所利用。逻辑解算是根据输入映像寄存器中的值，而不是根据解算瞬时外部输入触点的状态来进行的。

（4）梯形图中某个编号继电器线圈只能出现一次，而继电器触点和其他编程元件的触点可无限次使用。

（5）输入继电器只能当作触点使用，不能作为输出使用。

6.4.2 梯形图的格式

梯形图的格式有以下几个要求：

（1）梯形图中左、右边垂直线分别称为起始母线（左母线）、终止母线（右母线）。每一逻辑行总是起于左母线，然后是触点的连线，最后终止于线圈或右母线（右母线可不画出）。

注意：除特殊的指令（如 MCR、END 等）外，左母线与线圈之间必须有触点，而线圈与右母线之间则不能有任何触点。

（2）梯形图中的触点可任意串联或并联，但继电器线圈只能并联而不能串联。

（3）触点的使用次数不受限制。

（4）一般情况下，在梯形图中同一线圈只能出现一次。若在程序中，同一线圈出现两次或多次，称为"双线圈输出"。对于"双线圈输出"，PLC 是不允许的，但对于一些特殊的指令允许出现"双线圈输出"，如跳转指令、步进指令和 SET、RST 指令（同时出现）等。

（5）在电气图纸设计时，工业上常将安全系数高的开关量接动断，其他普通的开关量接动合，对于接动断的输入点则要采用反向思维的方法编写梯形图。

（6）为了简化程序，在实际编写梯形图时，有几个串联电路相并联时，应将串联触点多的回路放在上方，如图 6-38（a）所示；有几个并联电路相串联时，应将并联触点多的回路放在左方，如图 6-38（b）所示。

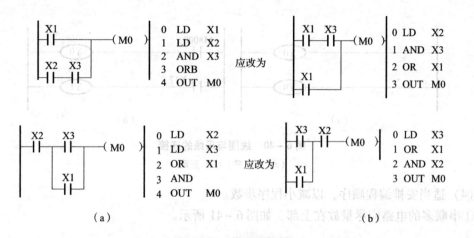

图 6-38　梯形图简化

（a）串联触点多的回路放在上方；（b）并联触点多的回路放在左方

（7）每个梯形图由多个梯级组成，每个输出元素可构成一个梯级，每个梯级可由多个支路组成。每个梯级必须有一个输出元件。

（8）梯形图的触点有两种，即动合触点和动断触点，其中动合触点表示与实际触点的状态相同，动断触点表示与实际触点的状态相反。

（9）触点应水平放置，不能垂直放置，即梯形图中的"电流"方向只能由左向右流动，而不能双向流动。

（10）一个完整的梯形图程序必须用"END"结束。

6.4.3　编程注意事项及编程技巧

编程注意事项及编程技巧包括以下几个方面：

（1）程序应按自上而下，从左至右的顺序编制。

（2）同一地址的输出元件在一个程序中使用两次，即形成双线圈输出，双线圈输出容易引起误操作，应尽量避免。但不同地址的输出元件可以并行输出，如图 6-39 所示。

（3）线圈不能直接与左母线相连。如果需要，可以通过一个没有使用元件的动断触点或特殊辅助继电器 M8000（常 ON）来连接，如图 6-40 所示。

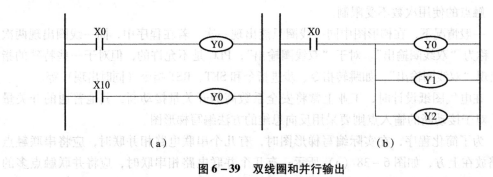

图 6-39　双线圈和并行输出

（a）双线圈输出；（b）并行输出

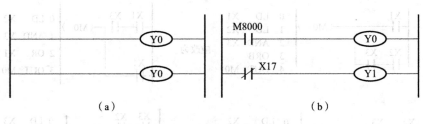

图 6-40　线圈与母线的连接

（a）不正确；（b）正确

（4）适当安排编程顺序，以减小程序步数。

①串联多的电路应尽量放在上部，如图 6-41 所示。

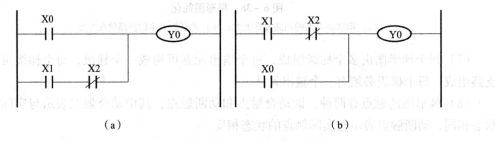

图 6-41　串联多的电路应放在上部

（a）电路安排不当；（b）电路安排得当

②并联多的电路应靠近左母线，如图 6-42 所示。

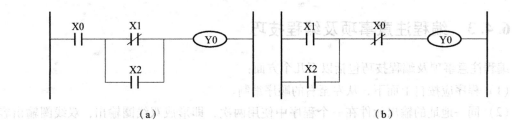

图 6-42　并联多的电路应靠近左母线

（a）电路安排不当；（b）电路安排得当

（5）不能编程的电路应进行等效变换后再编程。

①桥式电路应进行变换后才能编程。如图 6-43（a）所示桥式电路应变换成图 6-43（b）所示的等效电路才能编程。

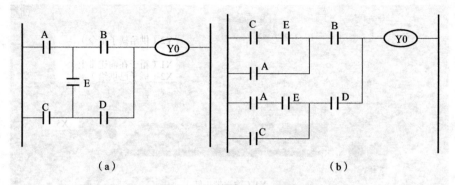

图 6-43　桥式电路的变换方法

（a）桥式电路；（b）等效电路

②线圈右边的触点应放在线圈的左边才能编程，如图 6-44 所示。

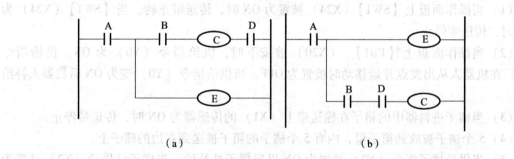

图 6-44　线圈右边的触点应放其左边

（a）电路不正确；（b）电路正确

③对复杂电路，用 ANB、ORB 等指令难以编程，可重复使用一些触点画出其等效电路，然后再进行编程，如图 6-45 所示。

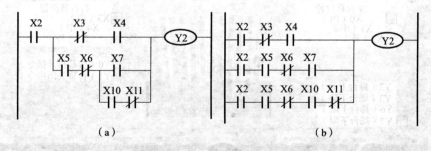

图 6-45　复杂电路的编程

（a）复杂电路；（b）等效电路

习 题

1. 部件传输

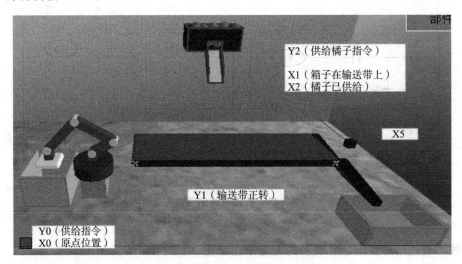

（1）当操作面板上【SW1】（X24）被置为 ON 时，传送带正转。当【SW1】（X24）为 OFF 时，传送带停止。

（2）当操作面板上【PB1】（X20）被按下时，供给指令（Y0）为 ON。供给指令（Y0）在机器人从出发点开始移动时被置为 OFF。当供给指令（Y0）变为 ON 后机器人补给箱子。

（3）当橘子进料器中的箱子在输送带上（X1）的传感器为 ON 时，传送带停止。

（4）5 个橘子被放到箱子里，内有 5 个橘子的箱子被送到右边的碟子上。

（5）当供给橘子指令（Y2）被置为 ON 以后橘子被补给，当橘子已供给（X2）被置为 ON 以后补给计数开始。

2. 舞台升降

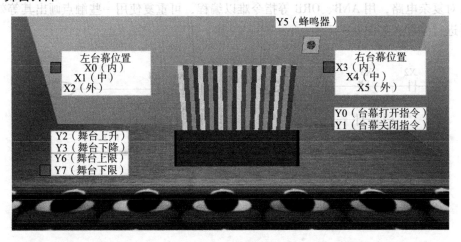

自动控制规格如下：

（1）当操作面板上【开始】（X16）按钮被按下时，蜂鸣器（Y5）拉响 5 s。仅仅当台

幕关闭和舞台降到最低点时,【开始】(X16)可以被置为 ON。

(2) 当警报器停止后,台幕打开指令 (Y0) 被置为 ON 而且台幕会被拉开到左右端 (X2 和 X5)。

(3) 在台幕被完全拉开后,在舞台上升 (Y2) 为 ON 时舞台开始上升,在舞台上限 (X6) 为 ON 时舞台停止上升。

(4) 当按下操作面板上的【结束】(X17)以后,台幕关闭指令 (Y1) 被置为 ON 而且台幕完全关闭(左右两片台幕的最小距离限制为 X2 和 X5)。

手动控制规格如下:

(1) 接下来的操作仅在以上自动操作停止时有效。

(2) 台幕仅在操作面板上的【台幕开】(X10)被按下时拉开。台幕会在它们达到极限 (X2 和 X5) 时停止打开。

(3) 台幕仅在操作面板上的【台幕开】(X10)被按下时关闭。台幕会在它们达到极限 (X0 和 X3) 时停止关闭。

(4) 只有按下操作面板上的【舞台上升】(X12)以后舞台才开始上升。当舞台到达上升极限 (X6) 后停止。

(5) 只有按下操作面板上的【舞台下降】(X13)以后舞台才开始上升。当舞台到达上升极限 (X7) 后停止。

(6) 根据台幕和舞台的动作,在操作面上的指示灯点亮或熄灭。

习 题 答 案

1.

```
        T0      X005
   30 ──┤├──────┤/├──────────────────────────────────( M1 )
        M1
      ──┤├──
        X005
   34 ──┤├──────────────────────────────[ RST   C0 ]
```

2.

```
        X002    X005
    0 ──┤├──────┤/├──────────────────────────────────( M0 )
                                                      ( Y011 )

        X000    X003
    4 ──┤├──────┤/├──────────────────────────────────( M1 )
                                                      ( Y013 )

        X016    M1      X007    M4
    8 ──┤├──────┤├──────┤├──────┤/├────────────────────( M3 )
        M3
      ──┤├──

        M3      T0
   14 ──┤├──────┤/├──────────────────────────────────( Y005 )
        Y005                                            K50
      ──┤├──                                          ( T0 )

        T0      M0
   22 ──┤├──────┤/├──────────────────────────────────( M10 )
        M10
      ──┤├──

        M10     X006
   27 ──┤├──────┤/├──────────────────────────────────( M12 )
        M12
      ──┤├──

        M3      X006
   32 ──┤├──────┤├────────────────────────────[ PLS   M4 ]

        X017    X006    M0      M1
   37 ──┤├──────┤├──────┤├──────┤/├────────────────────( M11 )
        M11
      ──┤├──

        M10             Y001    M0
   43 ──┤├──────────────┤/├──────┤/├────────────────────( Y000 )
        X010    M3
      ──┤├──────┤/├─────────────────────────────────────( Y010 )
```

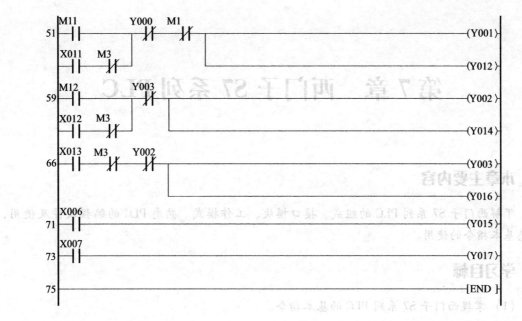

第 7 章 西门子 S7 系列 PLC

本章主要内容

了解西门子 S7 系列 PLC 的组成、接口模块、工作模式。熟悉 PLC 的编程软件及使用，熟悉基本指令的使用。

学习目标

（1）掌握西门子 S7 系列 PLC 的基本指令。

（2）能熟练使用西门子 PLC 编程软件。

（3）能独立设计一些简单的功能程序。

7.1 西门子 PLC 的概述

7.1.1 西门子 S7 系列 PLC

德国西门子（SIEMENS）公司生产的可编程控制器在我国的应用也相当广泛，在冶金、化工、印刷生产线等领域都有应用。西门子（SIEMENS）公司的 PLC 产品包括 LOGO、S7 - 200、S7 - 300、S7 - 400、工业网络、HMI 人机界面、工业软件等。

西门子 S7 系列 PLC 体积小、速度快、标准化，具有网络通信能力，功能更强，可靠性更高。S7 系列 PLC 产品可分为微型 PLC（如 S7 - 200），小规模性能要求的 PLC（如 S7 - 300）和中、高性能要求的 PLC（如 S7 - 400），等等。

1. SIMATIC S7 - 200 PLC

S7 - 200 PLC 是超小型化的 PLC，它适用于各行各业，各种场合中的自动检测、监测及控制等。S7 - 200 PLC 的强大功能使其无论单机运行，或连成网络都能实现复杂的控制功能。

2. SIMATIC S7 - 300 PLC

S7 - 300 是模块化小型 PLC 系统，能满足中等性能要求的应用。各种单独的模块之间可进行广泛组合，构成不同要求的系统。与 S7 - 200 PLC 比较，S7 - 300 PLC 采用模块化结构，具备高速（0.6 ~ 0.1 μs）的指令运算速度；用浮点数运算比较，有效地实现了更为复杂的算术运算；一个带标准用户接口的软件工具，方便用户给所有模块进行参数赋值；方便的人机界面服务已经集成在 S7 – 300 操作系统内，人机对话的编程要求大大减少。SIMATIC 人机界面（HMI）从 S7 – 300 中取得数据，S7 – 300 按用户指定的刷新速度传送这些数据。S7 – 300 操作系统自动地处理数据的传送；CPU 智能化的诊断系统连续监控系统的功能是否正常、记录错误和特殊系统事件（如超时、模块更换等）；多级口令保护可以使用户高度、有效地保护其技术机密，防止未经允许的复制和修改；S7 – 300 PLC 设有操作方式选择开关，操作方式选择开关像钥匙一样可以拔出，当钥匙拔出时，就不能改变操作方式，这样就可防止非法删除或改写用户程序。具备强大的通信功能，S7 – 300 PLC 可通过编程软件 Step 7 的用户界面提供通信组态功能，这使得组态非常容易、简单。S7 – 300 PLC 具有多种不同的通信接口，并通过多种通信处理器来连接 AS – I 总线接口和工业以太网总线系统；串行通信处理器用来连接点到点的通信系统；多点接口（MPI）集成在 CPU 中，用于同时连接编程器、PC 机、人机界面系统及其他 SIMATIC S7/M7/C7 等自动化控制系统。

3. SIMATIC S7 – 400 PLC

S7 – 400 PLC 是用于中、高档性能范围的可编程序控制器。

S7 – 400 PLC 采用模块化无风扇的设计，可靠耐用，同时可以选用多种级别（功能逐步升级）的 CPU，并配有多种通用功能的模板，这使用户能根据需要组合成不同的专用系统。当控制系统规模扩大或升级时，只要适当地增加一些模板，便能使系统升级和充分满足需要。

4. 工业通信网络

通信网络是自动化系统的支柱，西门子的全集成自动化网络平台提供了从控制级一直到现场级的一致性通信，"SIMATIC NET"是全部网络系列产品的总称，它们能在工厂的不同部门，在不同的自动化站以及通过不同的级交换数据，有标准的接口并且相互之间完全兼容。

5. 人机界面（HMI）硬件

HMI 硬件配合 PLC 使用，为用户提供数据、图形和事件显示，主要有文本操作面板 TD200（可显示中文）、OP3、OP7、OP17 等；图形/文本操作面板 OP27、OP37 等；触摸屏操作面板 TP7、TP27/37、TP170A/B 等；SIMATIC 面板型 PC670 等。个人计算机（PC）也可以作为 HMI 硬件使用。HMI 硬件需要经过软件（如 ProTool）组态才能配合 PLC 使用。

6. SIMATIC S7 工业软件

西门子的工业软件可分为三个不同的种类：

（1）编程和工程工具。编程和工程工具包括所有基于 PLC 或 PC 用于编程、组态、模拟和维护等控制所需的工具。STEP 7 标准软件包 SIMATIC S7 是用于 S7 – 300/400，C7 PLC 和 SIMATIC WinAC 基于 PC 控制产品的组态编程与维护的项目管理工具，STEP 7 – Micro/WIN 是在 Windows 平台上运行的 S7 – 200 系列 PLC 的编程、在线仿真软件。

（2）基于 PC 的控制软件。基于 PC 的控制系统 WinAC 允许使用个人计算机作为可编程序控制器（PLC）运行用户的程序，运行在安装了 Windows NT4.0 操作系统的 SIMATIC 工控机或其他任何商用机。WinAC 提供两种 PLC，一种是软件 PLC，在用户计算机上作为视窗任务运行；另一种是插槽 PLC（在用户计算机上安装一个 PC 卡），它具有硬件 PLC 的全部功能。WinAC 与 SIMATIC S7 系列处理器完全兼容，其编程采用统一的 SIMATIC 编程工具（如

STEP 7)，编制的程序既可运行在 WinAC 上，也可运行在 S7 系列处理器上。

（3）人机界面软件。人机界面软件为用户自动化项目提供人机界面（HMI）或 SCADA 系统，支持大范围的平台。人机界面软件有两种，一种是应用于机器级的 ProTool，另一种是应用于监控级的 WinCC。

ProTool 适用于大部分 HMI 硬件的组态，从操作员面板到标准 PC 都可以用集成在 STEP 7 中的 ProTool 有效地完成组态。ProTool/Lite 用于文本显示的组态，如 OP3、OP7、OP17、TD17 等。ProTool/Pro 用于组态标准 PC 和所有西门子 HMI 产品，ProTool/Pro 不只是组态软件，其运行版也用于 Windows 平台的监控系统。

WinCC 是一个真正开放的、面向监控与数据采集的 SCADA（Supervisory Control and Data Acquisition）软件，可在任何标准 PC 上运行。WinCC 操作简单，系统可靠性高，与 STEP 7 功能集成，可直接进入 PLC 的硬件故障系统，节省项目开发时间。它的设计适合于广泛的应用，可以连接到已存在的自动化环境中，有大量的通信接口和全面的过程信息与数据处理能力，其最新的 WinCC 5.0 支持在办公室通过 IE 浏览器动态监控生产过程。

7.1.2　西门子 S7-200 系列 PLC 的基本硬件组成

S7-200 系列 PLC 可提供 4 种不同的基本单元和 6 种型号的扩展单元。其系统构成包括基本单元、扩展单元、编程器、程序存储卡、写入器、文本显示器等。

1. 基本单元

S7-200 系列 PLC 中可提供 4 种不同的基本型号的 8 种 CPU 供选择使用，其输入输出点数的分配如表 7-1 所示。

表 7-1　S7-200 系列 PLC 中输入输出点数的分配

型号	输入点	输出点	可带扩展模块数
S7-200CPU221	6	4	—
S7-200CPU222	8	6	2 个扩展模块； 78 路数字量 I/O 点或 10 路模拟量 I/O 点
S7-200CPU224	14	10	7 个扩展模块； 168 路数字量 I/O 点或 35 路模拟量 I/O 点
S7-200CPU226	24	16	2 个扩展模块； 248 路数字量 I/O 点或 35 路模拟量 I/O 点
S7-200CPU226XM	24	16	2 个扩展模块； 248 路数字量 I/O 点或 35 路模拟量 I/O 点

2. 扩展单元

S7-200 系列 PLC 主要有 6 种扩展单元，它本身没有 CPU，只能与基本单元相连接使用，用于扩展 I/O 点数，S7-200 系列 PLC 扩展单元型号及输入输出点数的分配如表 7-2 所示。

表 7 - 2　S7 - 200 系列 PLC 扩展单元型号及输入输出点数的分配

类型	型号	输入点	输出点
数字量扩展模块	EM221	8	无
	EM222	无	8
	EM223	4/8/16	4/8/16
模拟量扩展模块	EM231	3	无
	EM232	无	2
	EM235	3	1

3. 编程器

PLC 在正式运行时，不需要编程器。编程器主要用来进行用户程序的编制、存储和管理等，并将用户程序送入 PLC 中，在调试过程中，进行监控和故障检测。S7 - 200 系列 PLC 可采用多种编程器，一般可分为简易型和智能型。

简易型编程器是袖珍型的，简单实用，价格低廉，是一种很好的现场编程及监测工具，但显示功能较差，只能用指令表方式输入，使用不够方便。智能型编程器采用计算机进行编程操作，将专用的编程软件装入计算机内，可直接采用梯形图语言编程，实现在线监测，非常直观且功能强大，S7 - 200 系列 PLC 的专用编程软件为 STEP7 - Micro/WIN。

4. 程序存储卡

为了保证程序及重要参数的安全，一般小型 PLC 设有外接 EEPROM 卡盒接口，通过该接口可以将卡盒的内容写入 PLC，也可将 PLC 内的程序及重要参数传到外接 EEPROM 卡盒内作为备份。程序存储卡 EEPROM 有 6ES 7291 - 8GC00 - 0XA0 和 6ES 7291 - 8GD00 - 0XA0 两种，程序容量分别为 8 KB 和 16 KB 程序步。

5. 写入器

写入器的功能是实现 PLC 和 EPROM 之间的程序传送，是将 PLC 中 RAM 区的程序通过写入器固化到程序存储卡中，或将 PLC 中程序存储卡中的程序通过写入器传送到 RAM 区。

6. 文本显示器

文本显示器 TD200 不仅是一个用于显示系统信息的显示设备，还可以作为控制单元对某个量的数值进行修改，或直接设置输入/输出量。文本信息的显示用选择/确认的方法，最多可显示 80 条信息，每条信息最多 4 个变量的状态。过程参数可在显示器上显示，并可以随时修改。TD200 面板上的 8 个可编程序的功能键，每个都分配了一个存储器位，这些功能键在启动和测试系统时，可以进行参数设置和诊断。

7.1.3　S7 - 200 的接口模块

S7 - 200 的接口模块主要有数字量 I/O 模块、模拟量 I/O 模块和通信模块，下面分别予以介绍。

1. 数字量 I/O 模块

数字量 I/O 模块是为了解决本机集成的数字量输入/输出点不能满足需要而使用的扩展

模块。S7 – 200 PLC 目前总共可以提供 3 大类，共 9 种数字量 I/O 模块。

（1）EM221 数字量输入扩展模块：8DI，DC 24 V（直流输入）。

（2）EM222 数字量输出扩展模块：8DO，DC 24 V（直流输出）；8DO，Relay（DC 24 V/AC 24 ~ 230 V）（继电器输出）。

（3）EM223 数字量混合模块：4DI（DC 24 V），4DO（DC 24 V/2 A）；4DI（DC 24 V），4DO（Relay 2 A）；8DI（DC 24 V），8DO（DC 24 V/2 A）；8DI（DC 24 V），8DO（Relay 2 A）；16DI（DC 24 V），16DO（Relay 2 A）；16DI（DC 24 V），16DO（DC 24 V/2 A）。

2. 模拟量 I/O 模块

模拟量 I/O 模块提供了模拟量输入和模拟量输出的扩展功能。S7 – 200 的模拟量扩展模块具有较大的适应性，可以直接与传感器相连，并有很大的灵活性且安装方便。

（1）EM231 模拟量输入模块：4AI（电压或电流）输入信号的范围由 SW1、SW2 和 SW3 设定。

（2）EM232 模拟量输出模块：2AO（电压或电流）。

（3）EM235 模拟量混合模块：4AI（电压或电流），量程由 SW1 ~ SW6 设定 1AO（电压或电流）。

3. 通信模块

S7 – 200 系列 PLC 除了 CPU226 本机集成了两个通信口以外，其他均在其内部集成了一个通信口，通信口采用了 RS – 485 总线。此外，各 PLC 还可以接入通信模块，以扩大其接口的数量和联网能力。

（1）EM277 模块：EM277 模块是 PROFIBUS – DP 从站模块，同时也支持 MPI 从站通信。

（2）EM241：调制解调器（Modem）通信模块。

（3）CP243 – 1：工业以太网通信模块。

（4）CP243 – 1 IT：工业以太网通信模块，同时提供 Web/E-mail 等 IT 应用。

（5）CP243 – 2：AS – Ⅰ 主站模块，可连接最多 62 个 AS – Ⅰ 从站。S7 – 200 PLC 的配置就是由 S7 – 200 CPU 和这些扩展模块构成的。

7.1.4 S7 – 200 的工作过程和 CPU 的工作模式

1. S7 – 200 在扫描循环中完成一系列任务

任务循环执行一次称为一个扫描周期。S7 – 200 CPU 工作模式如图 7 – 1 所示。在一个扫描周期中，S7 – 200 主要执行下列五个部分的操作。

（1）读输入：S7 – 200 从输入单元读取输入状态，并存入输入映像寄存器中。

（2）执行程序：CPU 根据这些输入信号控制相应逻辑，当程序执行时刷新相关数据。程序执行后，S7 – 200 将程序逻辑结果写到输出映像寄存器中。

（3）处理通信请求：S7 – 200 执行通信处理。

（4）执行 CPU 自诊断：S7 – 200 检查固件、程序存储器和扩展模块是否工作正常。

（5）写输出：在程序结束时，S7 – 200 将数据从输出映像寄存器中写入输出锁存器，最由中用户通过编程软件自定义的操作开关信息，加上最后状态发生变化。则在显示区里面下进行输出。

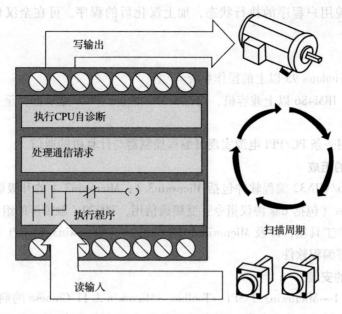

图 7 - 1　S7 - 200 CPU 工作模式

后复制到物理输出点，驱动外部负载。

2. S7 - 200 CPU 的工作模式

S7 - 200 有两种操作模式：停止模式和运行模式。CPU 面板上的 LED 状态灯可以显示当前的操作模式。

在停止模式下，S7 - 200 不执行程序，你可以下载程序和 CPU 组态。在运行模式下，S7 - 200 将运行程序。

S7 - 200 提供一个方式开关来改变操作模式。你可以用方式开关（位于 S7 - 200 前盖下面）手动选择操作模式：当方式开关拨在停止模式，停止程序执行；当方式开关拨在运行模式，启动程序执行；也可以将方式开关拨在 TERM（终端）（暂态）模式，允许通过编程软件来切换 CPU 的工作模式，即停止模式或运行模式。

如果方式开关打在 STOP 或者 TERM 模式，且电源状态发生变化，则当电源恢复时，CPU 会自动进入 STOP 模式。如果方式开关打在 RUN 模式且电源状态发生变化，则当电源恢复时，CPU 会进入 RUN 模式。

7.2　西门子 S7 - 200 编程软件

7.2.1　S7 - 200 可编程控制器 STEP7 - Micro/WIN32 编程软件的安装

西门子 S7 - 200 可编程控制器 PLC 使用 STEP7 - Micro/WIN32 编程软件进行编程。STEP7 - Micro/WIN32 编程软件是基于 Windows 的应用软件，功能强大，主要用于开发程序，也可用于适时监控用户程序的执行状态，加上汉化后的程序，可在全汉化的界面下进行操作。

1. 安装条件

操作系统：Windows 95 以上的操作系统。

计算机配置：IBM486 以上兼容机，内存 8 MB 以上，VGA 显示器，至少 50 MB 以上硬盘空间。

通信电缆：用一条 PC/PPI 电缆实现可编程控制器与计算机的通信。

2. 编程软件的组成

STEP7 – Micro/WIN32 编程软件包括 Microwin3. 1；Microwin3. 1 的升级版本软件 Microwin3. 1 SP1；Toolbox（包括 Uss 协议指令：变频通信用，TP070：触摸屏的组态软件 Tp Designer V1. 0 设计师）工具箱；以及 Microwin 3. 11 Chinese（Microwin3. 11 SP1 和 Tp Designer 的专用汉化工具）等编程软件。

3. 编程软件的安装

按 Microwin3. 1→Microwin3. 1 SP1→Toolbox→Microwin 3. 11 Chinese 的顺序进行安装。

首先安装英文版本的编程软件：双击编程软件中的安装程序 SETUP. EXE，根据安装提示完成安装。接着，用 Microwin 3. 11 Chinese 软件将编程软件的界面和帮助文件汉化。步骤如下：①在光盘目录下，找到 "mwin_service_pack_from V3. 1 to3. 11" 软件包，按照安装向导进行操作，把原来的英文版本的编程软件转换为 3. 11 版本。

②打开 "Chinese3. 11" 目录；双击 setup，按安装向导操作，完成汉化补丁的安装。

③完成安装。

4. 建立 S7 – 200 CPU 的通信

可以采用 PC/PPI 电缆建立 PC 机与 PLC 之间的通信，这是典型的单主机与 PC 机的连接，不需要其他的硬件设备，如图 7 – 2 所示。PC/PPI 电缆的两端分别为 RS – 232 和 RS – 485 接口，RS – 232 端连接到个人计算机 RS – 232 通信口 COM1 或 COM2 接口上，RS – 485 端接到 S7 – 200 CPU 通信口上。PC/PPI 电缆中间有通信模块，模块外部设有波特率设置开关，有 5 种支持 PPI 协议的波特率可以选择，分别为 1. 2 KB、2. 4 KB、9. 6 KB、19. 2 KB、

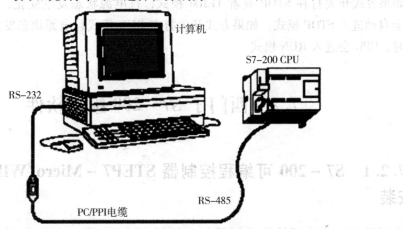

图 7 – 2   PLC 与计算机的连接

38.4 KB。PC/PPI 电缆波特率设置开关（DIP 开关）的位置应与软件系统设置的通信波特率相一致。DIP 开关如图 7 - 3（a）所示，DIP 开关上有 5 个扳键，1、2、3 号键用于设置波特率，4 号和 5 号键用于设置通信方式。通信速率的默认值为 9 600 b/s，如图 7 - 3（b）所示，1、2、3 号键设置为 010，未使用调制解调器时，4、5 号键均应设置为 0。

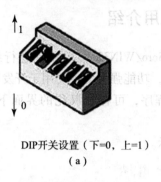

DIP 开关设置（下=0，上=1）

（a）

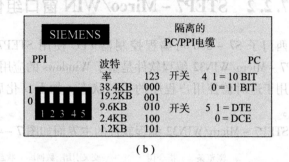

（b）

图 7 - 3　DIP 的设置

5. 通信参数的设置

硬件设置好后，按下面的步骤设置通信参数。

（1）在 STEP7 - Micro/WIN32 运行时单击通信图标，或从"视图"（View）菜单中选择"通信"（Communications），则会出现一个通信对话框。

（2）在对话框中双击 PC/PPI 电缆图标，将出现 PC/PG 接口的对话框。

（3）单击"属性"（Properties）按钮，将出现接口属性对话框，检查各参数的属性是否正确，初学者可以使用默认的通信参数，在 PC/PPI 性能设置的窗口中按"默认"（Default）按钮，可获得默认的参数，默认站地址为 2。

6. 建立在线连接

在前几步顺利完成后，可以建立与 S7 - 200 CPU 的在线连接，步骤如下：

（1）在 STEP7 - Micro/WIN32 运行时单击通信图标，或从"视图"（View）菜单中选择"通信"（Communications），出现一个通信建立结果对话框，显示是否连接了 CPU 主机。

（2）双击对话框中的刷新图标，STEP7 - Micro/WIN32 编程软件将检查所连接的所有 S7 - 200 CPU 站。在对话框中显示已建立起连接的每个站的 CPU 图标、CPU 型号和站地址。

（3）双击要进行通信的站，在通信建立对话框中，可以显示所选的通信参数。

7. 修改 PLC 的通信参数

计算机与可编程控制器建立起在线连接后，即可以利用软件检查、设置和修改 PLC 的通信参数，步骤如下：

（1）单击浏览条中的系统块图标，或从"视图"（View）菜单中选择"系统块"（System Block）选项，将出现系统块对话框。

（2）单击"通信口"选项卡，检查各参数，确认无误后单击"确定"按钮。若须修改某些参数，可以先进行有关的修改，再单击"确定"按钮。

（3）单击工具条的下载按钮 ▼ ，将修改后的参数下载到可编程控制器，设置的参数才会起作用。

8. 可编程控制器的信息读取

选择菜单命令 "PLC"，找 "信息"，将显示出可编程控制器 RUN/STOP 状态、扫描速率、CPU 的型号错误的情况和各模块的信息。

7.2.2 STEP7 – Mirco/WIN 窗口组件使用介绍

西门子 S7 – 200 可编程控制器 PLC 使用 STEP7 – Micro/WIN32 编程软件进行编程。STEP7 – Micro/WIN32 编程软件是基于 Windows 的应用软件，功能强大，主要用于开发程序，也可用于适时监控用户程序的执行状态。加上汉化后的程序，可在全汉化的界面下进行操作。

STEP7 – Micro/WIN32 编程软件的主界面如图 7 –4 所示。

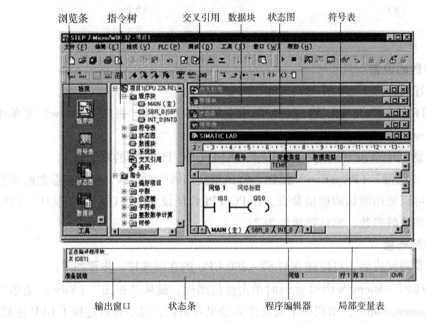

图 7 –4 STEP7 – Micro/WIN32 编程软件的主界面

主界面一般可以分为以下几个部分：菜单条、工具条、浏览条、指令树、用户窗口、输出窗口和状态条。除菜单条外，用户还可以根据需要通过检视菜单和窗口菜单决定其他窗口的取舍和样式的设置。

1. 菜单条

菜单条包括文件、编辑、检视、PLC、调试、工具、窗口、帮助 8 个主菜单项。各主菜单项的功能如下：

1）文件（File）

文件的操作有新建（New）、打开（Open）、关闭（Close）、保存（Save）、另存（Save As）、导入（Import）、导出（Export）、上载（Upload）、下载（Download）、页面设置（Page Setup）、打印（Print）、预览、最近使用文件、退出。

导入：若从 STEP 7 – Micro/WIN 32 编辑器之外导入程序，可使用 "导入" 命令导入

ASCII 文本文件。

导出：使用 "导出" 命令创建程序的 ASCII 文本文件，并导出至 STEP7 – Micro/WIN32 外部的编辑器。

上载：在运行 STEP 7 – Micro/WIN32 的个人计算机和 PLC 之间建立通信后，从 PLC 将程序上载至运行 STEP 7 – Micro/WIN 32 的个人计算机。

下载：在运行 STEP 7 – Micro/WIN32 的个人计算机和 PLC 之间建立通信后，将程序下载至该 PLC。下载之前，PLC 应位于 "停止" 模式。

2）编辑（Edit）

编辑菜单提供程序的编辑工具：撤销（Undo）、剪切（Cut）、复制（Copy）、粘贴（Paste）、全选（Select All）、插入（Insert）、删除（Delete）、查找（Find）、替换（Replace）、转至（Go To）等项目。

剪切/复制/粘贴可以在 STEP 7 – Micro/WIN 32 项目中剪切下列条目：文本或数据栏，指令，单个网络，多个相邻的网络，POU 中的所有网络，状态图行、列或整个状态图，符号表行、列或整个符号表，数据块。不能同时选择多个不相邻的网络，不能从一个局部变量表成块剪切数据并粘贴至另一局部变量表中，因为每个表的只读 L 内存赋值必须唯一。

插入：在 LAD 编辑器中，可在光标上方插入行（在程序或局部变量表中），在光标下方插入行（在局部变量表中），在光标左侧插入列（在程序中），插入垂直接头（在程序中），在光标上方插入网络，并为所有网络重新编号，在程序中插入新的中断程序，在程序中插入新的子程序。

查找/替换/转至：可以在程序编辑器窗口、局部变量表、符号表、状态图、交叉引用标签和数据块中使用 "查找" "替换" 和 "转至"。

"查找" 功能：查找指定的字符串，如操作数、网络标题或指令助记符。（"查找" 不搜索网络注释，只能搜索网络标题。"查找" 不搜索 LAD 和 FBD 中的网络符号信息表。）

"替换" 功能：替换指定的字符串。（"替换" 对语句表指令不起作用。）

"转至" 功能：通过指定网络数目的方式将光标快速移至另一个位置。

3）检视（View）

通过检视菜单可以选择不同的程序编辑器：LAD、STL、FBD。

通过检视菜单可以进行数据块（Data Block）、符号表（Symbol Table）、状态图表（Chart Status）、系统块（System Block）、交叉引用（Cross Reference）、通信（Communications）参数的设置。

通过检视菜单可以选择注解、网络注解（POU Comments）显示与否等。

通过检视菜单的工具栏区可以选择浏览栏（Navigation Bar）、指令树（Instruction Tree）及输出视窗（Output Window）的显示与否。

通过检视菜单可以对程序块的属性进行设置。

4）PLC

PLC 菜单用于与 PLC 联机时的操作。如用软件改变 PLC 的运行方式（运行、停止），对用户程序进行编译，清除 PLC 程序、电源启动重置、查看 PLC 的信息、时钟、存储卡的操作、程序比较、PLC 类型选择等操作。其中对用户程序进行编译可以离线进行。

联机方式（在线方式）：有编程软件的计算机与 PLC 连接，两者之间可以直接通信。

离线方式：有编程软件的计算机与 PLC 断开连接，此时可进行编程、编译。

联机方式和离线方式的主要区别是：联机方式可直接针对连接 PLC 进行操作，如上装、下载用户程序等。离线方式不直接与 PLC 联系，所有的程序和参数都暂时存放在磁盘上，等联机后再下载到 PLC 中。

PLC 有两种操作模式：STOP（停止）和 RUN（运行）模式。在 STOP（停止）模式中可以建立/编辑程序，在 RUN（运行）模式中建立、编辑、监控程序操作和数据，进行动态调试。

若使用 STEP 7 – Micro/WIN 32 软件控制 RUN/STOP（运行/停止）模式，在 STEP 7 – Micro/WIN 32 和 PLC 之间必须建立通信。另外，PLC 硬件模式开关必须设为 TERM（终端）或 RUN（运行）。

编译（Compile）：用来检查用户程序语法错误。用户程序编辑完成后通过编译在显示器下方的输出窗口显示编译结果，明确指出错误的网络段，可以根据错误提示对程序进行修改，然后再编译，直至无错误。

全部编译（Compile All）：编译全部项目元件（程序块、数据块和系统块）。

信息（Information）：可以查看 PLC 信息，如 PLC 型号和版本号码、操作模式、扫描速率、I/O 模块配置以及 CPU 和 I/O 模块错误等。

电源启动重置（Power – Up Reset）：从 PLC 清除严重错误并返回 RUN（运行）模式。如果操作 PLC 存在严重错误，SF（系统错误）指示灯亮，程序停止执行。必须将 PLC 模式重设为 STOP（停止），然后再设置为 RUN（运行），才能清除错误，或使用"PLC"→"电源启动重置"。

5）调试（Debug）

调试菜单用于联机时的动态调试，有单次扫描（First Scan），多次扫描（Multiple Scans），程序状态（Program Status），触发暂停（Triggred Pause），用程序状态模拟运行条件（读取、强制、取消强制和全部取消强制）等功能。

调试时可以指定 PLC 对程序执行有限次数扫描（从 1 次扫描到 65 535 次扫描）。通过选择 PLC 运行的扫描次数，可以在程序改变过程变量时对其进行监控。第一次扫描时，SM0.1 数值为 1（打开）。

单次扫描：可编程控制器从 STOP 方式进入 RUN 方式，执行一次扫描后，回到 STOP 方式，可以观察到首次扫描后的状态。

PLC 必须位于 STOP（停止）模式，通过菜单"调试"→"单次扫描"操作。

多次扫描：调试时可以指定 PLC 对程序执行有限次数扫描（从 1 次扫描到 65 535 次扫描）。通过选择 PLC 运行的扫描次数，可以在程序过程变量改变时对其进行监控。

PLC 必须位于 STOP（停止）模式时，通过菜单"调试"→"多次扫描"设置扫描次数。

6）工具

工具菜单提供复杂指令向导（PID、HSC、NETR/NETW 指令），使复杂指令编程时的工作简化。

工具菜单提供文本显示器 TD200 设置向导。

工具菜单的定制子菜单可以更改 STEP 7 – Micro/WIN 32 工具条的外观或内容，以及在

"工具"菜单中增加常用工具。

工具菜单的选项子菜单可以设置三种编辑器的风格，如字体、指令盒的大小等样式。

7）窗口

窗口菜单可以设置窗口的排放形式，如层叠、水平、垂直。

8）帮助

帮助菜单可以提供 S7 - 200 的指令系统及编程软件的所有信息，并提供在线帮助、网上查询、访问等功能。

2. 工具条

（1）标准工具条，如图 7 - 5 所示。

图 7 - 5 标准工具条

各快捷按钮从左到右分别为新建项目、打开现有项目、保存当前项目、打印、打印预览、剪切选项并复制至剪贴板、将选项复制至剪贴板、在光标位置粘贴剪贴板内容、撤销最后一个条目、编译程序块或数据块（任意一个现用窗口）、全部编译（程序块/数据块和系统块）、将项目从 PLC 上载至 STEP 7 - Micro/WIN 32、从 STEP 7 - Micro/WIN 32 下载至 PLC、符号表名称列按照 A ~ Z 从小至大排序、符号表名称列按照 Z ~ A 从大至小排序、选项（配置程序编辑器窗口）。

（2）调试工具条，如图 7 - 6 所示。

图 7 - 6 调试工具条

各快捷按钮从左到右分别为将 PLC 设为运行模式、将 PLC 设为停止模式、在程序状态打开/关闭之间切换、在触发暂停打开/停止之间切换（只用于语句表）、在图状态打开/关闭之间切换、状态图表单次读取、状态图表全部写入、强制 PLC 数据、取消强制 PLC 数据、状态图表全部取消强制、状态图表全部读取强制数值。

（3）公用工具条，如图 7 - 7 所示。

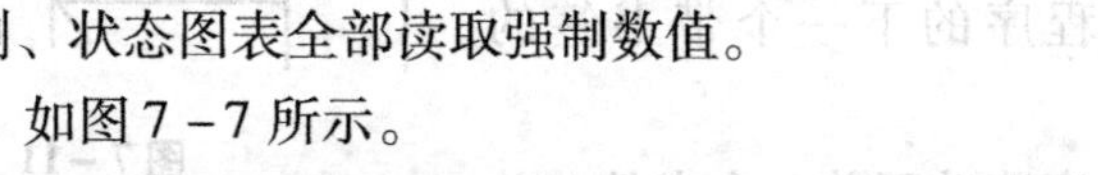

图 7 - 7 公用工具条

公用工具条各快捷按钮从左到右分别为：

插入网络：单击该按钮，在 LAD 或 FBD 程序中插入一个空网络。

删除网络：单击该按钮，删除 LAD 或 FBD 程序中的整个网络。

POU 注解：单击该按钮在 POU 注解打开（可视）或关闭（隐藏）之间切换。每个 POU 注解可允许使用的最大字符数为 4 096。可视时，始终位于 POU 顶端，在第一个网络之前显示，如图 7 - 8 所示。

网络注解：单击该按钮，在光标所在的网络标号下方出现灰色方框中，输入网络注解。再单击该按钮，网络注解关闭，如图 7-9 所示。

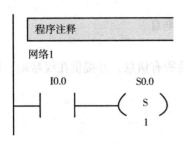

图 7-8　POU 注解

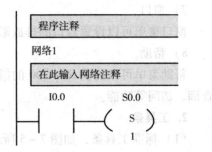

图 7-9　网络注解

检视/隐藏每个网络的符号信息表：单击该按钮，用所有的新、旧和修改符号名更新项目，而且在符号信息表打开和关闭之间切换，如图 7-10 所示。

图 7-10　网络的符号信息表

切换书签：设置或移除书签，单击该按钮，在当前光标指定的程序网络设置或移除书签。在程序中设置书签，书签便于在较长程序中指定的网络之间来回移动，如图 7-11 所示。

下一个书签：将程序滚动至下一个书签，单击该按钮，向下移至程序的下一个带书签的网络。

前一个书签：将程序滚动至前一个书签，单击该按钮，向上移至程序的前一个带书签的网络。

图 7-11　网络设置书签

清除全部书签：单击该按钮，移除程序中的所有当前书签。

在项目中应用所有的符号：单击该按钮，用所有新、旧和修改的符号名更新项目，并在符号信息表打开和关闭之间切换。

建立表格未定义符号：单击该按钮，从程序编辑器将不带指定地址的符号名传输至指定地址的新符号表标记。

常量说明符：在 SIMATIC 类型说明符打开/关闭之间切换，单击"常量描述符"按钮，使常量描述符可视或隐藏。对许多指令参数可直接输入常量。仅被指定为 100 的常量具有不确定的大小，因为常量 100 可以表示为字节、字或双字大小。当输入常量参数时，程序编辑器根据每条指令的要求指定或更改常量描述符。

（4）LAD 指令工具条，如图 7-12 所示。

图 7-12　LAD 指令工具条

从左到右分别为：插入向下直线、插入向上直线、插入左行、插入右行、插入接点、插入线圈、插入指令盒。

3. 浏览条

浏览条（Navigation Bar）为编程提供按钮控制，可以实现窗口的快速切换，即对编程工具执行直接按钮存取，包括程序块（Program Block）、符号表（Symbol Table）、状态图表（Status Chart）、数据块（Data Block）、系统块（System Block）、交叉引用（Cross Reference）和通信（Communication）。单击上述任意按钮，则主窗口切换成此按钮对应的窗口。

用菜单命令"检视"→"帧"→"浏览条"，浏览条可在打开（可见）和关闭（隐藏）之间切换。

用菜单命令"工具"→"选项"，选择"浏览条"标签，可在浏览条中编辑字体。

浏览条中的所有操作都可用"指令树"（Instruction Tree）视窗完成，或通过"检视"（View）→"元件"菜单来完成。

4. 指令树

指令树（Instruction Tree）以树形结构提供编程时用到的所有快捷操作命令和 PLC 指令，可分为项目分支和指令分支。

（1）项目分支用于组织程序项目：

用鼠标右键单击"程序块"文件夹，插入新子程序和中断程序。

打开"程序块"文件夹，并用鼠标右键单击 POU 图标，可以打开 POU、编辑 POU 属性、用密码保护 POU 或为子程序和中断程序重新命名。

用鼠标右键单击"状态图"或"符号表"文件夹，插入新图或新表。

打开"状态图"或"符号表"文件夹，在指令树中用鼠标右键单击图或表图标，或双击适当的 POU 标记，执行打开、重新命名或删除操作。

（2）指令分支用于输入程序，打开指令文件夹并选择指令：拖放或双击指令，可在程序中插入指令。

用鼠标右键单击指令，并从弹出菜单中选择"帮助"，获得有关该指令的信息。

将常用指令拖放至"偏好项目"文件夹。

若项目指定了 PLC 类型，指令树中红色标记 x 是表示对该 PLC 无效的指令。

5. 用户窗口

可同时或分别打开 6 个用户窗口，分别为交叉引用、数据块、状态图表、符号表、程序编辑器和局部变量表。

1）交叉引用

在程序编译成功后，可用下面的方法之一打开"交叉引用"窗口（Cross Reference）：

用菜单"检视"→"交叉引用"。

单击浏览条中的"交叉引用" 按钮。

如图 7-13 所示，"交叉引用"表列出在程序中使用的各操作数所在的 POU、网络或行位置，以及每次使用各操作数的语句表指令。通过交叉引用表还可以查看哪些内存区域已经被使用，作为位还是作为字节使用。在运行方式下编辑程序时，可以查看程序当前正在使用的跳变信号的地址。交叉引用表不下载到可编程控制器，在程序编译成功后，才能打开交叉引用表。在交叉引用表中双击某操作数，可以显示出包含该操作数的那一部分程序。

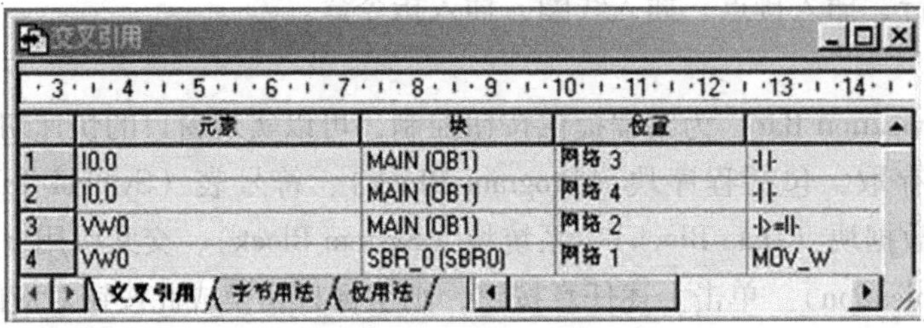

	元素	块	位置	
1	I0.0	MAIN (OB1)	网络 3	⊣⊢
2	I0.0	MAIN (OB1)	网络 4	⊣⊢
3	VW0	MAIN (OB1)	网络 2	⊣>=⊢
4	VW0	SBR_0 (SBR0)	网络 1	MOV_W

图 7 – 13 "交叉引用"表

2）数据块

"数据块"窗口可以设置和修改变量存储器的初始值和常数值，并加注必要的注释说明。

用下面的方法之一打开"数据块"窗口：

单击浏览条上的"数据块"▣按钮。

用"检视"菜单→"元件"→"数据块"。

单击指令树中的"数据块"▣图标。

3）状态图表

将程序下载至 PLC 之后，可以建立一个或多个状态图表（Status Chart），在联机调试时，打开状态图表监视各变量的值和状态。状态图表并不下载到可编程控制器，只是监视用户程序运行的一种工具。

用下面的方法之一可打开状态图表：

单击浏览条上的"状态图表"▣按钮。

菜单命令："检视"→"元件"→"状态图"。

打开指令树中的"状态图"文件夹，然后双击"图"图标。

若在项目中有一个以上状态图，使用位于"状态图"窗口底部的 ◀▶ CHT1 CHT2 CHT3 "图"标签在状态图之间移动。

可在状态图表的地址列输入须监视的程序变量地址，在 PLC 运行时，打开状态图表窗口，在程序扫描执行时，连续、自动地更新状态图表的数值。

4）符号表

符号表（Symbol Table）是程序员用符号编址的一种工具表。在编程时不采用元件的直接地址作为操作数，而用有实际含义的自定义符号名作为编程元件的操作数，这样可使程序更容易理解。符号表则建立了自定义符号名与直接地址编号之间的关系。程序被编译后下载到可编程控制器时，所有的符号地址都被转换成绝对地址，符号表中的信息不下载到可编程控制器。

用下面的方法之一可打开符号表：

单击浏览条中的"符号表"▣按钮。

用菜单命令："检视"→"符号表"。

打开指令树中的符号表或全局变量文件夹，然后双击一个表格 图标。

5）程序编辑器

用菜单命令"文件"→"新建"，"文件"→"打开"或"文件"→"导入"，打开一个项目。然后用下面方法之一打开"程序编辑器"窗口，建立或修改程序：

单击浏览条中的"程序块" 按钮，打开主程序（OB1），可以单击子程序或中断程序标签，打开另一个 POU。

指令树→程序块→双击主程序（OB1）图标、子程序图标或中断程序图标。

用下面方法之一可改变程序编辑器选项：

菜单命令"检视"→ LAD、FBD、STL，更改编辑器类型。

菜单命令"工具"→"选项"→"一般"标签，可更改编辑器（LAD、FBD 或 STL）和编程模式（SIMATIC 或 IEC 1131 – 3）。

菜单命令"工具"→"选项"→"程序编辑器"标签，设置编辑器选项。

使用"选项" 快捷按钮→设置"程序编辑器"选项。

6）局部变量表

程序中的每个 POU 都有自己的局部变量表，局部变量存储器（L）有 64 个字节。局部变量表用来定义局部变量，局部变量只在建立该局部变量的 POU 中才有效。在带参数的子程序调用中，参数的传递就是通过局部变量表传递的。

在用户窗口将水平分裂条下拉即可显示局部变量表，将水平分裂条拉至程序编辑器窗口的顶部，局部变量表不再显示，但仍旧存在。

6. 输出窗口

输出窗口：用来显示 STEP 7 – Micro/WIN32 程序编译的结果，如编译结果有无错误、错误编码和位置等。

菜单命令："检视"→"帧"→"输出窗口"，在窗口打开或关闭输出窗口。

7. 状态条

状态条：提供有关在 STEP 7 – Micro/WIN32 中操作的信息。

7.2.3　STEP7 – Micro/WIN4.0 编写用户程序的方法与步骤示例

1. 梯形图的编辑

在梯形图编辑窗口中，梯形图程序被划分成若干个网络，一个网络中只能有一个独立电路块。如果一个网络中有两个独立电路块，在编译时输出窗口将显示"1 个错误"，待错误修正后方可继续。可以对网络中的程序或者某个编程元件进行编辑，执行删除、复制或粘贴操作。

（1）首先打开 STEP7 – Micro/WIN4.0 编程软件，进入主界面，STEP7 – Micro/WIN4.0 编程软件主界面如图 7 – 14 所示。

（2）单击浏览栏的"程序块"按钮，进入梯形图编辑窗口。

（3）在编辑窗口中，把光标定位到将要输入编程元件的地方。

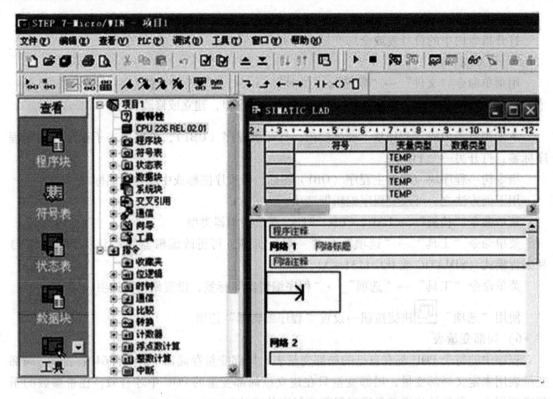

图 7 – 14   STEP7 – Micro/WIN4.0 编程软件主界面

（4）可直接在指令工具栏中单击常开触点按钮，选取触点如图 7 – 15 所示。在打开的位逻辑指令中单击 ┤├ 图标选项，选择常开触点如图 7 – 16 所示。输入的常开触点符号会自动写入到光标所在位置。输入常开触点如图 7 – 17 所示，也可以在指令树中双击位逻辑选项，然后双击常开触点输入。

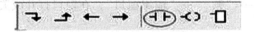

图 7 – 15   选取触点

图 7 – 16   选择常开触点

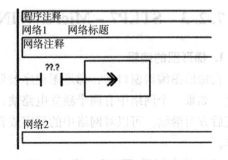

图 7 – 17   输入常开触点

（5）在??.? 中输入操作数 I0.1，光标自动移到下一列。输入操作数 I0.1 如图 7 – 18所示。

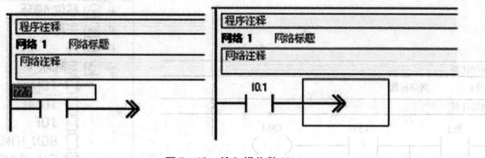

图 7 – 18　输入操作数 I0.1

（6）用同样的方法在光标位置输入 –I/I– 和 –〔〕，并填写对应地址，T37 和 Q0.1 编辑结果如图 7 – 19 所示。

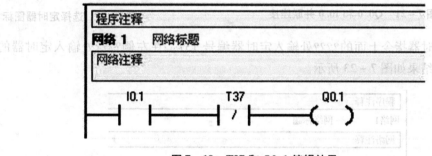

图 7 – 19　T37 和 Q0.1 编辑结果

（7）将光标定位到 I0.1 下方，按照 I0.1 的输入办法输入 Q0.1。Q0.1 编辑结果如图 7 – 20 所示。

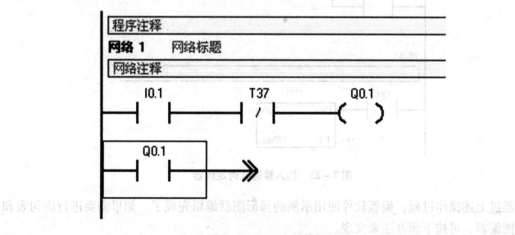

图 7 – 20　Q0.1 编辑结果

（8）将光标移到要合并的触点处，单击指令工具栏中的向上连线按钮↑，将 Q0.0 和 I0.0 并联连接。Q0.0 和 I0.0 并联连接如图 7 – 21 所示。

（9）将光标定位到网络 2，按照 I0.1 的输入办法编写 Q0.1。

（10）将光标定位到定时器输入位置，双击指令树的【定时器】选项，然后再双击接通延时定时器图标，在光标位置即可输入接通延时定时器。选择定时器图标如图 7 – 22 所示。

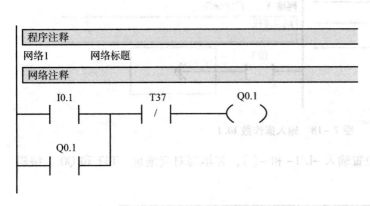

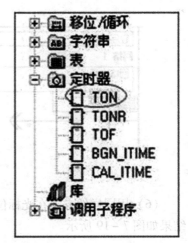

图 7 – 21   Q0.0 和 I0.0 并联连接　　　　　　　　　　**图 7 – 22   选择定时器图标**

（11）在定时器指令上面的????处输入定时器编号 T37，在左侧????处输入定时器的预置值 100，编辑结果如图 7 – 23 所示。

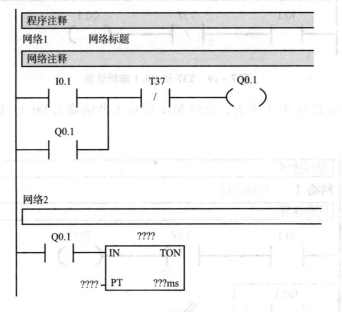

图 7 – 23   输入接通延时定时器

经过上述操作过程，编程软件使用示例的梯形图就编辑完成了。如果需要进行语句表和功能图编辑，可按下面办法来实现。

2. 语句表的编辑

执行菜单【查看】→【STL】选项，可以直接进行语句表的编辑。语句表的编辑如图 7 – 24 所示。

3. 功能图的编辑

执行菜单【查看】→【FBD】选项，可以直接进行功能图的编辑。功能图的编辑如图 7 – 25 所示。

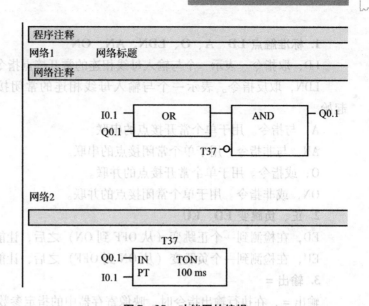

程序注释

网络1	网络标题

网络注释

```
LD      I0.1
O       Q0.1
AN      T37
-       Q0.1
```

网络2

```
LD      Q0.1
TON     T37. 100
```

图 7 - 24 语句表的编辑

图 7 - 25 功能图的编辑

7.3 西门子 PLC 基本指令功能

7.3.1 西门子 PLC 基本指令功能介绍

西门子 PLC 基本指令功能介绍如表 7 - 3 所示。

表 7 - 3 西门子 PLC 基本指令功能介绍

名称	助记符	目标元件	说 明
取指令	LD	I、Q、M、SM、T、C、V、S、L	常开接点逻辑运算起始
取反指令	LDN	I、Q、M、SM、T、C、V、S、L	常闭接点逻辑运算起始
线圈驱动指令	=	Q、M、SM、T、C、V、S、L	驱动线圈的输出
与指令	A	I、Q、M、SM、T、C、V、S、L	单个常开接点的串联
与非指令	AN	I、Q、M、SM、T、C、V、S、L	单个常闭接点的串联
或指令	O	I、Q、M、SM、T、C、V、S、L	单个常开接点的并联
或非指令	ON	I、Q、M、SM、T、C、V、S、L	单个常闭接点的并联
置位指令	S	I、Q、M、SM、T、C、V、S、L	使动作保持
复位指令	R	I、Q、M、SM、T、C、V、S、L	使保持复位
正跳变	ED	I、Q、M、SM、T、C、V、S、L	输入信号上升沿产生脉冲输出
负跳变	EU	I、Q、M、SM、T、C、V、S、L	输入信号下降沿产生脉冲输出
空操作指令	NOP	无	使步序做空操作

1. 标准触点 LD、A、O、LDN、AN、ON

LD，取指令。表示一个与输入母线相连的常开接点指令，即常开接点逻辑运算起始。

LDN，取反指令。表示一个与输入母线相连的常闭接点指令，即常闭接点逻辑运算起始。

A，与指令。用于单个常开接点的串联。

AN，与非指令。用于单个常闭接点的串联。

O，或指令。用于单个常开接点的并联。

ON，或非指令。用于单个常闭接点的并联。

2. 正、负跳变 ED、EU

ED，在检测到一个正跳变（从 OFF 到 ON）之后，让能流接通一个扫描周期。

EU，在检测到一个负跳变（从 ON 到 OFF）之后，让能流接通一个扫描周期。

3. 输出 =

输出 =，在执行输出指令时，映像寄存器中的指定参数位被接通。

4. 置位与复位指令 S、R

S，执行置位（置1）指令时，从 bit 或 OUT 指定的地址参数开始的 N 个点都被置位。

R，执行复位（置0）指令时，从 bit 或 OUT 指定的地址参数开始的 N 个点都被复位。

置位与复位的点数可以是 $1 \sim 255$，当用复位指令时，如果 bit 或 OUT 指定的是 T 或 C 时，那么定时器或计数器被复位，同时当前值将被清零。

5. 空操作指令 NOP

NOP 指令不影响程序的执行，执行数为 N（$1 \sim 255$）。

7.3.2 实例一

本例说明了利用 S7 – 200 的集成"接通延迟"（ON-Delayed）定时器，能够方便地产生断开延迟（OFF-Delay）、脉冲（Pulse）及扩展脉冲（Extended Pulse）。

为了在输出端 Q0.0 得到断开延迟信号，Q0.0 端的输出信号的置位时间要比 I0.0 端的输入信号长一段定时器的时间。

为了在输出端 Q0.1 上得到脉冲信号，I0.1 端的输入信号被置位之后，信号会在输出端 Q0.1 停留一段定时器的时间；但是，如果输入 I0.1 被复位，那么输出端 Q0.1 脉冲信号也将被复位。

为了在输出端 Q0.2 上得到扩展脉冲信号，一旦输入 I0.2 已经置位，无论输入 I0.2 是否复位，在预置定时器时间内 Q0.2 端输出信号都将处于置位状态，如图 7 – 26 和图 7 – 27 所示。

下列程序分为三部分，每部分都相互独立，用来实现断开延迟（OFF-Delay）、脉冲（Pulse）和扩展脉冲（Extended Pulse）。

1. 断开延迟

当接通输入 I0.0 时，输出 Q0.0 被置位。如果输入 I0.0 被复位（下降沿），运行 5 s 后，定时器 T33 置位，同时使标志位 M0.0 和输出 Q0.0 则启动定时器复位。

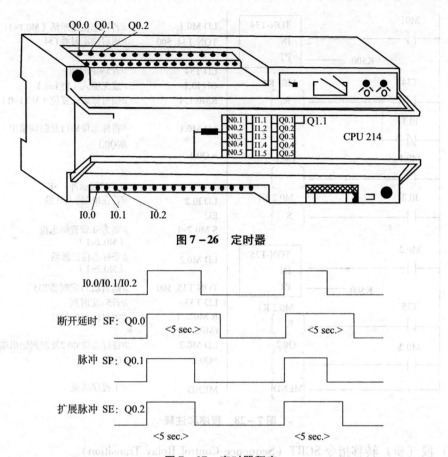

图 7 – 26　定时器

图 7 – 27　定时器程序

2. 脉冲

当接通输入 I0.1 时，输出 Q0.1 和标志位 M0.1 被置位。通过对标志位 M0.1 置位，使定时器 T34 启动，运行 5 s 后或输入 Q0.1 复位，就立即使输出 Q0.1 复位。

3. 扩展脉冲

当接通输入 I0.2 时，输出 Q0.2 和标志位 M0.2 被置位。通过对标志位 M0.2 置位，使定时器 T35 启动，运行 5 s 后，立即使输出 Q0.2 复位，如图 7 – 28 所示。

在 S7 – 200 中，编程元件顺序控制继电器 S 是专门用于编写顺序控制（常称步进控制）程序的。一个步进控制程序是由若干个 SCR 段组成的，每个 SCR 段对应步进控制中的一个功能控制步，简称步。每个 SCR 都是一个相对稳定的状态，都有段开始、段结束、段转移。在 S7 – 200 中，有 3 条简单的 SCR 指令与之对应。

在语句表中，SCR 的指令格式为：

LSCR Sx.y

SCRT Sx.y

SCRE

（1）段（步）开始指令 LSCR（Load Sequence Control Relay）。

段开始指令的功能是标记一个 SCR 段（或一个步）的开始，其操作数是状态继电器 Sx.y（如 S0.0），Sx.y 是当前 SCR 段的标志位，当 Sx.y 为 1 时，允许该 SCR 段工作。

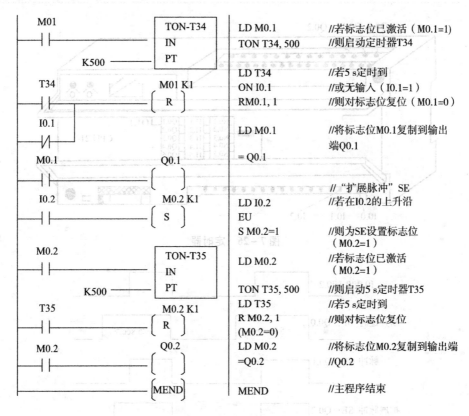

图 7-28　程序和注释

（2）段（步）转移指令 SCRT（Sequence Control Relay Transition）。

段转移指令的功能是将当前的 SCR 段切换到下一个 SCR 段，其操作数是下一个 SCR 段的标志位 Sx.y（如 S0.1）。当允许输入有效时，进行切换，即停止当前 SCR 段工作，启动下一个 SCR 段工作。

（3）段（步）结束指令 SCRE（Sequence Control Relay End）。

段结束指令的功能是标记一个 SCR 段（或一个步）的结束。每个 SC 必须使用段结束指令来表示该 SCR 段的结束，如图 7-28 所示。

图 7-29 所示为一个装料/卸料小车的行程控制系统示意图。

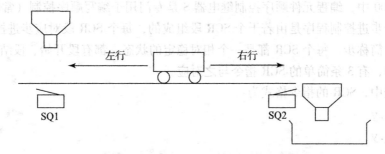

图 7-29　装料/卸料小车的行程控制系统示意图

1）控制要求

（1）初始位置，小车在左端，左限位开关 SQ1 被压下。

|254|

（2）按下启动按钮 SB1，小车开始装料。

（3）8 s 后装料结束，小车自动开始右行，碰到右限位开关 SQ2 时，停止右行，小车开始卸料。

（4）8 s 后卸料结束，小车自动左行，碰到左限位开关 SQ1 后，停止左行，开始装料。

（5）延时 8 s 后，装料结束，小车自动右行……，如此循环，直到按下停止按钮 SB2，在当前循环完成后，小车结束工作。

2）编程元件地址分配

（1）输入/输出继电器的地址分配如表 7－4 所示。

表 7－4　输入/输出继电器的地址分配

编程元件	I/O 端子	电路器件	作用
输入继电器	I0.0	SB1	启动按钮
	I0.1	SB2	停止按钮
	I0.2	SQ2	右限位开关
	I0.3	SQ1	左限位开关
输出继电器	Q0.0	KM1	装料接触器
	Q0.1	KM2	右行接触器
	Q0.2	KM3	卸料接触器
	Q0.3	KM4	左行接触器

（2）其他编程元件的地址分配如表 7－5 所示。

表 7－5　其他编程元件的地址分配

编程元件	编程地址	PT 值	作用
定时器（0.1 s）	T37	80	左端装料延时
	T38	50	右端装料延时
辅助继电器	M0.0		记忆停止信号
顺序控制继电器 SCR	S0.0		初始步
	S0.1		第一步，装料
	S0.2		第二步，右行
	S0.3		第三步，卸料
	S0.4		第四步，左行

3）电路

本实验采用 S7－200 CPU222，其 I/O 接线图如图 7－30 所示。

4）参考梯形图程序

步进控制程序可借助于状态流程图来编程，装料/卸料小车状态流程图如图 7－31 所示，其梯形图程序如图 7－32 所示。

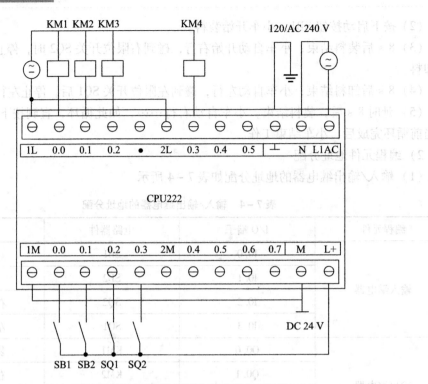

图 7 - 30 装料/卸料小车的 I/O 接线图

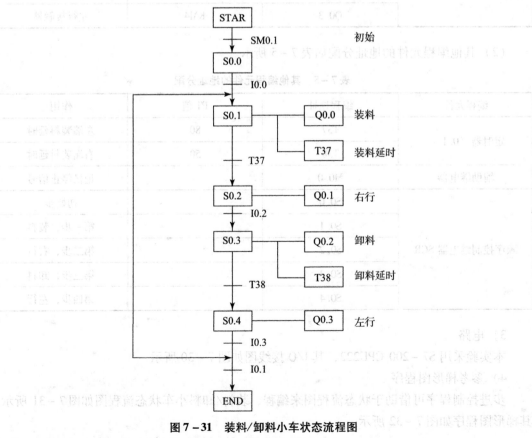

图 7 - 31 装料/卸料小车状态流程图

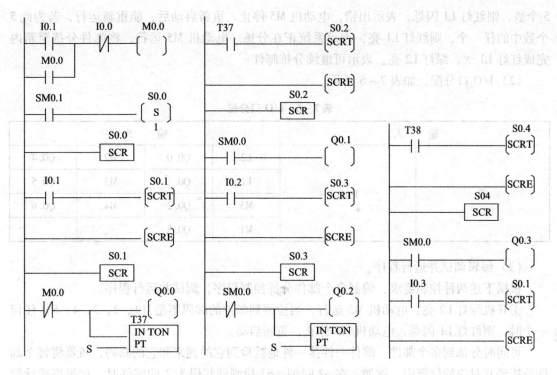

图 7 - 32 装料/卸料小车梯形图程序

7.3.3 实例二

1. 实验设备

YX - 80 系列 PLC 实训装置；个人计算机（WINDOW）；PC/PPI 编程线缆、STEP7Micro/WIN32 编程环境；连接导线一套。

邮件分拣机实验板，如图 7 - 33 所示。

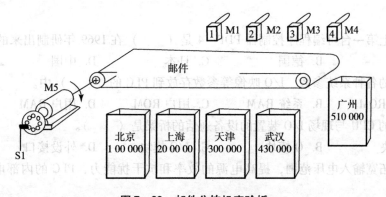

图 7 - 33 邮件分拣机实验板

2. 实验内容

（1）控制要求：启动后绿灯 L2 亮表示可以进邮件，S2 为 ON 表示检测到了邮件，拨码器（I0.0 ~ I0.3）模拟邮件的邮码，从拨码器读到邮码的正常值为 1，2，3，4，5，若非此

5 个数，则红灯 L1 闪烁，表示出错，电动机 M5 停止。重新启动后，能重新运行，若为此 5 个数中的任一个，则红灯 L1 亮，表示系统正在分拣。电动机 M5 运行，将邮件分拣至箱内完成红灯 L1 灭，绿灯 L2 亮，表示可继续分拣邮件。

（2）I/O 口分配，如表 7-6 所示。

表 7-6 I/O 口分配

输　　入		输　　出			
		L2	Q0.0	M2	Q0.4
		L1	Q0.1	M3	Q0.5
S2	I1.0	M5	Q0.2	M4	Q0.6
		M1	Q0.3		

（3）编辑调试并运行程序。

根据下述两种控制要求，编制多个邮件分拣控制程序，调试并运行程序。

①开机绿灯 L2 亮，电动机 M5 运行，当检测到邮件的邮码不是（1，2，3，4，5）任何一个时，则红灯 L1 闪烁，电动机 M5 停止，重新启动。

可同时分拣到多个邮件。邮件一件接一件地被检到它的到来和它的邮码，机器将每个邮件分拣到其对应的信箱中。例如，在 n2 时刻，S2 检测到邮码为 2 的邮件时，如果高速计数器的计数值为 m2，则 M2 在（m2 + n2）时刻动作，若高速计数器的计数值为 m3，当在 n3 时刻检测到一个邮码为 3 的邮件时，M3 在（m3 + n3）时刻动作。

②开机绿灯 L2 亮，电动机 M5 运行，当检测到邮件的邮码不是（1，2，3，4，5）中的任何一个时，则红灯 L1 闪烁，M5 停止运行，当检测到邮件欠资或未贴邮票时则蜂鸣器发生响声，电动机 M5 停止。按动启动按钮，表示故障清除，重新运行。

可同时分拣多个邮件，其他要求同上。

习　　题

选择题

1. 世界上第一台可编程序控制器 PDP-4 是（　　）在 1969 年研制出来的。

A. 美国　　　　　B. 德国　　　　　C. 日本　　　　　D. 中国

2. PLC 的各种系统参数、I/O 映像等参数存放到 PLC 的（　　）中。

A. 系统 ROM　　　B. 系统 RAM　　　C. 用户 ROM　　　D. 用户 RAM

3. PLC 的 CPU 与现场 I/O 装置的设备通信的桥梁是（　　）。

A. I 模块　　　　B. O 模块　　　　C. I/O 模块　　　　D. 外设接口

4. 为了拓宽输入电压范围，提高电源的效率和抗干扰能力，PLC 的内部电源一般采用（　　）。

A. 并联稳压电源　B. 串联稳压电源　C. 锂电池　　　　D. 开关稳压电源

5. S7-300/400 PLC 的电源模块为背板总线提供的电压是（　　）。

A. DC 5 V　　　　B. +DC 12 V　　　C. -DC 12 V　　　D. DC 24 V

6. 下列不属于 PLC 的特点的是（　　）。

A. 通用性好，适应性强　　　　　B. 可靠性高，抗干扰能力强

C. 设计、安装、调试和维修工作量大　D. 编程简单、易学

7. 下列不具有通信联网功能的 PLC 是（　　　　）。

A. S7 - 200　　　B. S7 - 300　　　C. GE90U　　　D. F1 - 30MR

8. 作为德国国家标准和欧洲标准，由三个系列组成的现场总线是（　　　　）。

A. FF　　　　　B. PROFIBUS　　　C. LonWorks　　D. CAN

9. SIMATIC NET 中，（　　　　）属于多点接口，适用于少量、慢，实时性要求不高的场合。

A. ETHERNET　　B. PROFIBUS　　　C. MPI　　　　D. AS - I

10. 按组成结构形式、容量和功能划分，S7 - 300 属于（　　　　）。

A. 小型中档整体式　　　　　　　B. 小型高档模块式

C. 大/中型高档整体式　　　　　　D. 大/中型高档模块式

11. 下列输出模块可以交直流两用的是（　　　　）。

A. 光电耦合输出模块　　　　　　B. 继电器输出模块

C. 晶体管输出模块　　　　　　　D. 晶闸管输出模块

12. 输入采样阶段，PLC 的 CPU 对各输入端子进行扫描，将输入信号送入（　　　　）。

A. 外部 I 存储器（PI）　　　　　B. 累加器（ACCU）

C. 输入映像寄存器（PII）　　　　D. 数据块（DB/DI）

13. 每一个 PLC 控制系统必须有一台（　　　　），才能正常工作。

A. CPU 模块　　B. 扩展模块　　　C. 通信处理器　　D. 编程器

14. S7 - 300 PLC 通电后，CPU 面板上 "BATF" 指示灯亮，表示（　　　　）。

A. 程序出错　　B. 电压低　　　　C. 输入模块故障　D. 输出模块故障

15. S7 - 300 PLC 驱动的执行元件不工作，PLC 的 CPU 面板上指示灯均正常，而输入、输出指示灯不亮，这时可判断故障出在（　　　　）。

A. 程序错误上　　B. CPU 模块上　　C. 输入线路上　　D. 输出线路上

16. S7 - 300/400 PLC 在启动时要调用的组织块是（　　　　）。

A. OB1　　　　　B. OB35　　　　　C. OB82　　　　D. OB100

17. 背板总线集成在模块内的 S7 系列 PLC 是（　　　　）。

A. LOGO　　　　B. S7 - 200　　　　C. S7 - 300　　　D. S7 - 400

18. 接口模块 IM360 只能放在 S7 - 300 的（　　　　）。

A. 0 号机架的 3 号槽　　　　　　B. 任意机架的 3 号槽

C. 0 号机架的 1 号槽　　　　　　D. 任意机架的 1 号槽

19. S7 - 400 的背板总线集成在（　　　　）。

A. 扁平电缆内　　B. 模块内　　　C. 机架内　　　　D. 现场总线上

20. 若梯形图中某一输出过程映像位 Q 的线圈 "断电"，对应的输出过程映像位为（　　　）状态，输出刷新后，对应的硬件继电器常开触点（　　　　）。

A. 0，断开　　　B. 0，闭合　　　C. 1，断开　　　D. 1，闭合

21. S7 - 300 每个机架最多只能安装（　　　　）个信号模块、功能模块或通信处理模块。

A. 4　　　　　　B. 8　　　　　　C. 11　　　　　D. 32

22. PC 编程器通过（　　　）与 PLC（MPI 口）连接。

A. CP5511 + MPI 电缆　　　　　　　　B. CP5611 + MPI 电缆

C. CP1512 或 CP1612　　　　　　　　D. PC/MPI 适配器 + RS232C 电缆

23. S7 - 300 中央机架的 4 号槽的 16 点数字量输出模块占用的字节地址为（　　　）。

A. IB0 和 IB1　　　B. IW0　　　C. QB0 和 QB1　　　D. QW0

24. S7 - 300 中央机架的 5 号槽的 16 点数字量输入模块占用的字节地址为（　　　）。

A. IB2 和 IB3　　　B. IW2　　　C. IB4 和 IB5　　　D. IW4

25. S7 - 300 中央机架的 6 号槽的 16 点数字量输入/输出模块占用的字节地址为
（　　　）。

A. IB8 和 QB8　　　B. IB8 和 QB9　　　C. IB8 和 IB9　　　D. I8 和 Q8

26. S7 - 300 中央机架的 7 号槽的 4AI/2AO 模块的模拟量输入字地址为（　　　）。

A. IB304 和 IB310　　　　　　　　B. IB304 和 IB310

C. IW304 ~ IW311　　　　　　　　D. IW304 ~ IW310

27. S7 - 300 中央机架的 7 号槽的 4AI/2AO 模块的模拟量输出字地址为（　　　）。

A. QB304 和 QB306　　　　　　　　B. QW304 和 QW306

C. QW308 和 QW310　　　　　　　　D. QW312 和 QW314

28. S7 - 300 1 号扩展机架的 4 号槽的模拟量输入输出地址范围为（　　　）。

A. 32 ~ 35　　　B. 256 ~ 271　　　C. 384 ~ 391　　　D. 384 ~ 399

29. 漏（SINK）型输入电路的电流从模块的信号输入端（　　　），从模块内部输入电路
的公共点 M 端（　　　）。

A. 流入，流入　　　　　　　　　　B. 流出，流出

C. 流出，流入　　　　　　　　　　D. 流入，流出

习 题 答 案

1. A　2. B　3. C　4. D　5. A　6. C　7. D　8. B　9. C　10. D

11. B　12. C　13. A　14. B　15. C　16. D　17. C　18. A　19. C　20. A

21. B　22. D　23. C　24. C　25. A　26. D　27. B　28. D　29. D

第 8 章　FANUC 0i 系列 PMC

🔧 本章主要内容

了解 FANUC 0i 系列 PMC 的组成、接口模块、工作模式。熟悉 PLC 的编程软件及使用，熟悉基本指令的使用。

🔧 学习目标

(1) 掌握 FANUC 0i 系列 PMC 的基本指令。

(2) 能熟练使用 LADDER – Ⅲ 编程软件。

(3) 能独立设计一些简单的功能程序。

8.1　FANUC PMC 概述

8.1.1　PMC 介绍

通常所说的 PLC，是用于一般通用设备的自动控制装置，而 PMC 是专用于数控机床外围辅助电气部分的自动控制装置，PMC 和 PLC 所实现的功能基本是一样的。PMC 也是以微处理器为中心，可视为继电器、定时器、计数器的集合体。在内部顺序处理中，并联或串联常开触点或常闭触点，其逻辑运算结果用来控制线圈的通断。

1. PMC（Programmable Machine Controller）可编程序机床控制器

PC（可编程序控制器）是一种数字运算操作的电子系统，专为在工业环境下应用而设计的，它采用可编程序的存储器，用来在内部存储执行逻辑运算。顺序控制、定时、计数和算术运算等操作的指令，并通过数字式和模拟式的输入与输出，控制各种类型的机械或生产过程。定义强调 PMC 用软件方式实现的"可编程"与传统控制装置中通过硬件或硬接线的变更来改变程序有本质区别。

简单地说，FANUC 系统可以分为两部分：控制伺服电动机和主轴电动机动作的系统部分与控制辅助电气部分的 PMC。

常把数控机床分为"NC 侧"和"MT 侧"（机床侧）两大部分。"NC 侧"包括 CNC 系统的硬件和软件，与 CNC 系统连接的外围设备如显示器、MDI 面板等。"MT 侧"则包括机床机械部分及其液压、气压、冷却、润滑、排屑等辅助装置、机床操作面板、继电器线路、机床强电线路等。PMC 处于 NC 与 MT 之间，对 NC 和 MT 的输入、输出信号进行处理。MT 侧顺序控制的最终对象随数控机床的类型、结构、辅助装置等的不同而有很大的差别。机床结构越复杂，辅助装置越多，最终受控对象也越多。

PMC 就是为机床控制而制作的装在 CNC 中的顺序控制器。它读取机床操作盘上的（自动运转启动等）按钮状态，指令（自动运转启动）CNC，并根据 CNC 的状态（报警等）点亮操作盘上的指示灯。

PLC 与 PMC 的区别在于：PLC 称为可编程逻辑控制器，主要用在对数字量信号的控制上；PMC 称为可编程模拟量控制器，主要用在对模拟信号的控制上等。

2. 优点

PMC 与 PLC 实现功能基本一样，PLC 用于工厂一般通用设备的自动控制装置，而 PMC 专用于数控机床外围辅助电器部分的自动控制，所以称为可编程序机床控制器。与传统的继电器控制电路相比较，PMC 的优点有：①时间响应快；②控制精度高；③可靠性好，控制程序可随应用场合的不同而改变，与计算机的接口及维修方便。另外，由于 PMC 使用软件来实现控制，可以进行在线修改，所以有很大的灵活性，具备广泛的工业通用性。

（1）时间响应快：它不像电气控制系统依靠机械触点的动作以实现控制，工作频率低，机械触点还会出现抖动问题，而 PMC 是通过程序指令控制半导体电路来实现控制的，速度快，程序指令执行时间在微秒级且不会出现抖动问题。

（2）控制精度高：单从定时和计数控制上看，电气控制采用时间继电器的延时动作进行时间控制，时间继电器的延时时间易受环境温度的变化影响，定时精度不高，而 PMC 采用的定时器，精度高，定时范围宽，用户可根据需要在程序中设定定时值，修改方便，不受环境的影响，还有电气控制一般不具备计数功能。

（3）从可靠性和维护性上看：由于电气控制系统使用了大量的机械触点，其存在机械磨损、电弧烧伤等，寿命短，系统的连线多，所以可靠性和可维护性较差，而 PMC 大量的开关动作由无触点的电子电路来完成，其寿命长，可靠性高。PMC 还具有自诊断功能，能查出自身的故障，随时显示给操作人员，并能动态地监视控制程序的执行。

PMC 程序的工作原理可以简述为由上至下，由左至右，循环往复，顺序执行。因为它是对程序指令的顺序执行，应注意到在微观上与传统继电器控制电路的区别，后者可认为是并行控制的。

在继电器控制电路中，电气控制装置采用硬逻辑的并行工作方式，如果某个继电器的线圈通电或断电，那么该继电器的所有常开和常闭触点不论处在控制线路的哪个位置上，都会立即同时动作；而 PMC 采用扫描工作方式（串行工作方式），如果某个软继电器的线圈被接通或断开，其所有的触点都不会立即动作，必须等扫描到该时才会动作。但由于它扫描速度快，宏观上是没什么区别的。

顺序的循环执行过程：从梯形图的开头执行直到梯形图结束，在程序执行完后，再次从梯形图的开头执行。从梯形图的开头执行到梯形图结束执行的时间叫作循环处理时间。它取决于控制规模的大小。梯形图语句越少，处理周期时间越短，信号的响应越快。PMC 顺序程序按优先级别分为两部分：第一级和第二级顺序程序（OI – MATE – C），有的还有第三级程序（OI – C）。划分优先级别是为了处理一些宽度窄的脉冲信号，所以第一级程序一般只处理如紧急停止信号、限位信号等。第一级顺序程序每 8 ms 执行一次，这 8 ms 中的其他时间用来执行第二级顺序程序。如果第二级顺序程序很长，就必须对它进行划分，划分得到的每一部分与第一级顺序程序共同构成 8 ms 的时间段。梯形图的循环周期是指将 PMC 程序完整执行一次所需要的时间。循环周期等于 8 ms 乘以第二级程序划分所得的数目，如果第一级程序很长，则相应的循环周期也要扩展。

数控机床作为自动化控制设备，是在自动控制下进行工作的，数控机床所受控制可分为两类：一类是最终实现对各坐标轴运动进行的"数字控制"。例如，对 CNC 车床 X 轴和 Z 轴、CNC 铣床 X 轴、Y 轴、Z 轴的移动距离，各轴运行的插补、补偿等的控制即为"数字控制"。另一类为"顺序控制"。对数控机床来说，"顺序控制"是在数控机床运行过程中，以 CNC 内部和机床各行程开关、传感器、按钮、继电器等的开关量信号状态为条件，并按照预先规定的逻辑顺序对诸如主轴的启停、换向、刀具的更换，工件的夹紧、松开、液压、冷却、润滑系统的运行等进行的控制。

3. PMC 的规格

不同规格的 PMC，其程序容量、I/O 点数、处理速度、功能指令、非易失存储器地址不同，这些都决定 PMC 的性能。这里就介绍一下 PMC – SA1/SA3（0I – MATE – C）和 PMC – SB7（0I – C）三种，如表 8 – 1 所示。

表 8 – 1　三种不同规格的 PMC 性能

PMC 规格	PMC – SA1	PMC – SA3	PMC – SB7
编程方法	梯形图	梯形图	梯形图
程序级数	2	2	3
第一级程序扫描时间/ms	8	8	8
基本指令执行时间/（μs·步$^{-1}$）	5.0	0.15	0.033
程序容量/步	5 000	12 000	64 000
基本指令数	12	14	14
功能指令数	47	66	69
I/O LINK（输入，输出）	1024/1024	1024/1024	2048/2048
顺序程序存储介质	FLASH ROM（64 KB）	FLASH ROM（128 KB）	FLASH ROM（128～768 KB）
内部继电器（R）/KB	1 100	1 118	8 500
信息显示请求位（A）/KB	25	25	250
定时器（T）/KB	80	80	250
计数器（C）/KB	80	80	100
保持型继电器（K）/KB	20	20	120
数据表（D）/KB	1 826	1 826	10 000
子程序（P）		512	2 000
标号（L）		999	9 999
固定定时器	100	100	500
备注	一个信号名称和注释所占用存储空间各 32 KB，一条信息所占用存储空间是 2.1 KB；一个信号名称和注释所占用存储空间最大为 64 KB		基本指令输入输出 1024/1024；通过 I/O LINK 可扩展到 2048/2048

PMC 编程语言是多种多样的，但基本上可以归类两种类型：一是采用字符表达方式的编程语言，如语句表等；二是采用图形符号表达方式的编程语言，如梯形图等。

PMC 的指令有两类：基本指令和功能指令。基本指令只是对二进制位进行与、或、非的逻辑操作；而功能指令是能完成一些特定功能的操作，而且是对二进制字节或字进行操作，也可以进行数学运算。

机床用 PMC 的指令必须满足数控机床信息处理和动作控制的特殊要求。例如，由 NC 输出的 M，S，T 二进制代码信号的译码，机械部件动作状态或液压系统动作状态的延时确认，加工零件计数、刀库、分度台沿最短路径旋转和现在位置至目标位置步数的计算等。在为数控机床编辑顺序程序时，对于上述译码、定时、记数、最短路径选择，以及比较、检索、代码转换、数据四则运算、信息显示等数控控制功能，仅用执行一位操作的基本指令编程，实现起来将会十分困难。因此，就需要增加一些具有专门控制功能的指令来解决基本指令无法处理的那些控制问题，这些专门指令就是"功能指令"。

存储介质：一般宏程序、参数、宏变量等都存在 CMOS 静态 RAM 中，用锂电池作后备电源，以保证系统掉电时不会丢失信息，而梯形图（用户程序）经过运行正常，不需要改变，可将其固化在 EPROM（0 系统）擦除只读存储器中，而我们用的 0I 系统采用闪存。只要在系统上执行写入操作即可，而 EPROM 要用专用的编码器，并且在芯片上写入内容时必须加一定的编程电压。

4. 地址分配

在 FANUC 0i 系统中，PMC 与 MT 机床之间的 I/O 地址分配主要有以下三种方式：

（1）只使用 FANUC 内装 I/O 卡，MT 机床到 PMC 的地址为 X1000 ~ X1127，PMC 到 MT 机床的地址为 Y1000 ~ Y1127，接口地址只能在以上地址范围指定，最大输入/输出点数为 96/64 点，适用于中小型机床；0I – MATE 没有内装 I/O 卡。0i – C 也取消了内置的 I/O 卡，只用 I/O 模块或 I/O 单元，最多可连 1 024 个输入点和 1 024 个输出点。

（2）只使用 FANUC I/O Link，MT 机床到 PMC 的地址为 X0 ~ X127，PMC 到 MT 机床的地址为 Y0 ~ Y127，此时输入/输出点数最多可达 1024/1024。如有多个 I/O 模块时，每个 I/O 模块都要指定首地址，注意不能指定重复地址。

（3）同时使用 FANUC 内装 I/O 卡和 FANUC I/O Link，当仅使用内装 I/O 卡的输入/输出的点数不够用时，可使用 FANUC I/O Link 来扩展 I/O 点数，使输入/输出点数分别增加 1024。通常用于使用 FANUC 标准操作面板和带有 FANUC I/O Link 接口的 β 系列放大器的机床。I/O Link 是一个串行接口，将 CNC、单元控制器、分布式 I/O、机床操作面板或 Power Mate 连接起来，并在各设备间高速传送 I/O 信号（位数据）。当连接多个设备时，FANUC I/O Link 将一个设备作为主单元，其他设备作为子单元。子单元的输入信号每隔一定周期送到主单元，主单元的输出信号也每隔一定周期送至子单元。

每组 I/O 点最多为 256/256，一个 I/O Link 的 I/O 点不超过 1024/1024。每个模块可以用组号、基座号、插槽号来定义，模块名称表示其唯一的位置。一个 I/O Link 最多可连接 16 组子单元，以组号表示其所在的位置；在一组子单元中最多可连接 2 个基本单元，以基座号表示其所在的位置；在每个基本单元中最多可安装 10 个 I/O 模块，以插号表示其所在的位置；再配合模块的名称，最后确定了这个 I/O 模块在整个 I/O 中的地址，也就确定了 I/O 模块中各个 I/O 点的唯一地址。FANUC I/O Link 连接的模块有很多种，包括 FANUC 标准操作面板（96/64）、分布式 I/O 模块以及带有 FANUC I/O Link 接口的 β 系列伺服单元，只要具有 I/O Link 接口的单元都可以连接。

根据模块的类型以及 I/O 点数的不同，I/O Link 有多种连接方式，PMC 程序可以对 I/O 信号的分配地址进行编程。用于 I/O Link 连接的 I/O 点最多为 1024/1024。I/O Link 的两个插座为 JD1A 和 JD1B，对所有的 I/O Link 单元来说，电缆总是从一个单元的 JD1A 连接到下一个单元的 JD1B，最后一个单元的 JD1A 可以空着，无须再连接。

为了简化连接，使用扁平线（50 芯）。

8.1.2　PMC 的基本组成

PMC 与 PLC 的基本组成一样：硬件主要由中央处理器（CPU）、存储器、输入单元、输出单元、扩展接口等部分组成。软件由系统程序和用户程序组成。系统程序一般包括系统诊断程序、输入处理程序、信息传送程序、监控程序等。用户程序就是我们利用 PMC 的编程语言，根据控制要求编制的程序。

1）与 PMC 相关的地址

在编制 PMC 程序时所需的四种类型的地址，如图 8-1 所示。

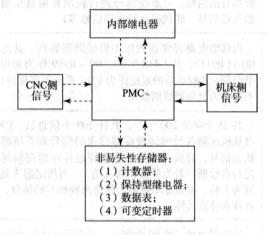

图 8-1　与 PMC 相关的地址

图 8-1 中实线表示的是与 PMC 相关的输入/输出信号，由 I/O 板的接收电路和驱动电路传送；虚线表示的是与 PMC 相关的输入/输出信号，仅在存储器中传送，如在 RAM 中传送。这些信号的状态都可以在 LCD 上显示。

2）地址格式和信号类型

地址由如下所示的格式用地址号和位号表示：

$$X127\ .\ 7$$

位号 0~7

地址号（字母后四位数以内）

在地址号的开头必须指定一个字母，用来表示表 8-2 中所列的信号类型，在功能指令中指定字节单位的地址时，位号可以省略，如 X127。

地址中的字母含义如表 8 - 2 所示。

表 8 - 2　地址中的字母含义

字母	信号类型	信号的说明	备注
X	来自机床侧的信号（MT→PMC）	来自机床侧的输入信号（如极限开关、刀位信号、操作按钮等检测元件）。PMC 接收从机床侧各检测装置反馈的输入信号，在控制程序中进行逻辑运算，其结果作为机床动作的条件及外围设备进行自诊断的依据	X0 ~ X127（外装 I/O 模块）
Y	由 PMC 输出到机床侧的信号（PMC→MT）	由 PMC 输出到机床的信号。在控制程序中输出信号控制机床侧的接触器、信号指示灯动作，满足机床的控制和显示要求	Y0 ~ Y127（外装 I/O 模块）
F	来自 NC 侧的输入信号（NC→PMC）	由控制系统 NC 输入到 PMC 的信号。将伺服电动机和主轴电动机的状态以及请求相关机床动作的信号（移动中信号、位置检测信号、系统准备完信号等）输入到 PMC 中进行逻辑运算，以作为机床动作的条件及自诊断的依据	F0 ~ F255
G	由 PMC 输出到 NC 的信号（PMC→NC）	由 PMC 侧输出到控制伺服电动机和主轴电动机的系统部分的信号，对系统部分进行控制和信息反馈（如轴互锁信号、M 代码执行完毕信号等）	G0 ~ G255
R	内部继电器	内部继电器经常在程序中做辅助运算用，其地址从 R0 到 R9117，共 1 118 字节。R0 ~ R999 作为通用中间继电器，R9000 后的地址作为 PMC 系统程序保留区域，不能作为继电器线圈使用	R0 ~ R999
A	信息显示请求信号	共 25 个字节 200 个位，共计 200 个信息数。PMC 通过从机床侧各检测装置反馈回来的信号和系统部分的状态信号，对机床所处的状态经过程序的逻辑运算后进行自诊断。若为异常，则 A 为 1，当指定的 A 地址被置为 1 后，报警显示屏幕上便会出现相关的信息，帮助查找和排除故障	A0 ~ A24
C	计数器	计数器地址，共 80 个字节，用于设计计数值的地址，每 4 个字节组成一个计数器（其中 2 个字节作为保存预置值，另外 2 个字节作为保存当前值用），也就是说共有 20 个计数器（1 ~ 20）	C0 ~ C79
K	保持型继电器	其中 K0 ~ K16 为一般通用地址，K17 ~ K19 为 PMC 系统软件参数设定区域，由 PMC 使用。在数控系统运行过程中，若发生停电，则输出继电器和内部继电器全部呈断开状态。当电源再次接通时，输出继电器和内部继电器都不可自动恢复到断电前的状态，所以保持型继电器就用于当需要保存停电前的状态的情况下	K0 ~ K19
T	可变定时器	定时器，共 80 个字节，用于存储设定时间，每 2 个字节组成一个定时器，共 40 个，定时器号从 1 到 40	T0 ~ T79

续表

字母	信号类型	信号的说明	备注
D	数据表	数据表地址，共 1 860 个字节，在 PMC 程序中，某些时候需要读写大量的数字数据，D 就是用来存储这些数据的非易失性存储器	D0 ~ D1859
L	标记号	标记地址，共有 9 999 个标记数，用于指定标号跳转（JMPB、JMPC）功能指令中跳转目标标号。在 PMC 中相同的标号可以出现在不同的指令中，只要在主程序和子程序中是唯一的就可以	—
P	子程序	子程序号的标志，共有 512 个子程序数，用于指定条件调用子程序（CALL）和无条件调用子程序（CALLU）功能指令中调用的目标子程序号。在 PMC 程序中，目标子程序号是唯一的	—

3）关于地址的使用

在 PMC 程序中，机床侧的输入信号（X）和系统部分的输出信号（F），是不能作为线圈输出的，对于输出线圈而言，输出地址不能重复定义，否则该地址的状态不能被确定，必要时使用中间继电器线圈。定时器号（T）是不重复的，计数器号（C）也不能重复使用，但梯形图中同一地址的触点的作用可以认为是无穷数量的。

8.1.3　PMC 程序的分级

PMC 程序由第一级程序和第二级程序两部分组成。在 PMC 程序执行时，首先执行位于梯形图开头的第一级程序，然后执行第二级程序。

在第一级程序中，程序越长，则整个程序的执行时间（包括第二级程序在内）就会被延长，信号的响应速度就越慢。因此，第一级程序应尽可能短，在第一级程序中一般仅处理短脉冲信号，如急停、各轴超程、返回参考点减速、外部减速、跳步、到达测量位置和进给暂停信号，其他信号的处理放在第二级程序中。

第一级程序编写完以后，要在结尾写上表示第一级程序结束的功能指令 END1（SUB1）；同理，在第二级程序结束时，要写上表示第二级程序结束的标志 END2（SUB2）。编写子程序时，在子程序开头先写上子程序调用功能指令 SP，在子程序的结尾写上子程序结束的功能指令 SPE；当整个程序编写完毕后，要写上整个程序结束的标志 END（程序结束功能指令）。

8.2　FANUC 编程软件

8.2.1　LADDER – Ⅲ的主要功能

FAPT LADDER – Ⅲ的主要功能如表 8 – 3 所示。

表 8 – 3　FAPT LADDER – Ⅲ的主要功能

离线功能	顺序程序的制作和编辑
	顺序程序 PMC 的传送
	顺序程序的打印
在线功能	顺序程序的监视
	顺序程序的在线编辑
	诊断功能 （信号状态显示、扫描、报警显示等）
	写入 F – ROM

8.2.2　软件的使用

1. 启动和结束

（1）用以下操作启动 FAPT LADDER – Ⅲ。

①单击 WINDOWS 的"启动"。

②选择"启动"菜单的"程序"→"FAPT LADDER – Ⅲ"文件夹。

③单击"FAPT LADDER – Ⅲ"。

启动 FAPT LADDER – Ⅲ，显示主页面，如图 8 – 2 所示。

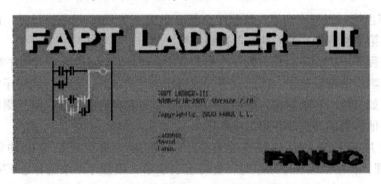

图 8 – 2　LADDER – Ⅲ软件主页面

（2）结束 FAPT LADDER – Ⅲ。

结束 FAPT LADDER – Ⅲ的方法有以下两种：

①单击"文件"菜单的"结束"。

②单击主窗口右上的"×"（关闭按钮）。

2. 窗口的名称与功能

1）窗口名称

FAPT LADDER – Ⅲ显示的窗口如图 8 – 3 所示，在主窗口中显示多个子窗口。

2）主菜单主要功能

主菜单功能如表 8 – 4 所示。

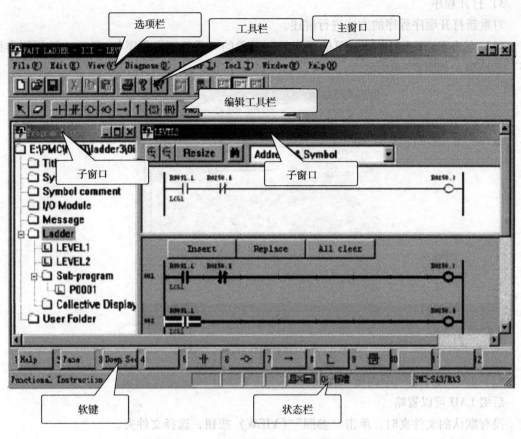

图 8 – 3　**FAPT LADDER – Ⅲ 显示的窗口图**

表 8 – 4　主菜单功能

主菜单	主要功能
文件	进行程序的制作，与存储卡和软盘间的数据输入输出、程序的打印等
编辑	进行编辑操作、检索、跳转等
显示	切换工具栏和软键的显示与不显示
诊断	显示 PMC 信号状态、PMC 参数、信号扫描等的诊断画面
梯形图	进行在线/离线的切换、监视/编辑的切换
工具	进行助记形式变换、与 FATE LADDER – Ⅲ 的文件变换、编译与 PMC 的通信等
窗口	进行操作窗口的选择、窗口的排列
帮助	显示主题的检索、帮助、版本信息

3）打开程序

对重新打开顺序程序的方法进行讲述。

（1）单击 FATE LADDER – Ⅲ 的"文件"菜单的"重新制作程序"。显示"重新制作程序"对话框，如图 8 - 4 所示。

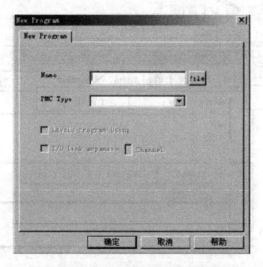

图 8 - 4 "重新制作程序"对话框

（2）在"程序名"框内输入程序名。

后缀 LAD 可以省略。

没有默认的文件夹时，单击"参照"（VIEW）按钮，选择文件夹。

（3）在"PMC 品种"下拉式列表框上选择使用的 PMC 的品种。

（4）在 PMC – NB，NB6 上使用第 3 级梯形图时，打开"第 3 级梯形图"校验框。

（5）使用 I/O LINK 的双通道功能时，打开"I/O LINK 点数扩展"的校验框。

8.3　PMC 的基本指令和功能指令

梯形图是直接从传统的继电器控制电路演变而来的，用梯形图符号组合成的逻辑关系构成 PMC 程序。PMC 的基本指令有 RD、RD. NOT、WRT、WRT. NOT、AND、AND. NOT、OR、OR. NOT、RD. STK、RD. NOT. STK、AND. STK、OR. STK、SET、RST 共 14 个。在编写程序时通常有两种方法；一是使用助记符语言（基本功能指令），二是用梯形图符号；当使用梯形图符号编写时，不需要理解 PMC 指令，就可以直接进行程序的编写。由于梯形图易于理解、便于阅读和编辑，因而成为编程人员的首选，FANUC 数控系统就是使用梯形图符号进行编程的。

8.3.1　PMC 的基本指令

PMC 的基本指令及功能如表 8 - 5 所示。

表 8 – 5　PMC 的基本指令及功能

序号	指　　　令		功　　能
	格式 1 （代码）	格式 2 （FAPT LADDER 键操作）	
1	RD	R	读入指定的信号状态并设置在 STO 中
2	RD. NOT	RN	将读入的指定信号的逻辑状态取非后设到 STO
3	WRT	W	将逻辑运算结果（STO 的状态）输出到指定的地址
4	WRT. NOT	WN	将逻辑运算结果（STO 的状态）取非后输出到指定的地址
5	AND	A	逻辑与
6	AND. NOT	AN	将指定的信号状态取非后逻辑与
7	OR	O	逻辑或
8	OR. NOT	ON	将指定的信号状态取非后逻辑或
9	RD. STK	RS	将寄存器的内容左移 1 位，把指定地址的信号状态设到 STO
10	RD. NOT. STK	RNS	将寄存器的内容左移 1 位，把指定地址的信号状态取非后设到 STO
11	AND. STK	AS	STO 和 ST1 逻辑与后，堆栈寄存器右移一位
12	OR. STK	OS	STO 和 ST1 逻辑或后，堆栈寄存器右移一位
13	SET	SET	STO 和指定地址中的信号逻辑或后，将结果返回到指定的地址中
14	RST	RST	STO 的状态取反后和指定地址中的信号逻辑与，将结果返回到指定的地址中

指令格式 1：

在代码表中书写指令，穿孔到纸带时使用这种格式。

指令格式 2：

通过编程器输入指令时使用这种格式，这种格式简化了输入操作。例如，RN 即表示 RD. NOT，用 "R" 和 "N" 两个键来输入。

表 8 – 6 所示为 PMC 的基本指令。

表 8 - 6　PMC 的基本指令

序号	指令	PMC - PA1	PMC - SA1	PMC - SA3
1	RD	○	○	○
2	RD. NOT	○	○	○
3	WRT	○	○	○
4	WRT. NOT	○	○	○
5	AND	○	○	○
6	AND. NOT	○	○	○
7	OR	○	○	○
8	OR. NOT	○	○	○
9	RD. STK	○	○	○
10	RD. NOT. STK	○	○	○
11	AND. STK	○	○	○
12	OR. STK	○	○	○
13	SET	×	×	○
14	RST	×	×	○

注：×：不可使用　○：可使用。

8.3.2　PMC 的功能指令

1. 顺序程序结束指令（END1、END2、END）

顺序程序结束指令如图 8 - 5 所示。

2. 定时器指令（TMR、TMRB）

TMR 可变定时器，如图 8 - 6 所示。TMR 指令的定时时间可以通过 PMC 的参数来更改。

TMR 固定定时器：TMRB 的设定时间编在梯形图中，在指令和定时器号的后面加上一项参数预设定时间，与顺序程序一起被写入 FROM 中，所以定时器的时间不能用 PMC 参数改写，如图 8 - 7 所示。

定时器在数控机床报警灯闪烁电路中的应用，如图 8 - 8 所示。

3. 计数器指令 CTR

计数器主要功能是进行计数，可以是加计数，也可以是减计数。计数器的预置形式是 BCD 码还是二进制形式由 PMC 的参数设定（一般为二进制代码）。计数器指令 CTR 如图 8 - 9 所示。

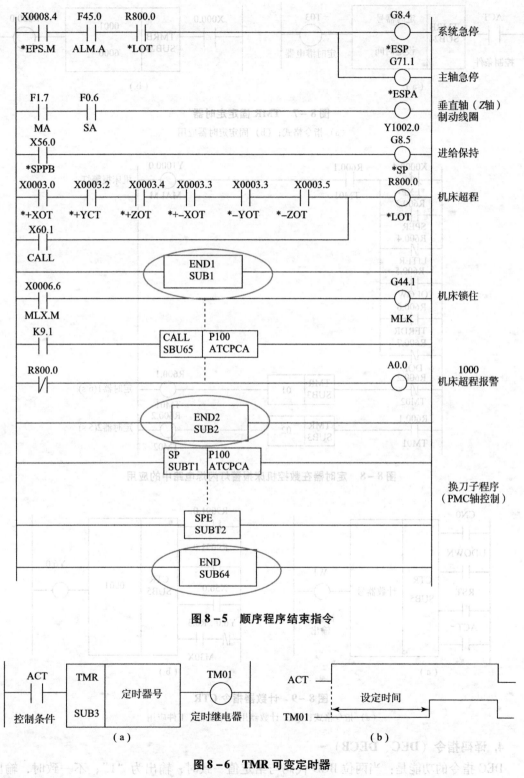

图 8－5　顺序程序结束指令

图 8－6　TMR 可变定时器
（a）指令格式；（b）定时器工作

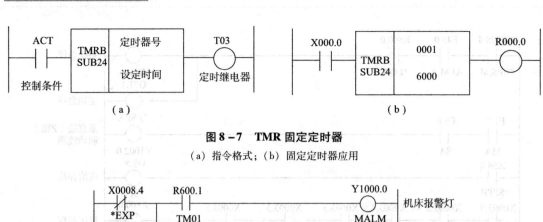

图 8-7　TMR 固定定时器

（a）指令格式；（b）固定定时器应用

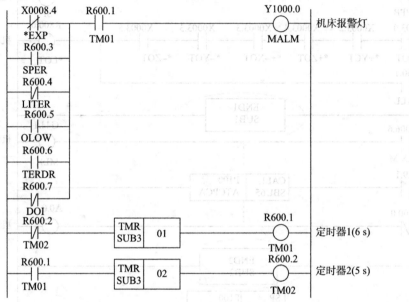

图 8-8　定时器在数控机床报警灯闪烁电路中的应用

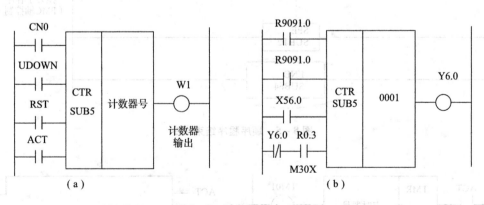

图 8-9　计数器指令 CTR

（a）指令格式；（b）计数器用于计数加工工件应用

4. 译码指令（DEC、DECB）

DEC 指令的功能是：当两位 BCD 代码与给定值一致时，输出为"1"；不一致时，输出为"0"，主要用于数控机床的 M 码、T 码的译码。一条 DEC 译码指令只能译一个代码，如图 8-10 所示。

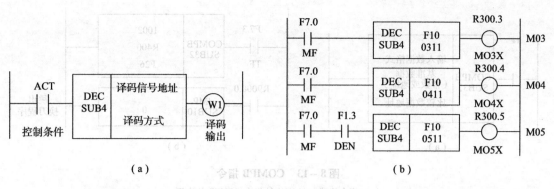

图 8－10　译码 DEC 指令

（a）指令格式；（b）译码指令 DEC 的应用

DECB 的指令功能：可对 1、2 或 4 个字节的二进制代码数据译码，所指定的 8 位连续数据之一与代码数据相同时，对应的输出数据为 1。主要用于 M 代码、T 代码的译码，一条 DECB 代码可译 8 个连续 M 代码或 8 个连续 T 代码，如图 8－11 所示。

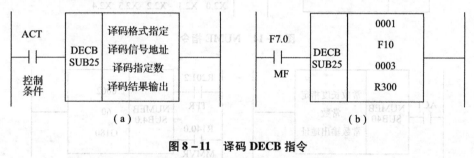

图 8－11　译码 DECB 指令

（a）指令格式；（b）译码指令 DECB 的应用

5. 比较指令（COMP、COMPB）

COMP：指令的输入值与比较值为 2 位或 4 位 BCD 代码，如图 8－12 所示。

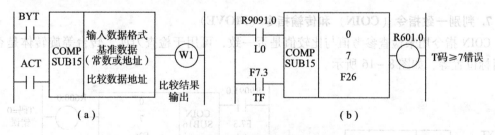

图 8－12　COMP 指令

（a）指令格式；（b）比较指令 COMP 的应用

COMPB 指令功能是：比较 1 个、2 个或 4 个字节长的二进制数据之间的大小，比较的结果存放在运算结果寄存器（R9000）中，如图 8－13 所示。

6. 常数定义指令（NUME、NUMEB）

NUME 指令：是 2 位或 4 位 BCD 码常数定义指令，如图 8－14 所示。

NUMEB 指令：是 1 个字节、2 个字节或 4 个字节长二进制的常数定义指令，如图 8－15 所示。

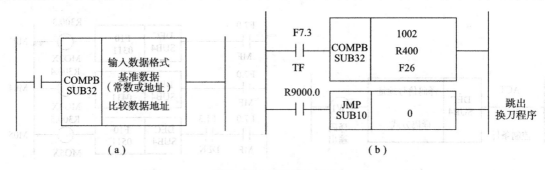

图 8-13 COMPB 指令

(a) 指令格式；(b) 比较指令 COMPB 的应用

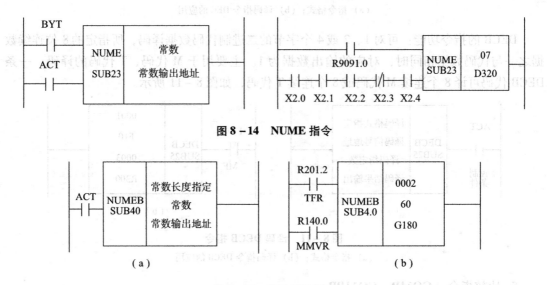

图 8-14 NUME 指令

图 8-15 NUMEB 指令

(a) 指令格式；(b) NUMEB 指令的应用

7. 判别一致指令（COIN）和传输指令（MOVE）

COIN 指令用来检查参考值与比较值是否一致，可用于检查刀库、转台等旋转体是否达到目标位置等，如图 8-16 所示。

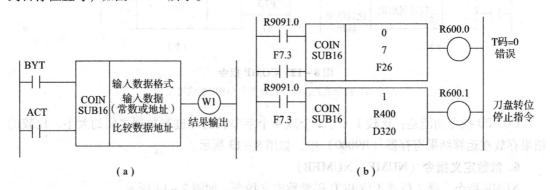

图 8-16 COIN 指令

(a) 指令格式；(b) 比较指令 COIN 的应用

MOVE 指令的作用是把比较数据和处理数据进行逻辑"与"运算，并将结果传输到指定地址，如图 8 - 17 所示。

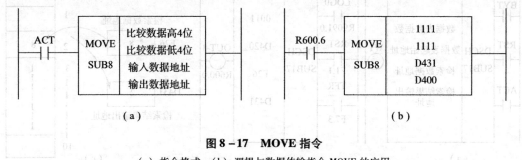

图 8 - 17　MOVE 指令

（a）指令格式；（b）逻辑与数据传输指令 MOVE 的应用

8. 旋转指令（ROT、ROTB）

ROT/ROTB 指令用来判别回转体的下一步旋转方向；计算出回转体从当前位置旋转到目标位置的步数或计算出到达目标位置前一位置的位置数，如图 8 - 18 和图 8 - 19 所示。

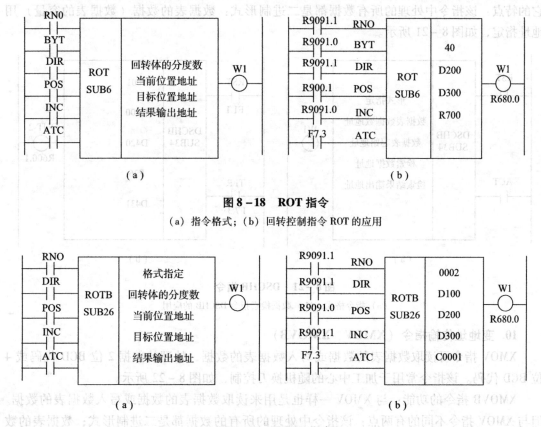

图 8 - 18　ROT 指令

（a）指令格式；（b）回转控制指令 ROT 的应用

图 8 - 19　ROTB 指令

（a）指令格式；（b）回转控制指令 ROTB 的应用

9. 数据检索指令（DSCH、DSCHB）

DSCH 指令的功能：是在数据表中搜索指定的数据（2 位或 4 位 BCD 代码），并且输出其表内号，常用于刀具 T 代码的检索，如图 8 - 20 所示。

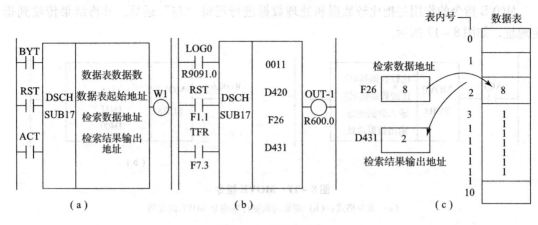

图 8 – 20　DSCH 指令

（a）指令格式；（b）数据检索指令 DSCH 的应用；（c）数据检索指令 DSCH 的检索过程

DSCHB 指令的功能：与 DSCH 一样，也是用来检索指定的数据。但与 DSCH 指令不同，它的特点：该指令中处理的所有数据都是二进制形式：数据表的数据（数据表的容量）用地址指定，如图 8 – 21 所示。

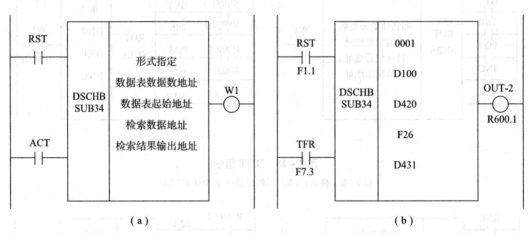

图 8 – 21　DSCHB 指令

（a）指令格式；（b）数据检索指令 DSCHB 的应用

10. 变地址传输指令（XMOV、XMOVB）

XMOV 指令可读取数据表的数据或写入数据表的数据，处理的数据 2 位 BCD 代码或 4 位 BCD 代码。该指令常用于加工中心的随机换刀控制，如图 8 – 22 所示。

XMOVB 指令的功能：与 XMOV 一样也是用来读取数据表的数据或写入数据表的数据。但与 XMOV 指令不同的有两点：该指令中处理的所有的数据都是二进制形式；数据表的数据数（数据表的容量）用地址形式指定，如图 8 – 23 所示。

11. 代码转换指令（COD、CODB）

COD 指令：是把 2 位 BCD 代码（0 ~ 99）数据转换成 2 位或 4 位 BCD 代码数据的指令。具体功能是把 2 位 BCD 代码指定的数据表内号数据（2 位或 4 位 BCD 代码）输出到转换数据的输出地址中，如图 8 – 24 所示。

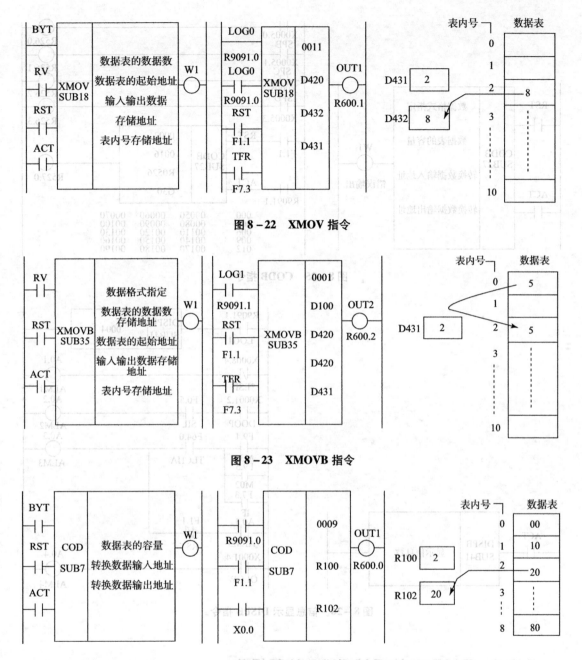

图 8 – 22 XMOV 指令

图 8 – 23 XMOVB 指令

图 8 – 24 COD 指令

CODB 指令是把 2 个字节的二进制代码（0～256）数据转换成 1 字节、2 字节或 4 字节的二进制数据指令。具体功能是把 2 个字节二进制数指定的数据表内号数据（1 字节、2 字节或 4 字节的二进制数据）输出到转换数据的输出地址中，如图 8 – 25 所示。

12. 信息显示指令（DISPB）

DISPB 指令用于在系统显示装置（CRT 或 LCD）上显示外部信息，机床厂家根据机床的具体工作情况编制机床报警号及信息显示，如图 8 – 26 所示。

具体其他未介绍的功能指令列表如附录 2 所示。

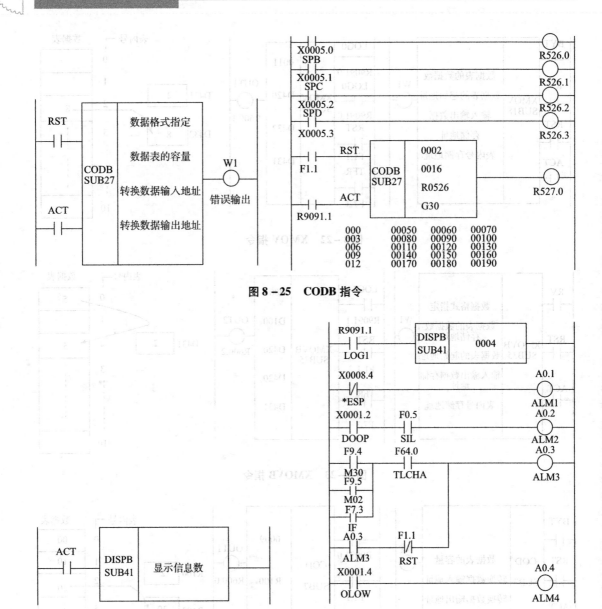

图 8 - 25　CODB 指令

图 8 - 26　信息显示 DISPB 指令

8.3.3　FANUC 的系统 PMC 编程操作

1. 在数控系统中查阅梯形图

（1）在 MDI 键盘上按【SYSTEM】键，调出系统屏幕。按【+】扩展软键三次，出现 PMC 状态和软键功能的简要说明画面。

（2）按【PMCLAD】软键，再按【梯形图】软键，进入 "PMC 梯图" 显示画面；可以通过上下翻页键或光标移动键查看所有的程序。

（3）在 LCD 屏幕中，触点和线圈断开（状态为 0）以低亮度显示，触点和线圈闭合

（状态为 1）以高亮度显示；在梯形图中有些触点或线圈是用助记符定义的，而不是用地址来定义的，这是在编写 PMC 程序时为了方便记忆，才为地址做的助记符。

（4）按【操作】软键→【+】扩展软键→【设定】软键，在出现的对话框中通过左右光标键，可以将"地址注释"切换成"符号"或"地址"，选中的一个颜色变为黄色（光标还停留在该选项上），移开之后变为蓝色或无色的状态，蓝色表示已经选中，无色表示没有选择。按下"退出"软键，又可以切换到助记符号显示画面。

2. 在梯形图中查找触点、线圈、行号和功能指令

在梯形图中快速准确地查找想要的内容，是日常保养和维修过程中经常进行的操作，必须熟练掌握。

（1）在"PMC 梯图"画面中，按下【搜索】软键，进入查找画面，如图 8 - 27 所示。

图 8 - 27　搜索菜单

（2）查找的触点，如 X9.5。输入 X9.5，按【搜索】（查找触点）软键；执行后，画面中梯形图的第一行显示的就是所要查找的触点。若我们对梯形图比较熟悉，则可根据梯形图的行号查找触点和线圈，这是另一种快捷方法，也就是我们所说的"行搜索"。如要查找第 30 行的触点，键入"30"，然后按下【搜索】软键，这时便可在画面中调出第 30 行的梯形图。

注意：进行地址 X9.5 的查找时，会从梯形图的开头开始向下查找，当再次进行 X9.5 的查找时，会从当前梯形图的位置开始向下查找，直到到达该地址在梯形图中最后出现的位置后，又回到梯形图的开头重新向下查找。

（3）使用【搜索】软键，可以查找触点和线圈，而对于线圈的查找还有更快捷的方法。如键入"Y8.3"，然后按下【W - 搜索】软键，画面中梯形图的第一行就将显示所要查找的线圈 Y8.3。

（4）系统中同时也可以查找功能指令，如键入"27"（SUB27），然后按下【F - 搜索】软键，画面中梯形图的第一行就将显示所要查找的功能指令；查找功能指令与查找触点和线圈的方法基本相同，但其所需键入的内容不同，后者键入的是地址而前者需要键入的是功能指令的编号。

3. 信号状态的监控

（1）信号状态监控画面可以提供触点和线圈的状态。

（2）在 MDI 键盘上按【SYSTEM】键，调出系统屏幕。

（3）按【+】扩展软键三次，出现 PMC 状态和对软键功能的简要说明画面。

（4）按【PMCMNT】软键，在出现的画面中按【信号】软键，进入 PMC 维护中的"PMC 信号状态"画面。在此输入所要查找的地址，如键入 X9，然后按下【搜索】软键，在画面的第一行将看到所要找的地址的状态。

4. PMC 程序的编写

（1）对于 FANUC 数控系统，不但可以在 LCD 上显示 PMC 程序，而且可以进入编辑画面，根据用户的需求对 PMC 程序进行编辑和其他操作。

（2）数控系统上与 PMC 的编辑有关的操作，选择编辑运行方式，按 MDI 键盘区的【SYSTEM】键→【+】扩展软键三次→【PMCLAD】软键，出现如图 8 - 28 所示第一行所示的软键画面。如按【梯形图】软键→【操作】软键→【编辑】软键，这样就进入了"PMC 梯形图编辑全部"基本画面，如图 8 - 29 所示；若再选择【缩放】软键，此时就进入"PMC 梯形图 NET 编辑全部"画面，可进行 PMC 梯形图的编写。一些常用的程序编辑软键，如图 8 - 30 所示。

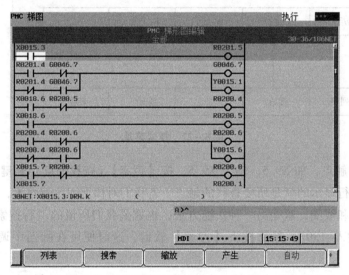

图 8 - 28 PMC 相关的菜单

（3）如果程序没有被输入，在 LCD 上只显示梯形图的左右两条纵线，压下光标键将光标移动到指定的输入位置后，就可以输入梯形图了。由于一般出厂设备已经调试好 PMC 程序，翻到程序最后一页，在原程序后面练习程序的输入，练习完毕删除自己的程序，注意不要改变原有的 PMC 程序，以防影响机床的正常工作！

（4）如果要输入图 8 - 31 所示的梯形图，方法如下：

①将光标移动到程序的起始位置后，按【产生】软键，按【-||-】软键，【-||-】将被输入到光标位置处。

②利用上挡键（SHIFT 键）、地址键和数字键键入 R0.1 后，按【INPUT】键，在触点上方显示地址，光标右移。

③用上述方法输入地址为 R10.2 的触点，光标右移。

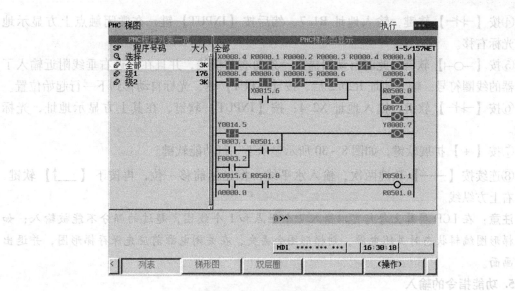

图 8 - 29　编程基本菜单

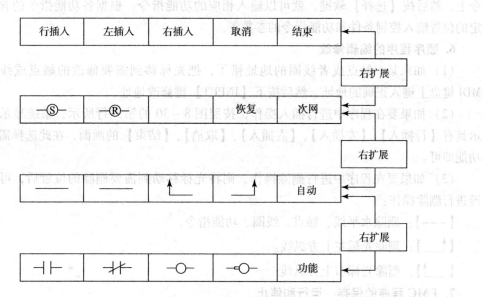

图 8 - 30　顺序程序编辑软键

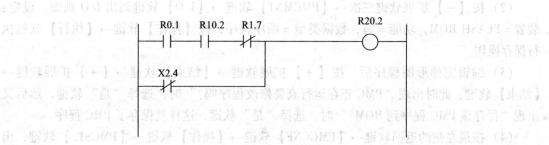

图 8 - 31　梯形图

④按【─┤├─】软键，输入地址 R1.7，然后按【INPUT】键，在常闭触点上方显示地址，光标右移。

⑤按【─○─】软键，此时自动扫描出一条向右的横线，并且在靠近右垂线附近输入了继电器的线圈符号。输入地址 R20.2 后，按【INPUT】键，光标自动移到下一行起始位置。

⑥按【─┤├─】软键，输入地址 X2.4；按【INPUT】软键，在其上方显示地址，光标右移。

⑦按【+】扩展软键，如图 8-30 所示显示下一行功能软键。

⑧连续按【──】软键两次，输入水平线，将光标前移一位，再按下【＿＿↑】软键，输入右上方纵线。

注意：在 LCD 屏幕上每行可以输入 7 个触点和 1 个线圈，超过的部分不能被输入；如果在梯形图编辑状态时关闭电源，则梯形图会丢失，在关闭电源前应先保存梯形图，并退出编辑画面。

5. 功能指令的输入

按图 8-30 中最后一行的【功能】软键，利用方向键将光标移到我们所需要的功能指令上，然后按【选择】软键，就可以输入相应的功能指令。根据各功能指令的含义，在指定的位置输入控制条件和功能指令的参数等。

6. 顺序程序的编辑修改

（1）如果某个触点或者线圈的地址错了，把光标移到需要修改的触点或线圈处，在 MDI 键盘上键入正确的地址，然后按下【INPUT】键修改地址。

（2）如果要在程序中进行插入操作，按照图 8-30 的第一行所示，系统显示屏上将显示具有【行插入】、【左插入】、【右插入】、【取消】、【结束】的画面，在此选择需要插入的功能即可。

（3）如果要在程序中进行删除操作，则将光标移动到需要删除的位置后，可用三种软键进行删除操作：

【---】：删除水平线、触点、线圈、功能指令。

【↑＿＿】：删除光标左上方纵线。

【＿＿↑】：删除光标右上方纵线。

7. PMC 程序的保存、运行和停止

（1）在 MDI 键盘上按【SYSTEM】键，调出系统屏幕。

（2）按【+】扩展软键三次→【PMCMNT】软键→【I/O】软键调出 I/O 画面；设定：装置＝FLASH ROM，功能＝写，数据类型＝顺序程序；按【操作】软键→【执行】软键执行保存操作。

（3）编辑完梯形图程序后，按【+】扩展软键→【结束】软键→【+】扩展软键→【结束】软键，此时出现"PMC 正在运行真要修改程序吗？"时，选择"是"软键，然后又出现"保存该 PMC 程序到 ROM？"时，选择"是"软键，这样就保存了 PMC 程序。

（4）按最左侧的返回软键→【PMCCNF】软键→【操作】软键→【PMCST.】软键，出现如图 8-32 所示画面，再按【操作】软键，出现如图 8-33 所示画面。画面显示【启动】软键，说明 PMC 程序已经停止运行，按下此键后，"启动"变为"停止"，即开始运行 PMC

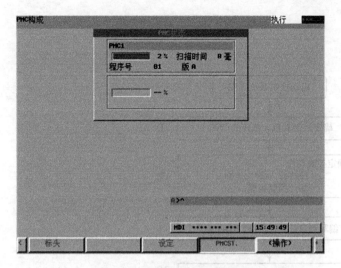

图 8 – 32　PMC 状态功能画面

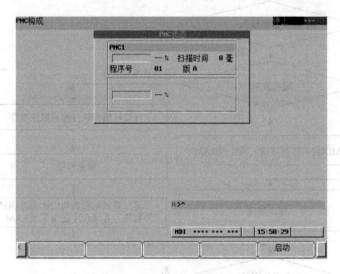

图 8 – 33　PMC 程序启停状态画面

程序；否则，其功能相反。

8. 3. 4　PLC 程序分析及编程方法

　　PLC 程序中包含了实现机床功能的基本程序，如回零控制、进给轴控制、主轴控制、冷却控制和手轮控制等，利用这些子程序搭建一个完整的应用程序，就可以实现所需的控制。

　　结合下列子程序流示意图，分析 PLC 程序，了解其编程方法，通过操作实训系统验证程序的运行。

1. 顺序程序编写流程

顺序程序编写流程如图 8 – 34 所示。

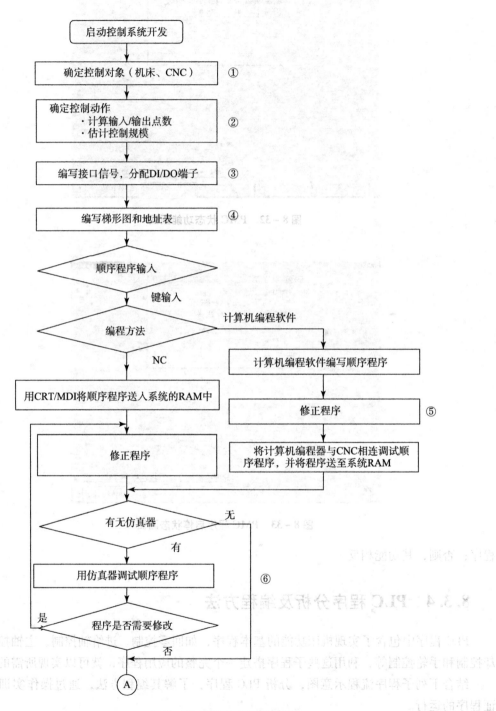

图 8 - 34　顺序程序编写流程

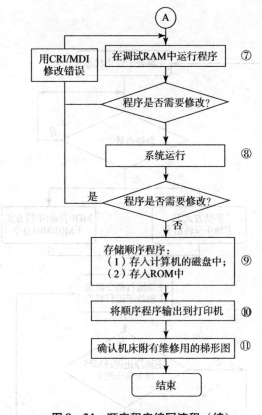

图 8-34　顺序程序编写流程（续）

例如，以手摇进给程序、主轴控制程序、冷却控制程序、进给轴回零控制程序以及进给轴控制程序为例绘制流程图，具体如图 8-35～图 8-39 所示。

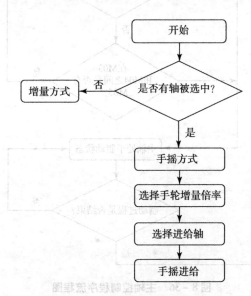

图 8-35　手摇进给程序流程图

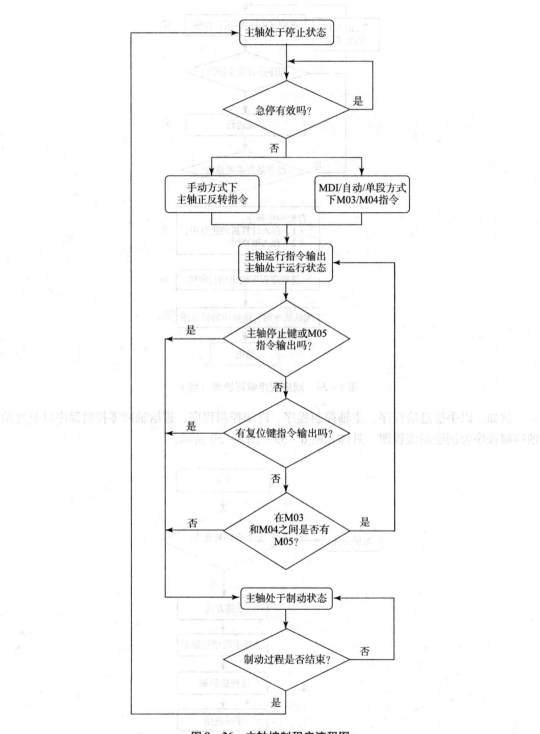

图 8 – 36 主轴控制程序流程图

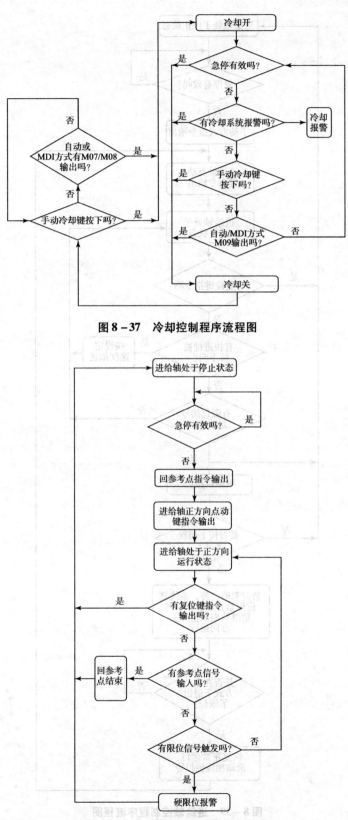

图 8 - 37 冷却控制程序流程图

图 8 - 38 进给轴回零控制程序流程图

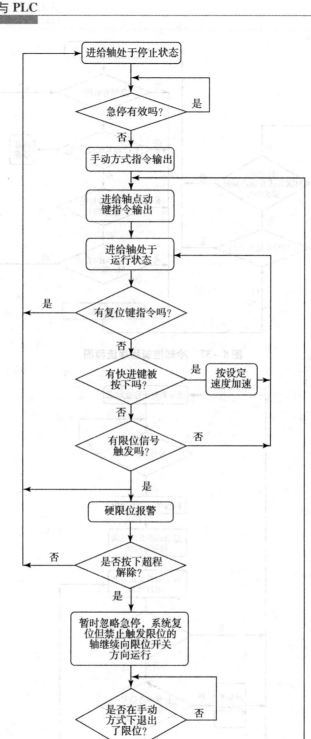

图 8-39 进给轴控制程序流程图

2. PLC 输入输出点的定义

FANUC Mate 0i – TD 数控系统配套 I/O Link 有四个连接器，分别是 CB104、CB105、CB106 和 CB107，每个连接器有 24 个输入点和 16 个输出点，即共有 96 个输入点，64 个输出点；本装置把 CB104 接口的部分信号作为辅助信号使用，把 CB105 和 CB107 用于操作面板上按钮（或按键）和对应指示灯的定义。在 PMC 程序中 X 代表输入，Y 代表输出，CB106 中的输入输出点在本装置中没有定义。

CB104 接口分配如表 8 – 7 所示。

表 8 – 7　CB104 接口分配

序号	地址号	端子号	备注
1	X0008.0	CB104（A02）	硬限位 X +
2	X0008.1	CB104（B02）	硬限位 Z +
3	X0008.2	CB104（A03）	硬限位 X –
4	X0008.3	CB104（B03）	硬限位 Z –
* 5	X0008.4	CB104（A04）	急停按钮
6	X0008.5	CB104（B04）	无定义
7	X0008.6	CB104（A05）	无定义
8	X0008.7	CB104（B05）	过载
* 1	X0009.0	CB104（A06）	X 轴参考点开关
* 2	X0009.1	CB104（B06）	Z 轴参考点开关
3	X0009.2	CB104（A07）	冷却电动机过载
4	X0009.3	CB104（B07）	冷却液低于下限
5	X0009.4	CB104（A08）	润滑电动机过载
6	X0009.5	CB104（B08）	润滑液低于下限
7	X0009.6	CB104（A09）	无定义
8	X0009.7	CB104（B09）	无定义
* ：X8.4、X9.1 和 X9.2 的功能 NC 内部已经固定，平时为高电平			
1	X0010.0	CB104（A10）	刀架信号 T1
2	X0010.1	CB104（B10）	刀架信号 T2
3	X0010.2	CB104（A11）	刀架信号 T3
4	X0010.3	CB104（B11）	刀架信号 T4
5	X0010.4	CB104（A12）	无定义
6	X0010.5	CB104（B12）	无定义
7	X0010.6	CB104（A13）	无定义
8	X0010.7	CB104（B13）	无定义

序号	地址号	端子号	备注
1	Y0008.0	CB104（A16）	主轴正转
2	Y0008.1	CB104（B16）	主轴反转
3	Y0008.2	CB104（A17）	冷却控制输出
4	Y0008.3	CB104（B17）	润滑控制输出
5	Y0008.4	CB104（A18）	刀架正转
6	Y0008.5	CB104（B18）	刀架反转
7	Y0008.6	CB104（A19）	照明输出
8	Y0008.7	CB104（B19）	无定义
1	Y0009.0	CB104（A20）	X 轴原点 - 灯（操作面板）
2	Y0009.1	CB104（B20）	Z 轴原点 - 灯（操作面板）
3	Y0009.2	CB104（A21）	无定义
4	Y0009.3	CB104（B21）	黄色警示灯
5	Y0009.4	CB104（A22）	绿色警示灯
6	Y0009.5	CB104（B22）	红色警示灯
7	Y0009.6	CB104（A23）	无定义
8	Y0009.7	CB104（B23）	无定义

CB105 地址分配如表 8 - 8 所示。

表 8 - 8　CB105 地址分配

序号	地址号	端子号	备注
1	X0011.0	CB105（A02）	F1
2	X0011.1	CB105（B02）	机床锁定
3	X0011.2	CB105（A03）	手轮
4	X0011.3	CB105（B03）	超程释放
5	X0011.4	CB105（A04）	换刀
6	X0011.5	CB105（B04）	DNC
7	X0011.6	CB105（A05）	照明
8	X0011.7	CB105（B05）	MDI
1	X0016.0	CB105（A06）	选择停
2	X0016.1	CB105（B06）	手动
3	X0016.2	CB105（A07）	冷却

序号	地址号	端子号	备注
4	X0016.3	CB105（B07）	自动
5	X0016.4	CB105（A08）	润滑
6	X0016.5	CB105（B08）	参考点
7	X0016.6	CB105（A09）	空运行
8	X0016.7	CB105（B09）	EDIT
1	X0017.0	CB105（A10）	进给倍率 C
2	X0017.1	CB105（B10）	单步
3	X0017.2	CB105（A11）	无定义
4	X0017.3	CB105（B11）	跳步
5	X0017.4	CB105（A12）	无定义
6	X0017.5	CB105（B12）	无定义
7	X0017.6	CB105（A13）	无定义
8	X0017.7	CB105（B13）	无定义
1	Y0010.0	CB105（A16）	超程释放 - 灯
2	Y0010.1	CB105（B16）	DNC - 灯
3	Y0010.2	CB105（A17）	机床锁定 - 灯
4	Y0010.3	CB105（B17）	MDI - 灯
5	Y0010.4	CB105（A18）	选择停 - 灯
6	Y0010.5	CB105（B18）	手动 - 灯
7	Y0010.6	CB105（A19）	空运行 - 灯
8	Y0010.7	CB105（B19）	自动 - 灯
1	Y0011.0	CB105（A20）	冷却 - 灯
2	Y0011.1	CB105（B20）	机床故障 - 灯
3	Y0011.2	CB105（A21）	润滑 - 灯
4	Y0011.3	CB105（B21）	参考点 - 灯
5	Y0011.4	CB105（A22）	跳步 - 灯
6	Y0011.5	CB105（B22）	机床就绪 - 灯
7	Y0011.6	CB105（A23）	单步 - 灯
8	Y0011.7	CB105（B23）	EDIT - 灯

CB107 接口分配如表 8 − 9 所示。

表 8 − 9　CB107 接口分配

序号	地址号	端子号	备注
1	X0015.0	CB107（A02）	主轴倍率 F
2	X0015.1	CB107（B02）	X 轴选
3	X0015.2	CB107（A03）	主轴倍率 B
4	X0015.3	CB107（B03）	Z 轴选
5	X0015.4	CB107（A04）	主轴倍率 A
6	X0015.5	CB107（B04）	循环启动
7	X0015.6	CB107（A05）	进给倍率 A
8	X0015.7	CB107（B05）	进给保持
1	X0018.0	CB107（A06）	进给倍率 E
2	X0018.1	CB107（B06）	进给倍率 B
3	X0018.2	CB107（A07）	+ X
4	X0018.3	CB107（B07）	进给倍率 F
5	X0018.4	CB107（A08）	快速倍率
6	X0018.5	CB107（B08）	− Z
7	X0018.6	CB107（A09）	100%
8	X0018.7	CB107（B09）	+ Z
1	X0019.0	CB107（A10）	− X
2	X0019.1	CB107（B10）	主轴反转
3	X0019.2	CB107（A11）	主轴正转
4	X0019.3	CB107（B11）	主轴停止
5	X0019.4	CB107（A12）	50% / ×100
6	X0019.5	CB107（B12）	25% / ×10
7	X0019.6	CB107（A13）	F0/ ×1
8	X0019.7	CB107（B13）	程序保护
1	Y0014.0	CB107（A16）	Z 轴选 − 灯
2	Y0014.1	CB107（B16）	进给保持 − 灯
3	Y0014.2	CB107（A17）	X 轴选 − 灯

续表

序号	地址号	端子号	备注
4	Y0014.3	CB107（B17）	循环启动 - 灯
5	Y0014.4	CB107（A18）	100% - 灯
6	Y0014.5	CB107（B18）	照明 - 灯
7	Y0014.6	CB107（A19）	50%/×100 - 灯
8	Y0014.7	CB107（B19）	换刀 - 灯
1	Y0015.0	CB107（A20）	主轴反转 - 灯
2	Y0015.1	CB107（B20）	手轮 - 灯
3	Y0015.2	CB107（A21）	主轴停 - 灯
4	Y0015.3	CB107（B21）	F1 - 灯
5	Y0015.4	CB107（A22）	25%/×10 - 灯
6	Y0015.5	CB107（B22）	F0/×1 - 灯
7	Y0015.6	CB107（A23）	快速倍率 - 灯
8	Y0015.7	CB107（B23）	主轴正转 - 灯

数字输入/输出信号的接线分别如图 8 - 40 和图 8 - 41 所示。

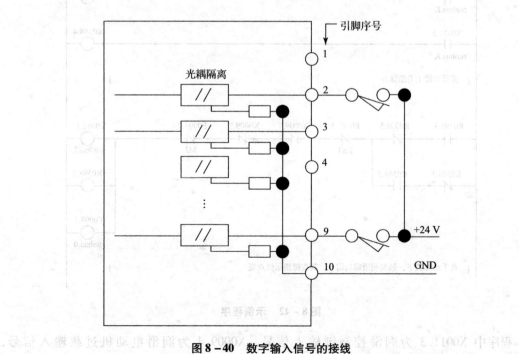

图 8 - 40　数字输入信号的接线

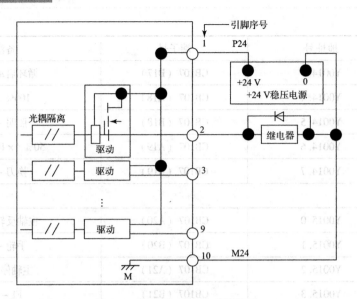

图 8 – 41 数字输出信号的接线

8.3.5 程序分析

由于机床控制程序庞大、复杂，因此，以手动方式下润滑控制程序为例，如图 8 – 42 所示，介绍 PMC 的逻辑控制过程，假设用到以下输入/输出点。

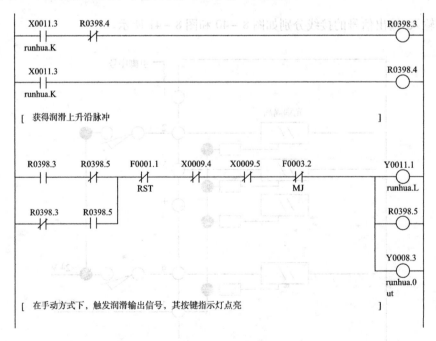

图 8 – 42 示例程序

程序中 X0011.3 为润滑控制键输入信号，X0009.4 为润滑电动机过载输入信号，X0009.5 为润滑液低于下限输入信号，Y0008.3 为润滑输出控制接口，Y0011.1 为润滑按键右上角的指示灯，R0398.3、R0398.4 和 R0398.5 为中间继电器，F0001.1 为复位键输入信号，F0003.2 为手动键输入信号。

（1）程序的前两行是为了获得 R398.3 的上升沿信号。

在按下润滑按钮 X11.3 瞬间，程序从上向下执行，在程序的第一行使 R398.3 有输出，接着执行程序的第二行，使 R398.4 有输出，同时 R398.4 的常闭触点断开，使 R398.3 停止输出，即在执行顺序程序中获得了 R398.3 的上升沿信号。

（2）程序的中间三行是为了保持润滑信号的输出。

执行的条件是：没有出现润滑电动机过载或润滑液低于下限报警信号，也没有按下数控系统上的【RESET】复位键。

满足以上条件后，在按下润滑键 X11.3 的瞬间，获得了 R398.3 的上升沿信号，此上升沿信号触发按键指示灯（Y0011.1）点亮，润滑控制（Y0008.3）的线圈得电，表示润滑运行，继电器 R398.5 有输出，同时 R398.5 的常开触点闭合，常闭触点断开，使 R398.5 自锁，保持润滑正常运行。

（3）停止润滑的条件。

当再次按下润滑键时，由程序前两行得到的上升沿信号使 R398.3 的常闭触点断开，润滑停止。

当出现润滑电动机过载或润滑液低于下限时，X9.4 或 X9.5 的常闭触点断开，使润滑停止。

当按下【RESET】复位键时，润滑输出和润滑报警信号被复位。

注意：上述 PMC 程序的编写示例仅供参考，关于 PMC 梯形图程序的编制方法、PMC 基本指令和功能指令、梯形图编程时的相关操作，请参阅《梯形图语言编程说明书》和《梯形图语言补充编程说明书》。

习　题

1. 请编写冷却（手动 + 自动）功能的相应程序，其中相关的系统信号地址与机床信号地址如下表所示。

冷却手动按钮地址	冷却输出	冷却灯
X8.0	Y6.5	Y6.6

手轮方式	手动方式	MDI 方式	DNC 方式	自动方式	编辑方式	回零方式
F3.1	F3.2	F3.3	F3.4	F3.5	F3.6	F4.5

2. 请编写主轴正转（自动）功能的相应程序，其中相关的系统信号地址与机床信号地址如下表所示。

手轮方式	手动方式	MDI 方式	DNC 方式	自动方式	编辑方式	回零方式
F3.1	F3.2	F3.3	F3.4	F3.5	F3.6	F4.5
辅助指令信号	分配结束信号	M 指令存储地址	复位信号	刀具补偿量写入	主轴正转输出信号	主轴电动机输出信号
F0007.0	F0001.3	F0010	F0001.1	X0004.2	G0070.5	Y1.1

习题答案

1.

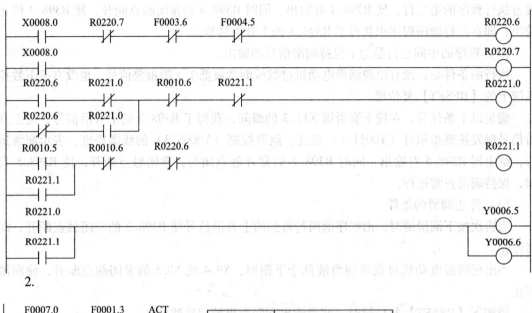

2.

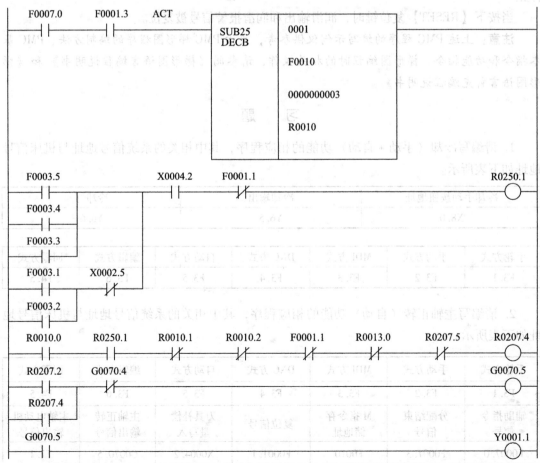

第 9 章 典型机床的实例应用

🔁 本章主要内容

了解数控机床的整体设计思路，有机械结构、控制结构、电气原理图设计、PLC 程序设计等。

🔁 学习目标

（1）通过实例掌握数控机床整机设计方法。
（2）根据要求设计简单的 PLC 功能程序。

9.1　CK6140 数控机床控制结构设计

数控机床是数字控制机床（Computer Numerical Control Machine Tools）的简称，是一种装有程序控制系统的自动化机床。该控制系统能够逻辑地处理具有控制编码或其他符号指令规定的程序，并将其译码，用代码化的数字表示，通过信息载体输入数控装置。经运算处理由数控装置发出各种控制信号，控制机床的动作，按图纸要求的形状和尺寸，自动地将零件加工出来。

数控机床较好地解决了复杂、精密、小批量、多品种的零件加工问题，是一种柔性的、高效能的自动化机床，代表了现代机床控制技术的发展方向，是一种典型的机电一体化产品。

数控机床的设计不仅包括机械结构，也包括数控系统的选择，驱动器的选择，相关附件（如刀架、冷却、照明系统等）的设计，同时还包括电气控制系统的设计以及 PLC 程序的编写，等等。因此一台数控机床的设计包含了很多的内容，下面以数控车床 CK6140 为例来进行说明。

9.1.1　数控车床控制结构图

通过对 CK6140 机床的控制结构分析，如图 9-1 所示，进一步阐述机床控制结构设计方法，使读者掌握 CK6140 的控制原理。

图 9-1 中，数控车床由两个进给轴（X、Z 轴），一个旋转轴（主轴），刀架控制系统，冷却控制系统，其他辅助功能控制系统，检测控制电路等组成。主轴采用变频调速系统，主轴电动机与编码器间通过同步带（1:1）连接，可反馈主轴电动机的转速及主轴参考点坐标

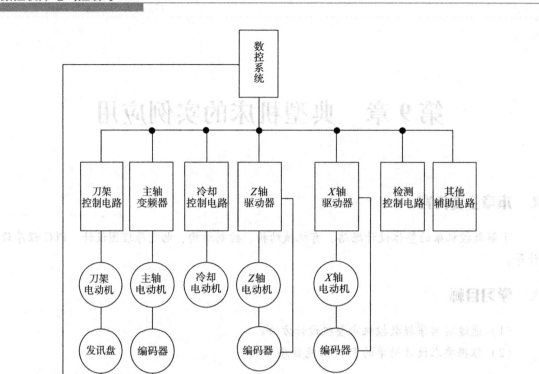

图 9 – 1　数控车床控制结构示意图

系的建立。

如图 9 – 2 所示，十字滑台定义为车床坐标系 X、Z 轴。

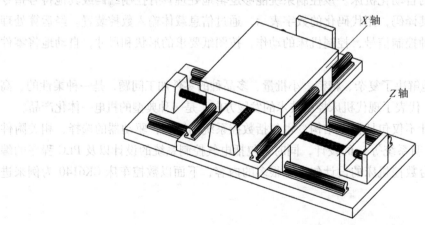

X 轴

Z 轴

图 9 – 2　十字滑台

9.1.2　系统、模块功能设计

1. 模拟主轴驱动 – 变频器的功能、连接与调试

（1）变频器如图 9 – 3 所示。

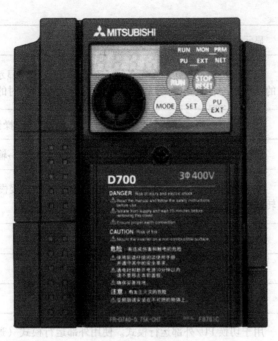

图 9 – 3 变频器

（2）变频器操作面板如图 9 – 4 所示。

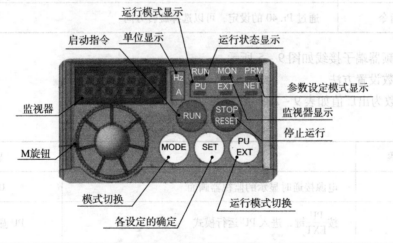

图 9 – 4 变频器操作面板

（3）变频器基本操作面板功能如表 9 – 1 所示。

表 9 – 1 变频器基本操作面板功能

运行模式显示	PU：PU 运行模式时亮灯； EXT：外部运行模式时亮灯； NET：网络运行模式时亮灯
单位显示	Hz：显示频率时亮灯； A：显示电流时灯亮；显示电压时灯灭；设定频率监视时闪烁

续表

监视器（4 位 LED）	显示频率、参数编号等
M 旋钮	用于变更频率设定、参数的设定值。转该旋钮可显示以下内容：监视模式时的设定频率；校正时的当前设定值；错误历史模式时的顺序
模式切换	用于切换各设定模式，长按此键（2 s）可以锁定操作
各设定的确定	运行中按此键则监视器出现以下显示：运行频率→输出电流→输出电压
运行状态显示	变频器动作中亮灯/闪烁。亮灯：正转运行中，缓慢闪烁（1.4 s 循环）；反转运行中，快速闪烁（0.2 s 循环）
参数设定模式显示	参数设定模式时亮灯
监视器显示	监视模式时亮灯
停止运行	可以进行报警复位
运行模式切换	用于切换 PU/外部运行模式。使用外部运行模式（通过另接的频率设定旋钮和启动信号启动运行）时请按此键，使表示运行模式的 EXT 处于亮灯状态。[切换至组合模式时，可同时按 MODE 键（0.5 s）或者变更参数 Pr.79。] PU：PU 运行模式；EXT：外部运行模式；也可以解除 PU 停止
启动指令	通过 Pr.40 的设定，可以选择旋转方向

（4）变频器端子接线如图 9-5 所示。

（5）参数设置方法。

恢复参数为出厂值如表 9-2 所示。

表 9-2　恢复参数为出厂值

设置步骤	操　作	显示
1	电源接通时显示的监视器画面	0.00
2	按 $\dfrac{PU}{EXT}$ 键，进入 PU 运行模式	PU 显示灯亮
3	按 MODE 键，进入参数设定模式	P0
4	旋转旋钮，将参数编号设定为 ALLC	ALLC
5	按 SET 键，读取当前的设定值	0
6	旋转旋钮，将值设定为 1	1
7	按 SET 键确定	闪烁

变更参数的设定值如表 9-3 所示。

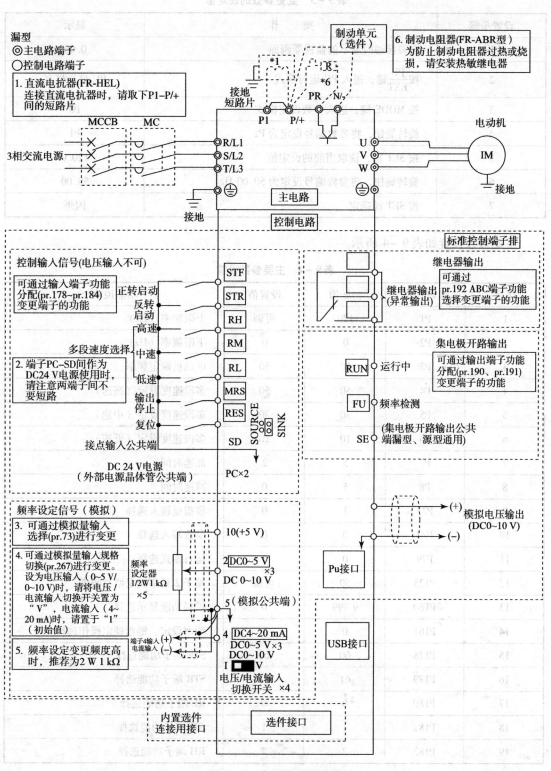

图 9 - 5　变频器端子接线

表 9-3 变更参数的设定值

设置步骤	操作	显示
1	电源接通时显示的监视器画面	0.00
2	按 $\frac{PU}{EXT}$ 键，进入 PU 运行模式	PU 显示灯亮
3	按 MODE 键，进入参数设定模式	P0
4	旋转旋钮，将参数编号设定为 P1	P1
5	按 SET 键，读取当前的设定值	120.0
6	旋转旋钮，将参数编号设定为 50.00 Hz	50.00
7	按 SET 键确定	闪烁

主要参数设置如表 9-4 所示。

表 9-4 主要参数设置

序号	参数代号	初始值	设置值	功能说明
1	P1	120	可调	上限频率（Hz）
2	P2	0	0	下限频率（Hz）
3	P3	50	50	电动机额定频率
4	P4	50	50	多段速度设定（高速）
5	P5	30	30	多段速度设定（中速）
6	P6	10	10	多段速度设定（低速）
7	P7	5	2	加速时间
8	P8	5	0	减速时间
9	P73	1	0	模拟量输入选择
10	P77	0	0	参数写入选择
11	P79	0	3	运行模式选择
12	P125	50	可调	端子 2 频率设定增益频率
13	P160	9 999	0	扩展功能显示选择
14	P161	0	1	频率设定、键盘锁定操作选择
15	P178	60	60	STF 端子功能选择
16	P179	61	61	STR 端子功能选择
17	P180	0	0	RL 端子功能选择
18	P181	1	1	RM 端子功能选择
19	P182	2	2	RH 端子功能选择

2. 伺服驱动系统

1）采用的伺服驱动系统

采用 FANUC 公司的交流伺服驱动器，如图 9-6 所示。

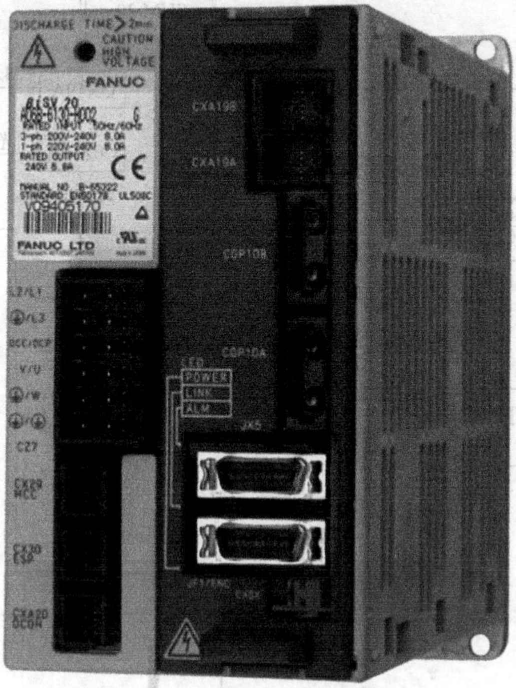

图 9-6　交流伺服驱动器

伺服驱动系统具有如下特点：

（1）供电方式为三相 200~240 V 供电。

（2）智能电源管理模块，碰到故障或紧急情况时，急停链生效，断开伺服电源，确保系统安全可靠。

（3）控制信号及位置、速度等信号通过 FSSB 光缆总线传输，不易被干扰。

（4）电动机编码器为串行编码信号输出。

（5）驱动连接图，如图 9-7 所示。

2）相关接口说明

CZ4 接口为三相交流 200~240 V 电源输入口，顺序为 U、V、W 地线。

CZ5 接口为伺服驱动器驱动电压输出口，连接到伺服电动机，顺序为 U、V、W 地线。

CZ6 与 CX20 为放电电阻的两个接口，若不接放电电阻须将 CZ6 及 CX20 短接，否则，驱动器报警信号触发，不能正常工作，建议必须连接放电电阻。

CX29 接口为驱动器内部继电器一对常开端子，驱动器与 CNC 正常连接后，即 CNC 检测到驱动器且驱动器没有报警信号触发，CNC 使能信号通知驱动器，驱动器内部信号使继电器吸合，从而使外部电磁接触器线圈得电，给放大器提供工作电源。

CX30 接口为急停信号接口，短接此接口 1 和 3 脚，急停信号由 I/O 给出。

CX19B 为驱动器 24 V 电源接口，为驱动器提供直流工作电源，第二个驱动器与第一个驱动器由 CX19A 到 CX19B 具体接线详见电气原理图。

COP10A 接口，数控系统与第一级驱动器之间或第一级驱动器和第二级驱动器之间用光

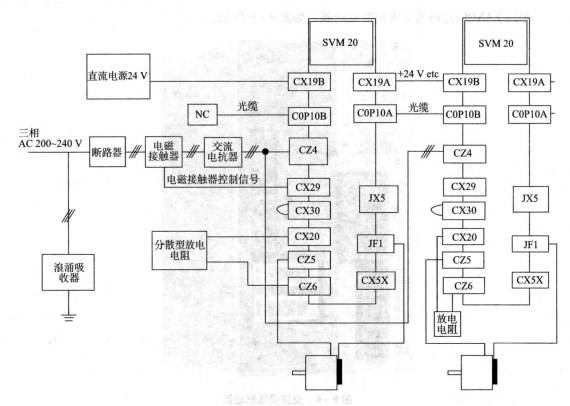

图 9 - 7　驱动连接图

缆传输速度指令及位置信号，信号总是从上一级的 COP10A 接口到下一级的 COP10B 接口。

JF1 为伺服电动机编码器反馈接口。

3）轴设定参数说明

注意：轴参数、伺服参数等都在数控系统上进行设定。

参数 1825：每个轴的伺服环增益，该参数是用于设定每个轴的位置控制环的增益。在进行直线或圆弧插补时，各轴的伺服环增益必须设定相同的值。环路增益越大，位置控制的响应速度越快，但是设定值过大，伺服系统会不稳定。位置偏差量会储存在位置累计寄存器中，并进行自动补偿。位置偏差量 = 进给速度/（60 × 环路增益）。

参数 1828：每个轴的移动中的位置偏差极限值。在 X、Y 或 Z 轴移动过程中，如位置偏差量超过此参数设定值，会出现"*轴超差"报警，并立刻停止移动。如果经常出现此报警，可将该参数设大。

参数 1829：每个轴的停止时的位置偏差极限值。当 X、Y 或 Z 轴运动停止时，如位置偏差量超过此参数设定值，会出现伺服报警并立刻停止移动。如果经常出现此报警，可增大该参数的设置。

参数 1320：各轴存储行程限位 1 的正方向坐标值 I，此值是相对参考点设置的，根据机床行程及位置确定，要求正限位位置值小于碰到正硬件限位时的位置值。

参数 1321：各轴存储行程限位 1 的负方向坐标值 I，此值是相对参考点设置的，根据机床行程及位置确定，要求负限位位置值大于碰到负硬件限位时的位置值。

参数 1410：空运行速度。此速度为程序模拟运行时各轴的运行速度。

参数 1420：各轴的快速移动速度，在自动方式下 G00 的速度，需根据机床刚度设定，选择适中速度。

参数 1421：每个轴的快速移动倍率的 F0 速度，即选择操作面板上快速倍率 F0 时的速度。

参数 1423：每个轴的 JOG 进给速度，指进给倍率开关在 100% 时的进给速度。

参数 1424：每个轴的手动快速移动速度，即快速倍率选择为 100% 时的速度。系统回参考点时的速度 = [1424] × 快速倍率，若回零速度过快，可将此值改小。手轮运行速度的上限速度也是此值。

参数 1425：每个轴回零的 FL 速度，回参考点时，各轴以"空运行的速度 × 快速倍率"的速度回参考点，碰到减速挡块后，以回零的 FL 速度搜索零脉冲信号。如果回参考点时的速度过快，可适当减小各轴空运行的速度。

参数 1620：每个轴的快速移动直线加/减速的时间常数（T）、每个轴的快速移动铃型加/减速的时间常数（T_1）。

参数 1622：每个轴的切削进给加/减速时间常数，系统推荐值为 64（不要轻易改动此参数）。如要改动，应设定为 8 的倍数。

参数 1624：每个轴的 JOG 进给加/减速时间常数，系统推荐值为 64（不要轻易改动此参数）。如要改动，应设定为 8 的倍数。

4）伺服设定参数说明

初始化位设定值：系统通过 FSSB 初始伺服参数后显示 00000010，若没有初始化过，设定为 00000000，重新上电，则系统会重新初始化参数。

电动机代码：根据实际电动机类型进行设置，本装置采用 βis4/4000 型伺服电动机，故应设为 256。

AMR：采用标准电动机，故设置为 00000000。

指令倍乘比：通常，指令单位 = 检测单位。指令倍乘比为 1/2 ~ 1 时，设定值 = 1/指令倍乘比 + 100；指令倍乘比为 1 ~ 48 时，设定值 = 2 × 指令倍乘比。

柔性齿轮比 N/M：根据螺距设定。设定好螺距再按自动，系统会自动计算柔性齿轮比 N/M 和参考计数器容量。系统最小指令脉冲为 0.001 mm/Pluse，且系统计算电动机一转时的计数脉冲为 1 000 000 个脉冲。计算公式如下：

$$参考计数器容量 = 丝杠螺距/最小指令脉冲$$

$$柔性齿轮比 = 参考计数器容量 × 指令倍乘比/1 000 000$$

运行方向：从脉冲编码器看，顺时针设定为 111，逆时针设定为 – 111。

速度反馈脉冲数：设定为 8 192，此参数不可更改。

位置反馈脉冲数：设定为 12 500（半闭环的系统设定值），不可更改。

9.1.3　冷却系统

冷却系统（图 9 – 8）由系统输出相应的辅助功能信号驱动冷却系统的外部控制电路即可控制冷却电动机的启动与停止。按数控系统操作面板上的冷却功能按键，冷却电动机启动，再按一次，冷却电动机停止，也可以在 MDI 和自动方式下，使用 M08、M09 指令来完

图 9 - 8　冷却电动机

成冷却电动机的启动与停止。

9.1.4　换刀控制系统

1. 电动刀架的工作原理

LD4 系列电动刀架（图 9 - 9）采用由销盘、内端齿盘、外端齿盘组合而成的三端齿定位机构，采用蜗轮蜗杆传动、齿盘啮合、螺杆夹紧的工作原理。当系统没有发出要刀信号时，发讯盘内当前刀位的霍尔元件信号处于低电平状态。当系统要求刀架转到某一刀位时，系统输出正转信号，正转继电器得电吸合，相应的接触器得电吸合，刀架正转。当刀架转至所需刀位时，该刀位霍尔元件在磁钢作用下，产生低电平信号，这时刀架正转信号断开，系统输出反转信号，反转继电器得电吸合，相应的接触器得电吸合，刀架反转，刀架反转到位后，刀架电动机停止，完成一次换刀控制过程。

注意：换刀过程中两个接触器不能同时动作。

图 9 - 9　LD4 系列电动刀架

2. 动作顺序

刀架动作顺序：换刀信号→电动机正转→上刀体转位→到位信号→电动机反转→粗定位→精定位夹紧→电动机停转→换刀完毕应答信号→加工继续进行。

3. 信号引出

动刀架发讯盘刀位信号引出线定义如表 9 - 5 所示。

表 9 - 5　动刀架发讯盘刀位信号引出线定义

端子名称	24 V	0 V	T1	T2	T3	T4
端子颜色	红	绿	黄	橙	蓝	白

由于电动刀架霍尔开关的驱动能力有限，数控系统不能识别对应的刀位信号，该装置利用继电器模块进行了电平转换。

9.1.5　急停开关、限位开关、参考点

对于 FANUC 0i Mate - TD 数控系统，急停信号的输入点定义为 X8.4，与 24 V 进行常闭连接；参考点信号输入点定义为 X9.0（X 轴）和 X9.1（Z 轴），与 24 V 进行常闭连接；限位信号输入点可以根据实际情况进行定义，与 PMC 程序中的点对应，与 24 V 进行常闭连接。

限位信号和参考点信号的检测均使用 NPN 型接近开关（图 9 - 10），当挡块碰到限位开关或参考点开关时，就会有限位信号或参考点减速信号产生。由于接近开关的驱动能力的限制，系统不能识别相应的信号，该装置同样通过继电器模块进行了电平转换。

9.1.6　三色灯

三色灯（图 9 - 11）的工作状态由 PMC 程序控制，系统启动完成处于等待加工状态时，黄灯亮；在 MDI 或自动方式，运行程序时，绿灯亮；出现报警时，红灯亮；任意时刻只有一个灯亮。

图 9 - 10　接近开关

图 9 - 11　三色灯

9.2　电气电路设计

通常来说，一台数控机床的主电路和控制电路都是根据数控机床的具体功能设计的，除了必需的进给轴控制电路和主电路、主轴控制电路和主电路以外，还配有相应的辅助功能电路，如自动换刀功能、冷却功能、润滑功能以及自动排屑功能等。

9.2.1　控制电源与导线的选择

1. 控制电路电流种类与电压数值的选择

对于具有五个以下电磁线圈（接触器、继电器、电磁阀等）的简单控制电路，可直接由电网供电（220 V、380 V）。

当控制电器较多（电磁器件在五件以上），电路分支较复杂，或电气柜外还具有控制器件或仪表，可靠性要求较高的，应采用分离绕组的控制变压器隔离和降压给控制电路与信号电路供电，或采用直流低压供电。

当机床有几个控制变压器时，一个变压器尽可能只给机床一个单元的控制电路供电。控制变压器二次侧控制电压有 42 V、48 V、110 V、220 V、380 V 五种，二次侧照明电压 24 V，指示灯电压 6 V。

直流控制电路的电压有 24 V、48 V、110 V、220 V。

对于大型机床，因其线路长，串联的触点多，压降大，故不宜使用 48 V 及以下的交直流电压。

2. 导线的选择

导线的选择有以下两点：

（1）导线截面的选择根据负载的额定电流，选用铜芯多股软线，考虑其机械强度，导线截面不能小于 0.75 mm^2（弱电电路的连接导线除外）。

（2）导线颜色的选择应采用不同颜色的导线表示不同电压及主电路和控制电路。

成套装置中的导线颜色：

①三相交流电路的 L1，L2，L3（U、V、W）三相分别采用黄、绿、红色表示，零线（N）或中性线（M）用淡蓝色，保护导线（PE）用黄绿双色。

②整个装置及设备的内部布线一般推荐：交流电路用黑色；弱电电路用白色。

③直流电路的正极用棕色，负极用蓝色，接地中间线用淡蓝色。

④用作控制电路联锁的导线，如果与外面控制电路连接，而且当电源开关断开仍带电时，应用橘黄色或黄色。

电气控制线路的设计包括原理设计和工艺设计两部分。其主要内容是根据控制要求，设计、编制出设备制造和使用维修过程中所必需的图纸、资料，包括电气原理图、电气元件布置图、电气安装接线图、电气箱图及控制面板图等，并编制外购件目录、单台（消耗）元件清单、设备使用说明书等资料。

9.2.2　电气原理图的设计

1. 电源设计

电源设计，对于机床的电气控制电路，使用的电源从 AC 380V 到 AC 220V，DC 36V 到 DC 24V 都有，因此从外部电源进来之后，需要进行不同的变压，这里包括了电源总开关、控制屏电源启停控制、隔离变压器、电源指示灯的电气原理图设计，如图 9 - 12 所示。

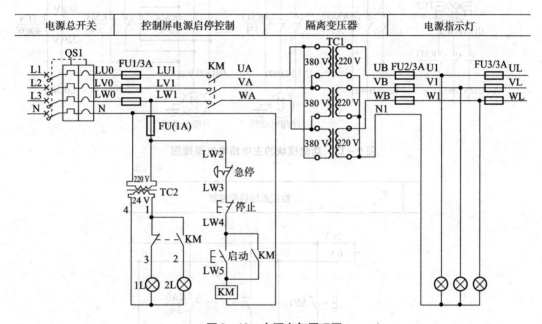

图 9 - 12　电源电气原理图

2. 各部件的主电路原理设计

各功能模块的主电路设计，包括进给轴伺服驱动电源、变频器电源、冷却泵电源、电动刀架电源，及其所有控制电路的控制电源，如图 9 - 13 所示。

3. 数控系统启停控制电路设计

数控系统的启停需要满足一定的条件，尤其跟外部模块的上电条件相关，因此需要单独设计，如图 9 - 14 所示。

4. 主轴驱动变频器电路设计

主轴驱动使用模拟主轴变频器驱动方式，对于主轴方向、速度等信号进行处理，实现主轴的正常工作，其电气原理图如图 9 - 15 所示。

5. 进给轴伺服驱动电路设计

进给轴的驱动选择 FANUC 的伺服放大器，其中各个接口需要按照设备要求进行连接，同时，满足驱动要求，其电气原理图如图 9 - 16 所示。

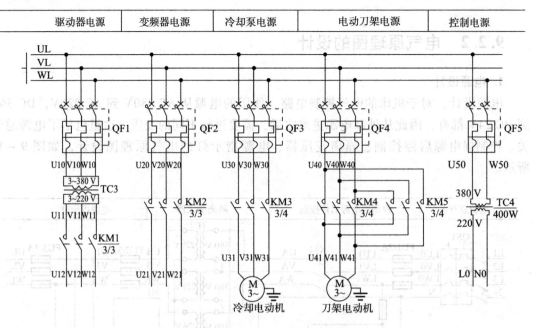

图 9 – 13　功能模块的主电路电气原理图

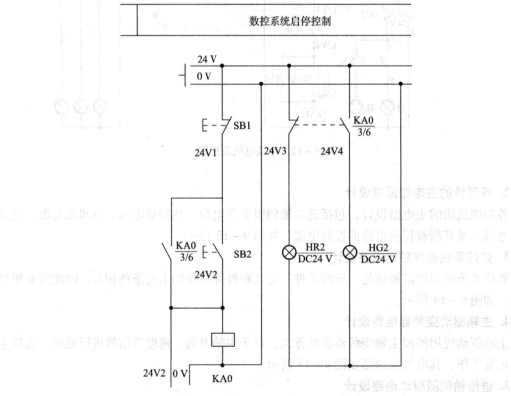

图 9 – 14　数控系统启停的电气原理图

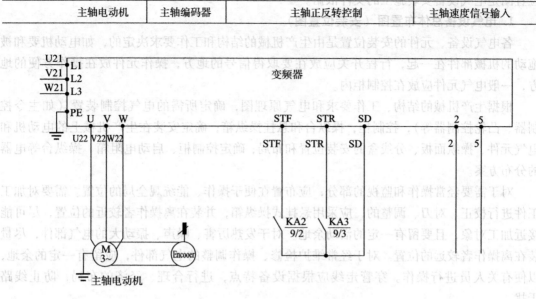

图 9 – 15 主轴驱动的电气原理图

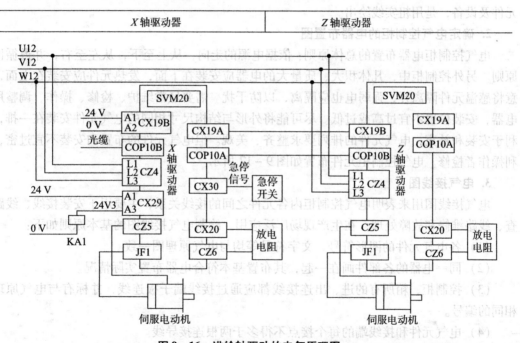

图 9 – 16 进给轴驱动的电气原理图

9.2.3 电气安装位置图

表示各种电气设备、元件在机床及机械设备上实际安装位置的电气图，称电气安装位置图（又称电气总图）。

表示各种电气元件在电气控制柜中实际安装位置的电气图，称为电器布置图。电气安装位置图是电气设备安装施工的文件依据。

1. 电气设备总体布置图（安装位置图）

各电气设备、元件的安装位置是由生产机械的结构和工作要求决定的，如电动机要和被拖动的机械部件在一起，行程开关应放在要取得信号的地方，操作元件放在操作方便的地方，一般电气元件应放在控制柜内。

根据生产机械的结构、工作要求和电气原理图，确定所需的电气控制装置（如主令控制器、凸轮控制器等），控制柜，操纵台和悬挂操纵箱；确定安装在生产机械上的电动机和电气元件、操纵面板、分线盒的安装位置和布局；确定控制柜、启动电阻箱、操纵台等电器的分布方案。

对于需要经常操作和监视的部分，应布置在便于操作、能统观全局的位置。需要对加工工件进行校正、对刀、调整的，应采用悬挂式操纵箱，并装在离操作者较近的位置，尽可能接近加工对象，且要留有一定的活动余地。对于发热厉害、噪声、振动大的电气部件，尽量装在离操作者较远的位置。对于经常维护检修、操作调整的电气部件，应留有一定的余地，以便有关人员进行操作。穿管走线应根据设备特点，进行合理、经济的布局，防止线路干扰。

在安装位置图中，机械设备轮廓是用双点画线画出，所有可见的和需要表达清楚的电气元件及设备，是用粗实线绘出。

2. 确定电气控制柜的电器布置图

电气控制柜电器布置的总体原则：依据电源的走向，从上至下，从左至右，并遵循回路原则。另外控制柜中，凡体积大、质量大的电器应安装在下面，发热元件应安装在上面，注意将感温元件隔离开，强弱电也应隔离，以防干扰。需要经常维护、检修、操作、调整用的电器，安装位置不宜过高或过低。尽可能将外形与结构尺寸相同的电气元件安装在一排，以利于安装和补充，电气元件的排列要求整齐、美观。但电气元件的布置和安装不宜过密，以利操作者检修。电气控制柜元件布置如图 9 – 17 所示。

3. 电气接线图

电气接线图用来表明电气控制柜内各元件之间的接线关系，主要用于安装接线、线路检查、线路维修和故障处理，在生产现场广泛应用。绘制电气接线图的基本原则如下：

（1）各电气元件的图形符号、文字符号等均与电气原理图一致。

（2）同一电器的各部件画在一起，其布置基本符合电器布置实际情况。

（3）控制柜、箱所有的进、出连接线都应通过接线端子板连线，并标有与电气原理图相同的编号。

（4）电气元件和接线端的每个接点不得多于两根连接导线。

4. 电气互连图和端子接线图

（1）互连接线图。通过单元的外接端子板之间的互连线表示单元间的接线关系，通常不包括单元内部的连接，必要时可给出与之相关的电路图或单元接线图的图号，以便了解单元内部电路的连接情况。

对互连接线图有以下几点要求：

①各个视图应画在同一个平面上，以便清晰地表明各单元间的接线关系。

②各个单元项目的外形轮廓围框用点画线表示。

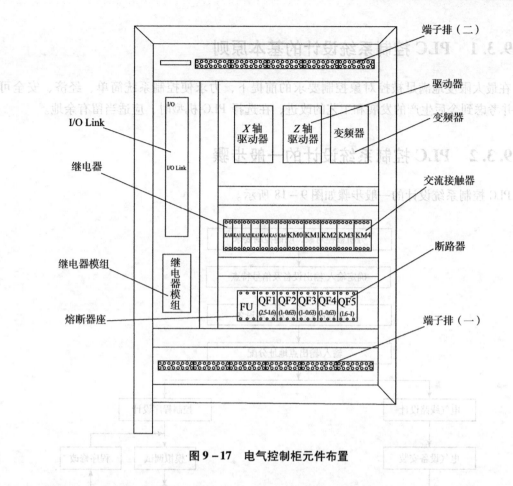

图 9－17　电气控制柜元件布置

③不在同一控制箱和同一配电屏上的各电气元件的连接是经接线端子板实现的，电气互连关系以线束表示，连接导线应标明导线参数（数量、截面积、颜色等），一般不标注实际走线途径。

（2）端子接线图和端子接线表。表示单元和设备的端子及其与外部导线的连接关系，通常不反映单元或设备的内部连接，需了解内部连接关系时，可提供相关的图号。对端子接线图的要求是：各端子（板）应按相对位置布置，端子接线图的视图应与接线面的视图一致。

9.3　可编程控制器应用系统设计步骤

学习 PLC 的最终目的是把它应用到实际的工业控制系统中去。虽然各种工业控制系统的功能、要求不同，但在设计 PLC 控制系统时，基本步骤、设计方法基本相同。本节将应用前面所讲的 PLC 硬件及软件知识，联系实际，介绍小型 PLC 控制系统设计所必须遵循的基本原则、一般的步骤和方法。

9.3.1 PLC 控制系统设计的基本原则

在最大限度地满足被控对象控制要求的前提下，力求使控制系统简单、经济、安全可靠；并考虑到今后生产的发展和工艺的改进，在选择 PLC 机型时，应适当留有余地。

9.3.2 PLC 控制系统设计的一般步骤

PLC 控制系统设计的一般步骤如图 9－18 所示。

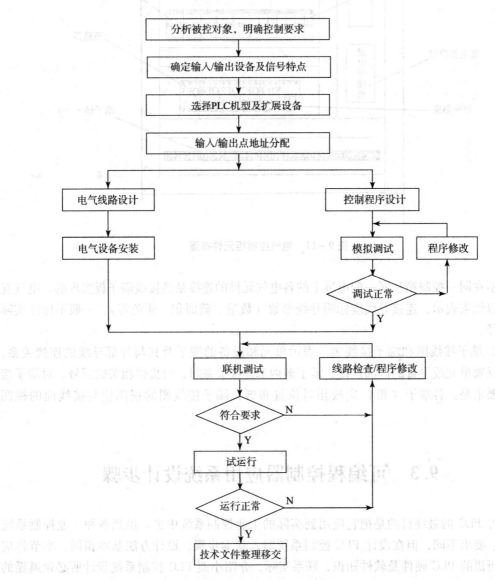

图 9－18　PLC 控制系统设计

9.3.3　具体功能的 PLC 程序设计

以数控系统操作面板（图 9-19）上的功能键为例来说明 PLC 程序的设计，同时以梯形图来表示。

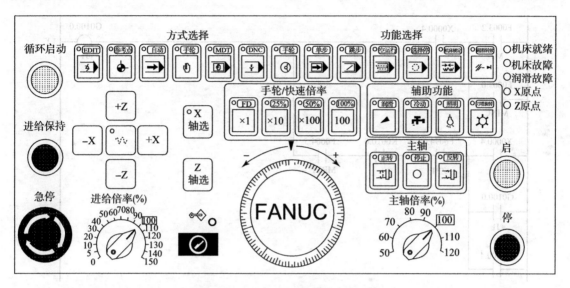

图 9-19　FANUC 数控系统操作面板

1. 功能选择与辅助功能的程序设计

数控机床上的功能选择（单步、跳步、空运行、选择停、机床锁定、超程释放等）以及辅助功能（润滑、冷却、照明、刀塔旋转等）的控制与 PLC 程序编写的逻辑相似，这里以单步功能为例来说明。X0011.7 为单步按键的输入信号，G0046.1 为系统单步输出信号，Y0006.5 为单步按键灯的输出信号，程序功能为按下单步键，单步功能执行，再次按下则停止，其程序如图 9-20 所示。

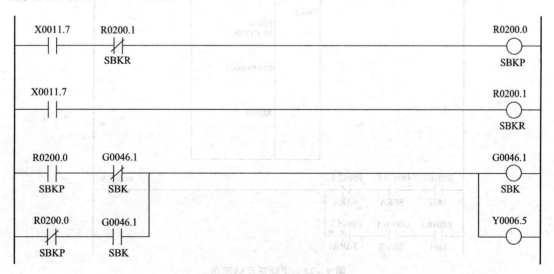

图 9-20　单步功能 PMC 程序

2. 进给轴移动程序设计

对于数控车床而言，进给轴的移动包括 X、Z 轴的正、负方向四个按键的控制，同时还有快速移动键，下面以 X 轴正方向移动为例进行说明，按下 +X 键，则机床向着 X 轴正方向移动，松开按键则停止，同时在回零过程中，按下 +X 键，进给轴一直移动直到回到零位置，程序如图 9 – 21 所示。

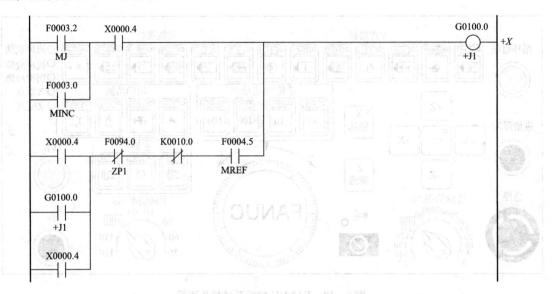

图 9 – 21　X 轴正方向移动程序

3. 主轴正反转程序设计

主轴正反转包括操作面板上的主轴正反转按键以及加工程序编写"M03 \ M04"来实现，具体程序如图 9 – 22 所示。

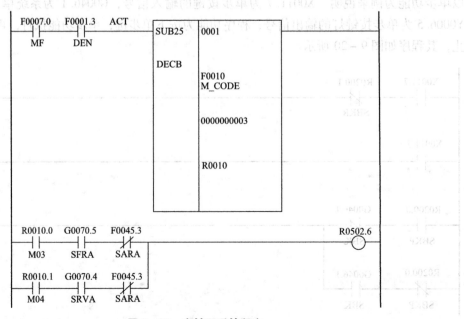

图 9 – 22　主轴正反转程序

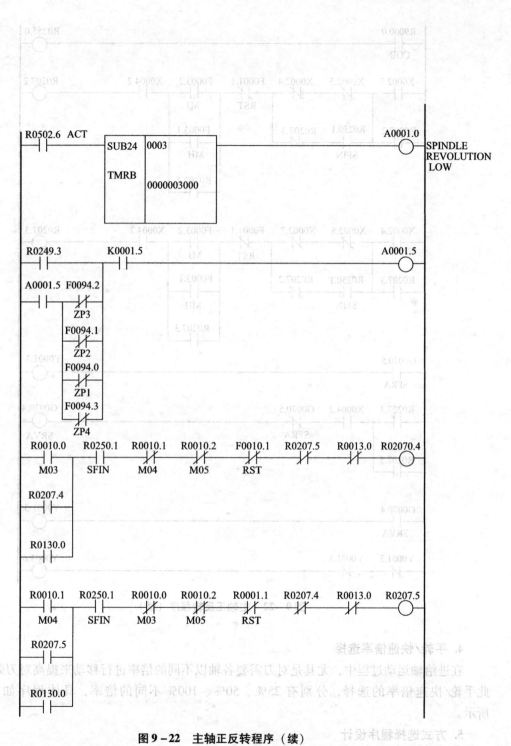

图 9－22 主轴正反转程序（续）

4. 手轮倍率速率选择

在远程手脉冲设计图中，光电手轮以原装谐调以不同的倍率进行档速率选择以功效率，图此手轮倍率选率的速率，分别有 25%，50%、100% 不同的倍率。如详细说明见图 9－23 所示。

5. 方正选择程序设计

轴进给速率不同的温度工作温度需要不同的速率，因此 FAPUC 设置了 8 种方式选择，其体工对选择程序要求，具体可见图 9－24 所示。

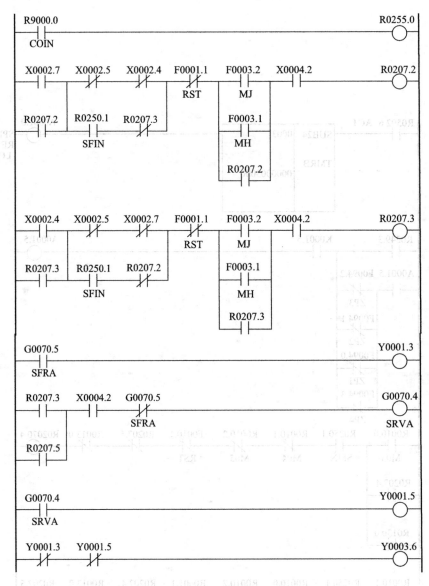

图 9 - 22　主轴正反转程序（续）

4. 手轮/快速倍率选择

在进给轴运动过程中，尤其是对刀需要各轴以不同的倍率进行移动来提高对刀效率，因此手轮/快速倍率的选择，分别有 25%、50%、100% 不同的倍率，具体程序如图 9 - 23 所示。

5. 方式选择程序设计

数控机床在不同的加工时期需要不同的状态，因此 FANUC 设置了 8 种方式选择来满足加工及调试的需求，具体程序如图 9 - 24 所示。

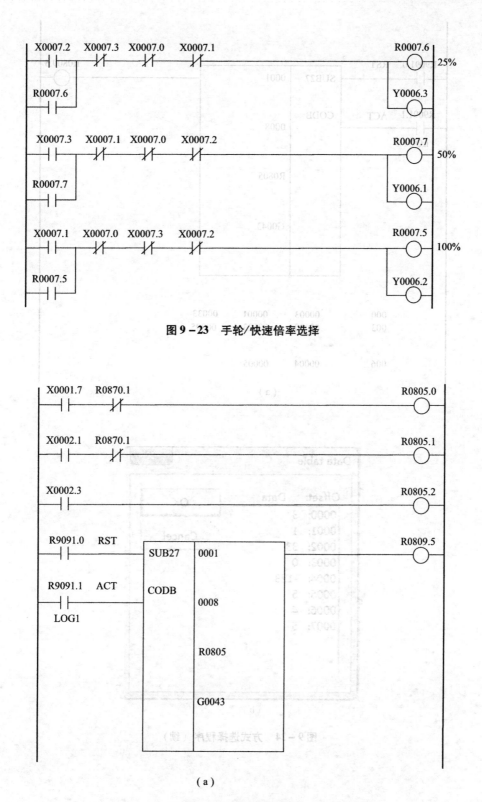

图 9 - 23　手轮/快速倍率选择

(a)

图 9 - 24　方式选择程序

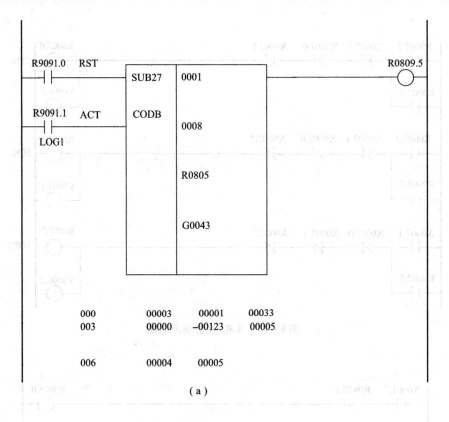

000	00003	00001	00033
003	00000	−00123	00005
006	00004	00005	

(a)

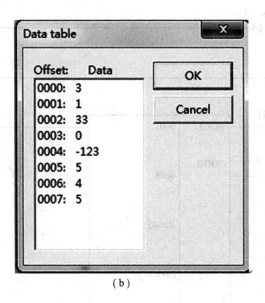

(b)

图 9-24　方式选择程序（续）

附　录

附录1　华中数控系统的 PMC 用户参数

P[00]　主轴 1 挡最低速（单位：r/min）：50

P[01]　主轴 1 挡最高速（单位：r/min）：1 400

P[02]　主轴 1 挡传动比分子：1

P[03]　主轴 1 挡传动比分母：1

P[04]　主轴 2 挡最低速（单位：r/min）：0

P[05]　主轴 2 挡最高速（单位：r/min）：0

P[06]　主轴 2 挡传动比分子：0

P[07]　主轴 2 挡传动比分母：0

P[08]　~ P[09]　没有定义，默认值为 0

P[10]　是否保护刀库（0：是　1：否）：0

P[11]　~ P[14]　没有定义：默认值为 0

P[15]　转速修调（可输值 0 ~ 800）：默认值为 0

P[16]　没有定义：默认值 0

P[17]　DA10V 对应主轴电动机理论最高转速（单位：r/min）：1 400

P[18]　主轴反转方式（0：Y2.2；1：使能；2：反转方式）：0

P[19]　手动攻丝（0：无；非 0：2#空按钮为使能按钮）：0

P[20]　主轴冲动时间（单位：ms）：0

P[21]　主轴电动机冲动速度（单位：r/min）：0

P[22]　主轴制动按钮是否有效（0：否；1：是）：0

P[23]　主轴制动滞后于主轴停止的时间（单位：ms）：0

P[24]　主轴制动时间（单位：ms）：0

P[25]　主轴挡位（0：一挡；1：双速电动机；2：手动换挡）：0

P[26]　主轴挡位回答信号所在组（0 ~ 4）：0

P[27]　主轴挡位回答信号有效位标志（0 ~ 255）：0

P[28]　刀库换刀点（精确到 0.1 mm）：0

P[29]　刀库选刀点（精确到 0.1 mm）：0

P[30]　主轴 1 挡回答信号有效位（0 ~ 255）：0

P[31]　主轴 2 挡回答信号有效位（0 ~ 255）：0

P[32]　刀库刀具总数为（大于 0）：10

P[33]　手摇脉冲是否取反（0：否　1：是）：0

P[34] 刀库单步换刀（0：否　1：是）：0

P[35] Z 轴先回参考点（0：否　1：是）：1

P[36] 第四轴是否锁住（0：否　1：是）：1

P[37] 第四轴是否装回零开关（0：否　1：是）：0

P[38] 换刀时 Z 轴快移速度（小于 G00 速度）：2 000

P[39] ~ P[49] 无定义：默认值是 0

P[50] 外部运行允许开关量输入点（常开点）：24（定义 I2.4 为外部运行允许信号输入）

P[51] X/Y 进给单元故障输入点（常闭点，0 为取消）：0

P[52] X/Y 进给单元准备好输入点（常闭点，0 为取消）：0

P[53] Z/4 进给单元故障输入点（常闭点，0 为取消）：0

P[54] Z/4 进给单元准备好输入点（常闭点，0 为取消）：0

P[55] 主轴报警输入点（常闭点，0 为取消）：0

P[56] 主轴零速输入点（常开点，0 为取消）：0

P[57] 主轴速度到输入点（常开点，0 为取消）：0

P[58] 主轴定向完成输入点（常开点，0 为取消）：0

P[59] 无定义，默认为 0

P[60] 冷却系统报警输入点（常闭点，0 为取消）：0

P[61] 液压系统报警输入点（常闭点，0 为取消）：0

P[62] 润滑系统报警输入点（常闭点，0 为取消）：0

P[63] 电控柜内空开报警输入点（常闭点，0 为取消）：0

P[64] 无定义，默认为 0

P[65] 伺服复位延时 = (1 000 + P[65])（单位：ms）：0

P[66] 伺服强电延时 = (1 000 + P[66])（单位：ms）：0

P[67] 伺服使能延时 = (2 000 + P[67])（单位：ms）：0

P[68] 抱闸打开延时 = (1 000 + P[68])（单位：ms）：0

P[69] 无定义，默认为 0

P[70] 润滑工作方式（为 1、2、3 时由 Y0.7 控制润滑）：0

P[71] 润滑开时间（单位：s）：60

P[72] 润滑关时间（单位：s）：300

P[73] 无定义，默认为 0

P[74] 外部报警指示灯输出点（0 为取消）：0

P[75] 外部循环启动按钮及指示灯（常开点，0 为取消）：0

P[76] 外部进给保持按钮及指示灯（常开点，0 为取消）：0

P[77] 外部刀具松/紧按钮及指示灯（常开点，0 为取消）：0

P[78] 外部主轴冲动按钮及指示灯（常开点，0 为取消）：0

P[79] 无定义，默认为 0

P[80] 攻丝允许最高速度：1 000

P[81] 攻丝允许最低速度：100

P[82] 无定义，默认为 0

P[83] 攻丝预停量调整分子（分母为 10 000）：20

P[84]～P[89] 无定义，默认为 0

P[90] 进给轴未回零点是否报警（0：是；1：否）：0

P[91] 未回零点最高手动速度（<1 000 ms/min）：6 000

P[92] 未回零点最高进给修调（<30%）：50

P[93] 未回零点最高快移修调（<20%）：50

P[94] 回零方向（个：X，十：Y，百：Z，千：4TH，0：+，1：−）：0

P[95] 手摇倍率选择（0：波段开关，1：面板按钮）：1

P[96] X、Y点动按钮是否 +、− 交换（0：否；1：是）：0

P[97] 限、零位输入信号是否平移一组（0：否；1：是）：0

P[98] 功能选择（百：空运行；十：跳段；个：选择停）：0

P[99] 是否判断以上开关量输入信号（0：是；1：否）：0

附录 2　FANUC 功能指令

指　　令			处理过程	型号
格式 1 （梯形图）	格式 2 （纸带穿孔程序）	格式 3 （编程输入）		PMC – PAI
END1	SUB1	S1	第一梯形图程序结束	0
END2	SUB2	S2	第二梯形图程序结束	0
TMR	TMR	S3 或 TMR	定时器	0
TMRB	SUB24	S24	固定定时器	0
TMRC	SUB54	S54	定时器	0
DEC	DEC	S4 或 DEC	译码	0
DECB	SUB525	S25	二进制译码	0
CTR	SUB5	S5	计数器	0
CTRC	SUB55	S55	计数器	0
ROT	SUB6	S6	旋转控制	0
ROTB	SUB26	S26	二进制旋转控制	0
COD	SUB7	S7	代码转换	0
CODB	SUB27	S27	二进制代码转换	0
MOVE	SUB8	S8	逻辑乘后的数据传送	0
MOVEOR	SUB28	S28	逻辑或后的数据传送	0
MOVB	SUB43	S43	一字节的传送	X
MOVW	SUB44	S44	两字节的传送	X
MOVN	SUB45	S45	任意数目字节的传送	X

指　　令			处理过程	型号
格式 1 （梯形图）	格式 2 （纸带穿孔程序）	格式 3 （编程输入）		PMC - PAI
COM	SUB9	S9	公共线控制	O
COME	SUB29	S29	公共线控制的结束	O
JMP	SUB10	S10	跳转	O
JMPE	SUB30	S30	一个跳转的结束	O
JMPB	SUB68	S68	标号跳转 1	X
JMPC	SUB73	S73	标号跳转 2	X
LBL	SUB69	S69	标号	X
PARI	SUB11	S11	奇偶校验	O
DCNV	SUB14	S14	数据转换	O
DCNVB	SUB31	S31	扩展数据转换	O
COMP	SUB15	S15	比较	O
COMPB	SUB32	S32	二进制比较	O
COIN	SUB16	S16	一致性检测	O
SET	SUB33	S33	寄存器移位	O
DSCH	SUB17	S17	数据搜寻	O
DSCHB	SUB34	S34	二进制数据搜寻	O
XMOV	SUB18	S18	变址数据传送	O
XMOVB	SUB35	S35	二进制变址数据传送	O
ADD	SUB19	S19	加法	O
ADDB	SUB36	S36	二进制加法	O
SUB	SUB20	S20	减法	O
SUBB	SUB37	S37	二进制减法	O
MUL	SUB21	S21	乘法	O
MULB	SUB38	S38	二进制乘法	O
DIV	SUB22	S22	除法	O
DIVB	SUB39	S39	二进制除法	O
NUME	SUB23	S23	常数定义	O
NUMEB	SUB40	S40	二进制常数定义	O
DLSPB	SUB41	S41	扩展信息显示	O
EXIN	SUB42	S42	扩展数据输入	O

指　　令			处理过程	型号
格式1 （梯形图）	格式2 （纸带穿孔程序）	格式3 （编程输入）		PMC – PAI
WINDR	SUB51	S51	读窗口数据	O
WINDW	SUB52	S52	写窗口数据	O
PSGNL	SUB50	S50	位置信号输出	O
PSGN2	SUB63	S63	位置信号输出2	O
DIFU	SUB57	S57	上升沿检测	X
DIFD	SUB58	S58	下降沿检测	X
EOR	SUB59	S59	异或	X
AND	SUB60	S60	逻辑乘	X
OR	SUB61	S61	逻辑或	X
NOT	SUB62	S62	逻辑非	X
END	SUB64	S64	子程序结束	X
CALL	SUB65	S65	条件子程序调用	X
CALLU	SUB66	S66	无条件子程序调用	X
SP	SUB71	S71	子程序	X
SPE	SUB702	S72	子程序结束	X
AXCTL	SUB53	S53	PMC 轴控制	O

参 考 文 献

［1］张永革. 电气控制与 PLC ［M］. 天津：天津大学出版社，2013.

［2］王少华. 电气控制与 PLC 应用 ［M］. 长沙：中南大学出版社，2013.

［3］廖晓梅，江永富. 机床电气控制与 PLC 应用 ［M］. 北京：中国电力出版社，2013.

［4］范次猛. PLC 编程与应用技术（三菱）［M］. 武汉：华中科技大学出版社，2012.

［5］陈洁. PLC 控制技术快速入门——三菱 FX 系列 ［M］. 北京：中国电力出版社，2010.

［6］郭丙君. 深入浅出三菱 FX 系列 PLC 技术及应用案例 ［M］. 北京：中国电力出版社，
2010.

［7］赵显光. 三菱 FX 系列 PLC 实训教程 ［M］. 杭州：浙江工商大学出版社，2014.

［8］胡晓林. 电气控制与 PLC 应用技术 ［M］. 北京：北京理工大学出版社，2017.

［9］FANUC 数控系统应用中心. FANUC 数控系统应用中心系列教材：FANUC 数控系统维
护与维修 ［M］. 北京：高等教育出版社，2011.